DES

BAINS DE MER.

RECHERCHES ET OBSERVATIONS.

Bordeaux. — Imprimerie d'ÉMILE CRUGY, 16, rue et hôtel Saint-Simon.

DES

BAINS DE MER.

RECHERCHES ET OBSERVATIONS

SUR

L'EMPLOI HYGIÉNIQUE ET MÉDICAL DE L'EAU DE MER

ET SUR LES

INFLUENCES DE L'ATMOSPHÈRE MARITIME,

PAR

LE DOCTEUR POUGET

(de Bordeaux),

Médecin-inspecteur des Bains de mer de Royan,
Ex-Médecin de l'École de Sorèze,
Membre de la Société de Médecine de Bordeaux et Membre correspondant
de celle de Toulouse, etc., etc.

Per varios usus artem experientia fecit,
Exemplo monstrante viam *.
(MANILIUS)

* En mille essais divers, la sage expérience,
Par l'exemple guidée, a formé la science.
(Traduction de M. le chevalier ALLENT.)

PARIS,

CHEZ J.-B. BAILLIÈRE, LIBRAIRE, 19, RUE HAUTEFEUILLE.

BORDEAUX,

CHEZ LES PRINCIPAUX LIBRAIRES
ET CHEZ L'AUTEUR, 24, RUE ROHAN.

1851.

AVANT-PROPOS.

L'eau de mer, dont l'usage remonte à la plus haute antiquité, était employée à Montpellier en 1811, époque où nous commencions nos études médicales, et dès ce moment elle fixa notre attention, comme si elle devait nous intéresser, plus tard, d'une manière particulière. Effectivement, à partir de 1812, nous eûmes mille occasions d'en étudier l'emploi, sous la direction du professeur Delpech, qui nous honora de son estime et de sa confiance, en nous occupant auprès de lui en qualité de secrétaire : c'était le temps où cet illustre praticien, si malheureusement enlevé, en 1832, à la science et à l'humanité, faisait revivre, dans le Midi de la France, la médication par l'eau de mer, en démontrait la grande efficacité, et en posait les

Maintenant, voici le *plan d'ensemble* de notre travail, dont l'analyse est contenue dans la *Table synoptique des matières* :

Nous commençons la première partie (*Effets physiologiques de l'eau de mer, etc.*) par un exposé succinct des principales propriétés physiques et chimiques de l'eau de mer. Nous indiquons successivement *les effets physiologiques, primitifs et consécutifs des bains de mer froids* (bains à la lame); nous examinons les influences que ces bains, agissant par leurs divers éléments (*température, compression, choc, principes chimiques*), exercent sur l'économie tout entière, sur ses différentes fonctions et sur leurs appareils. — Nous étudions de la même manière les *bains de mer chauffés.* — Notre attention se porte ensuite, et au même point de vue, sur *l'eau de mer administrée à l'intérieur* et sur *l'atmosphère maritime*, dont l'étude nous amène à faire ressortir les avantages de certaines brises de terre et de mer. Ces prolégomènes sont entrecoupés par diverses *observations ad hoc*, par des détails sur les thermes maritimes de Royan, sur leur position géographique et leurs bonnes conditions hygiéniques.

Dans la deuxième partie (*Règles générales relatives à l'usage de l'eau de mer à l'extérieur*), nous établissons les principes et les précautions qu'il faut observer lorsqu'on *administre ou que l'on emploie, à l'extérieur, les moyens ou agents médicateurs*, dont nous avons fait connaître l'action physiologique. C'est dans ce but que nous passons en revue les *bains froids*, les *doubles bains*, les *simples immersions à la mer*, les *bains chauds*, *douches*, *affusions*, *lotions*, *bains partiels* et *applications locales d'eau de mer* dans tous leurs modes, à diverses températures. Nous parlons aussi des *bains de sable de mer*; nous citons, de temps en temps, quelques faits ou *observations pratiques*, et nous finissons par des développements relatifs à *l'hygiène des baigneurs*. Après quelques généralités, nous émettons des préceptes sur le *choix de la localité maritime*, les *aliments*, les *vêtements*, l'*exercice*, le *repos*, et les *influences morales* : ce dernier sujet nous fournit l'occasion de dire encore quelques mots de *Royan et ses bains de mer*.

La troisième partie est la conséquence et l'application des deux premières. Elle traite de *l'eau de mer à l'extérieur et à l'intérieur*, et de

leur constitution, l'agent thérapeutique dont ils
venaient réclamer le secours ; mais les succès,
déjà nombreux, que nous y obtenions, nous
inspiraient le désir d'en réaliser de compa-
rables à ceux des localités maritimes, où les
malades, plus dociles, se laissaient diriger par

en occupâmes ; mais les secours sur lesquels nous croyions devoir compter nous ayant manqué, nous l'abandonnâmes.

» Heureusement, quelques incidents inattendus arrivèrent : un local
situé tout au milieu de la ville, et se composant d'une maison et d'un
fort grand jardin, fut mis en vente. M. Lessore, ingénieur des ponts-et-
chaussées, qui était venu habiter Royan, après l'abandon de notre projet, en avait entendu parler, et en avait senti l'utilité ; il se mit en tête
de stimuler les Royannais ; il les décida à acheter le local ci-dessus mentionné, et, bien que les fonds nécessaires ne fussent pas faits, l'acquisi-
tion se fit. On ajouta au jardin, déjà très-vaste, quelques terrains voi-
sins qui le conduisaient directement au-dessus du bord de la mer. M. Lessore dessina les jardins et les fit planter ; il appropria provisoirement la
maison à la nouvelle destination qu'on voulait lui donner ; en quelques
mois, avec la bonne volonté de quelques entrepreneurs, presque sans ar-
gent, l'établissement était organisé. A l'ouverture des bains, en 1842, il
était prêt à recevoir la population baigneuse attendue, sauf à le compléter, à l'enjoliver successivement ; ce qui s'est fait depuis : de telle manière
que l'ensemble des constructions et des jardins, s'harmoniant parfaitement aujourd'hui, forme un tout gracieux et homogène, au milieu duquel il faudrait être difficile, si l'on n'était pas satisfait.

» Ces améliorations sont évidemment dues à M. Lessore.

» Dans tout cela, nos prévisions se sont accomplies. Les chercheurs de
distractions sont venus en tel nombre à Royan, qu'on s'est décidé à bien
faire paver les rues principales de la ville. Un nombre considérable de
maisons élégantes ont été construites et meublées à l'avenant. Le port a
changé de face par les soins de M. Botton, ingénieur, successeur de
M. Lessore. Des rampes douces, qui conduisent en un des lieux où l'on

le médecin, et où celui-ci avait la facilité d'administrer l'eau de mer pure ou mitigée, à diverses températures, sous toutes les formes. Nous savions combien cette facilité et les ressources ordinaires de l'hygiène contribuaient aux beaux résultats obtenus dans certains ther-

va prendre des bains, ont été établies; elles forment une large voie, et sont soutenues par des parapets. Ces rampes, le port, la façade des maisons qui montrent leur coquette jeunesse aux arrivants, forment un tout plein de grâce qui doit plaire aux baigneurs les plus exigeants. »

Voici d'autres détails qui concernent l'établissement de bains, mentionné ci-dessus :

Dans le cours des années 1841, 42 et 43, de nombreux habitants de Royan et d'autres villes, à l'instigation de MM. Lessore et Botton, ingénieurs; Demangeat, architecte de Paris; Marion, Prévost et autres, entrepreneurs de travaux publics; Ayraud, notaire, et Cheylack, pharmacien à Royan ; le docteur Pouget, médecin-inspecteur; Boscal de Réals, Bellamy, de La Grandière, Eschaussier, Chaumont, ex-directeur des constructions navales, et autres propriétaires de Royan et des environs; Pelletan, juge de paix; Seureau, percepteur, et Bec, notaire, etc., ont fondé la société civile d'actionnaires à laquelle appartient ce bel établissement, et qui s'est régulièrement constituée, le 28 décembre 1847, par acte passé devant Mᵉ Bec, notaire à Royan.

Le plan du Casino avait été dressé, en 1841, par M. Demangeat, pour un autre emplacement que celui où il a été mis à exécution; il a subi divers changements nécessités surtout par la convenance d'avoir un établissement spécial pour les bains chauds. — Ce bâtiment a été construit en 1843 et 44, d'après les plans et sous la direction de M. Garde, architecte de Rochefort, par MM. Marion et Prévost. — Les travaux du Casino ont été exécutés par MM. Geay, Nicolas et autres, entrepreneurs de la localité, sous la direction de MM. Lessore et Botton, ingénieurs, aidés de MM. Proust et Sauvion, conducteurs des ponts-et-chaussées, pendant les années 1848, 1849 et 1850.

l'état catarrhal, de la chlorose, des œdèmes, du tempérament lymphatique, des scrophules, du rachitisme, des névroses, de certaines affections des voies digestives et des organes respiratoires, enfin de quelques affections propres à l'enfance, à la puberté et aux femmes. Nous n'avons pu faire qu'un examen excessivement rapide de ces diverses maladies; plusieurs, même, ont été seulement mentionnées comme pouvant recevoir une heureuse influence de l'action des bains de mer.

En traitant des affections pulmonaires, nous nous sommes occupé spécialement de la phthisie; nous avons prouvé que, dans certains cas, l'eau et l'air de la mer pouvaient être très-utiles pour prévenir cette affection, et en consolider les guérisons, ainsi que nous l'avons dit plus haut. Le même sujet nous a donné l'occasion d'insister sur l'importance du choix des localités maritimes, et de soulever la question de la *climatologie* relativement aux thermes maritimes [1].

(1) En écrivant ces lignes, nous lisons, dans l'*Union médicale* du 17 juin 1851, un article de M. le docteur Éd. Carrière, où il est rendu compte d'un nouveau livre intitulé : *Nice et son climat*, et où il est parlé de l'ouvrage que l'on doit à M. Carrière, *Sur le climat de l'Italie*.

Si, d'un côté, nous regrettons de n'avoir pas connu ce dernier ouvrage, qui, sans doute, nous aurait mis à même de donner plus de

La quatrième partie renferme un résumé ou sommaire des *contre-indications* dans l'emploi des bains de mer; elle met en évidence la nécessité de *l'intervention médicale* en cette matière, comme elle est reconnue et admise dans toutes les eaux minérales; elle se termine par l'examen et les preuves des effets *secondaires ou ultérieurs*, que doit produire la médication par l'eau de mer et ses diverses applications, auxquelles viennent se joindre les salutaires influences de l'atmosphère maritime.

Bordeaux, le 1er juillet 1851.

développements et plus d'intérêt à ce que nous avons dit, sur un sujet analogue, dans la troisième partie de notre travail, p. 375 ; d'un autre côté, nous nous estimons heureux de voir que nos idées se rencontrent assez bien avec celles d'un médecin tenant une place distinguée parmi les auteurs qui s'occupent d'hydrologie et de climatologie.

qu'ils se laissassent entraîner par l'exemple des personnes d'un tempérament exceptionnel. Il arrive, en effet, très-souvent, aux baigneurs, de faire un usage intempestif ou immodéré des bains à la lame : les uns y restent trop long-temps, ou les répètent d'une manière trop soutenue ; tandis que d'autres, sans raison plausible, se plaisent à en prendre plusieurs dans la journée ; presque tous s'imaginent que les bains froids ont une efficacité d'autant plus grande, qu'ils ont plus de durée ou qu'ils sont plus fréquents. S'ils se décident à demander les conseils d'un médecin , c'est rarement avant les premiers bains ; c'est ordinairement lorsque l'imprévoyance ou la témérité a fait survenir des accidents contre lesquels la science , parfois , est malheureusement impuissante.

Tel fut le motif d'un opuscule publié par nous, en 1846, sous le titre d'*Avis aux Baigneurs sur la manière de prendre les bains de mer*. La préface de cet opuscule contenait l'extrait d'un *rapport sur les eaux minérales*, lu à l'Académie de médecine, le 14 août 1841, par M. le docteur Patissier, au nom d'une commission spéciale ; rapport où est signalée la nécessité de l'intervention des médecins dans

l'usage des bains de mer [1]. Nous disions ensuite :

« Convaincu, nous aussi, par les faits nombreux dont nous avons été témoin, que, dans
un état réel de maladie, l'usage inopportun des
bains de mer peut amener les résultats les plus
regrettables, nous prenons le parti de consi-
gner ici le fruit de nos lectures et de notre expérience.

» Les malades ne resteront pas ainsi désarmés
contre des accidents qu'ils éviteraient, s'ils
avaient la prudence de consulter un médecin;
et puisqu'à Royan, comme ailleurs, ils ne jugent
pas convenable de prendre cette précaution,
mettons-les à même de s'en passer jusqu'à un
certain point. Nous espérons que, bientôt, les
baigneurs malades, mieux éclairés sur l'intérêt
si cher de leur santé, n'attendront plus, pour
recourir au médecin, que, victimes de leur imprudence, ils aient été atteints de maux dont ils
auraient pu aisément se préserver. »

Cet avertissement a été entendu par un certain nombre de baigneurs : depuis quelques

____

(1) Nous avons repris l'examen de cette question, à la fin du présent
ouvrage, 4ᵉ partie, chap. II, p. 394 à 404.

dans leur ensemble. Réflexions sur ces divers objets.—
Relations entre le physique et le moral; leur influence
sur les effets consécutifs des bains, etc.; absorption des
sels par l'organe cutané............................ P. 14 à 26.

CHAPITRE IV.—**Effets physiologiques des bains de mer
chauffés**.. P. 27.

Bains chauds administrés, seuls, ou comme transition aux
bains froids; leur analogie avec ces derniers et avec les
eaux salines thermales; leur efficacité sur les enfants,
les femmes, les vieillards. contre diverses affections,
dispositions aux catarrhes, maladies cutanées, etc.;
avantages de leur emploi à raison de la possibilité de les
modifier, de les administrer en toute saison, et d'en
continuer l'usage, sans interruption, pendant le temps
nécessaire, comme on le fait pour les eaux minéro-
thermales, à Vernet-les-Bains.— Observations 2 et 3,
p. 34 et 35, prouvant les services que peuvent rendre
les bains de mer chauffés, en remplacement des bains
froids, dans des états particuliers, notamment la grossesse.. P. 27 à 37.

CHAPITRE V. — **De l'eau de mer à l'intérieur**............. P. 38.

Son action sur le système digestif et sur l'organisme tout entier. A certaine dose, elle devient laxative, purgative;
de plus, c'est un excellent vermifuge et préservatif des
vers, des ascarides. — Observation 4, qui démontre ces
dernières propriétés, p. 39. — Son efficacité contre les
affections scrophuleuses, les ophtalmies, les taies, les
fluxions, ulcérations des lèvres et du nez, les écrouelles,
le carreau, les gonflements, ramollissements, infiltrations tuberculeuses et caries des os; son utilité dans
quelques circonstances de la phthisie pulmonaire;
contre les engorgements du foie, de la rate; contre la
jaunisse; contre les fièvres intermittentes et l'engorgement de la rate, qui les accompagne ou les suit (*l'aspect
splénique*, du profess. Piory, p. 43). — Observations 5

et 6, p. 43 et 44, sur ces fièvres, guéries par l'eau de mer, associée quelquefois aux bains chauds. — Utilité de l'eau de mer rendue gazeuse, et ainsi plus facile ou moins désagréable à boire................. P. 38 à 49.

CHAPITRE VI. — **Effets physiologiques de l'atmosphère maritime et des brises de terre et de mer** .... P. 50.

Art. Iᵉʳ. — *De l'atmosphère maritime.* — Plus pure, plus salubre, plus oxigénée, plus fraîche, plus égale dans sa température, que l'air des terres. — Son action, analogue à celle des bains de mer, les seconde toujours et peut les remplacer quelquefois. Tonique et stimulante, etc., elle facilite les fonctions nutritives et assimilatrices. — Son action avantageuse et spéciale chez les individus étiolés, scrophuleux et rachitiques, dans la mélancolie, l'hystérie, plusieurs lésions des fonctions utérines, dans certaines céphalalgies, les gastralgies, les étouffements, les palpitations nerveuses, etc. Elle diminue la susceptibilité morale et physique.— Observations 7 et 8, p. 55 à 60. Utilité de l'air de la mer dans les catarrhes bronchiques, avec atonie de la muqueuse. Exemple de ce fait dans le rhumatisme. Air parfois trop excitant pour les bronchites sèches; il convient aux constitutions pituiteuses à fibre molle, inerte et imbibée d'une sérosité surabondante.—C'est une atmosphère *médicamenteuse,* analogue à celles créées par l'art dans divers établissements thermaux (*Vernet-les-Bains*). — Bons effets du séjour, des promenades, des distractions sur les bords de la mer, tant pour le moral que pour le physique. — Dangers des plages jonchées de matières en décomposition. — Avantages des côtes dont le sol est sec et de nature calcaire, où l'exercice varié et agréable soit toujours facile. — Notions sur Royan et ses bains de mer .... P. 50 à 70.

Art. II. — *Des brises de terre et de mer,* p. 70. — Qualités et utilité des vents en général et des brises en particu-

sible , les dissertations scientifiques , et nous
nous sommes plu à entrer dans quelques détails relatifs aux distractions des baigneurs.
Ces détails appartiennent à l'hygiène ; ils sont
placés, comme des épisodes , au milieu des résultats que nous a fournis l'étude approfondie
des effets physiologiques et médicaux de l'eau
de mer et de l'atmosphère maritime. Dans cette
étude, on nous trouvera toujours attentif , scrupuleux et parfois minutieux. Si nous attribuons
un grand rôle aux influences morales , aux distractions, aux promenades et aux agréments du
séjour sur les bords de la mer, c'est que là nous
avons trouvé les principales causes de nombreuses guérisons ; c'est que nous savons combien les
médecins doivent avoir égard à tout ce qui peut
impressionner le corps et l'esprit des malades ;
mais nous sommes bien loin de partager l'avis des
personnes qui, doutant de l'action réelle, et parfois très-énergique, des eaux minérales, croient
beaucoup plus aux bienfaits des voyages , à la
convenance de tel ou tel séjour par rapport à
l'organisation , à l'imagination , etc. Bref, la
part que nous faisons aux influences morales et
aux localités , est celle qu'elles méritent dans
toutes les médications.

En second lieu, nous avons dû examiner les changements que l'eau et l'air de la mer, par leurs impressions premières, déterminent dans les propriétés vitales, les mouvements actuels, et l'exercice de chaque fonction des divers organes. Puis, nous avons suivi et scruté les autres changements plus tardifs et plus profonds, qui s'opèrent dans l'économie animale, sous l'action plus ou moins prolongée de ces agents modificateurs. En paroles et en faits, nous sommes resté fidèle à cette maxime de **M.** le docteur Barbier (*Matière médicale*, tom Ier, préface, pag. 9) : « *Les guérisons que le médecin tentera dans la pratique de son art seront d'autant plus sûres, qu'il aura mieux étudié la capacité des remèdes, qu'il connaîtra mieux la portée de leur puissance, qu'il aura une idée plus juste, plus complète des changements organiques qu'ils vont susciter dans le corps soumis à leur influence.* » C'était le moyen de ne point nous risquer à vanter l'eau de mer comme un remède universel, ni même à en faire une application trop étendue. Nous n'avons été dominé ni par la théorie, ni par des opinions exclusives, et nous avons tâché de n'émettre que des principes, pratiques, en harmonie avec les données

CHAPITRE IV. — **Des bains d'eau de mer chauffée.**. P. 117.

Application à des cas nombreux et variés, aux enfants de moins de deux ans, aux vieillards, aux personnes craignant les lames, ou impressionnables de leur nature ou par suite de maladies. — Température, durée, émollients, etc.................................... P. 117 à 120.

CHAPITRE V. — **Des douches d'eau de mer à diverses températures**.................................... P. 121.

Définition, effets, précautions, frictions. — Diverses sortes de douches. — Application à l'atonie ; aux engorgements : paraplégie, hémyplégie, rhumatismes divers ; à la faiblesse des lombes ou des membres. Extrait d'un mémoire de M. le docteur Fleury. — Douches ascendantes et injections.................... P. 121 à 128.

CHAPITRE VI. — **Des affusions d'eau de mer**............ P. 129.

Définition, effets. — Affusions générales, locales, associées aux bains, et employées quelquefois seules .... P. 129 à 131.

CHAPITRE VII. — **Des lotions, demi-bains, bains de siége, manuluves, pédiluves, et applications locales d'eau de mer à diverses températures** .... P. 132.

Moyens trop négligés dans les thermes maritimes. — Définition, effets, réaction. — Emploi dans diverses affections. — Précautions à prendre pour les injections, les collyres, etc., observation 16, p. 134. — Leur emploi simultané avec les bains et la boisson, observation 17, p. 135.................................... P. 132 à 136.

CHAPITRE VIII. — **Des bains de sable de mer (arénation)**.................................... P. 137.

Note de M. le docteur L. Marchant ; ressource à utiliser, principalement dans le rhumatisme chronique. — Précautions dans son emploi. Observations 18 et 18 *bis*, p. 140, 141.................................... P. 137 à 142.

CHAPITRE IX. — **Hygiène des baigneurs**................... P. 142.

Considérations générales sur les agents hygiéniques, p. 142
à 146. — § 1er. Du choix de la localité maritime, p. 147.
— § 2. Des aliments et des boissons, p. 147 à 149. —
§ 3. Des vêtements, p. 149, 150. — § 4. Des excrétions, p. 150. — § 5. De l'exercice, p. 152 à 153. —
§ 6. Des influences morales, distractions, etc. — Extrait du livre sur *Royan et ses bains de mer*, p. 153
à 162. — Extraits de J. Vogler et de M. le docteur Éd.
Carrière sur les conditions complexes de la médication
par les eaux minérales..................... P. 142 à 165.

TROISIÈME PARTIE.

*De l'eau de mer à l'extérieur et à l'intérieur, et de
l'atmosphère maritime, sous les rapports de l'hygiène et de la prophylaxie, et sous celui de la
thérapeutique*....................... P. 167 à 390.

CHAPITRE Ier. — **Des bains de mer et de l'atmosphère maritime, sous le rapport hygiénique et pro-
phylactique**............................... P. 167.

Réflexions ou considérations générales....... P. 167 à 180.
De l'*atmosphère maritime*, p. 180. Attention à donner aux
variations atmosphériques, et surtout à la pression de
l'air ; comparaison entre l'air raréfié des montagnes et
l'air au niveau de la mer, p. 180 à 184. Mal des montagnes, ascensions terribles et aérostatiques; leurs symptômes et leurs effets expliqués par le docteur Pravaz,
p. 184 à 189. Effets de l'air comprimé ou condensé dans
les mines profondes, dans la cloche à plongeur et dans
l'appareil pneumato-médical de MM. Junod et Pravaz,
conformes aux principes émis par Tourtelle, et aux observations de Duhamel, p. 189 à 193. — Avantages de l'habitation sur les montagnes d'une hauteur moyenne, dans
les vallées, et surtout près des bords de la mer. —Inno-

dans nos recherches sur les influences de l'atmosphère maritime. M. Pravaz, surtout, nous a été très-utile, non seulement par les propositions qu'il a formulées relativement aux effets physiologiques inverses que produisent, dans

tout scepticisme, on sera forcé de s'intéresser aux belles observations cliniques de M. Pravaz, surtout lorsqu'on saura que toutes ces observations ont été sanctionnées par les plus hautes autorités médicales et chirurgicales de Lyon, MM. les docteurs Viricel, Gensoul, Bonnet, Nichet, Polinière, Bottex, etc., etc., qui, fréquemment, emploient le bain d'air comprimé, et dont quelques-uns y ont eu recours pour eux-mêmes.

Quelle fatalité a voulu qu'en présence de pareils faits, de pareilles autorités, une médication si simple, si facile à établir, quand on peut disposer de machines mues par l'eau ou par la vapeur, ne soit pas encore expérimentée sur une assez grande échelle! par exemple, dans les hôpitaux des villes populeuses, où les scrophules, la phthisie leur cruelle compagne, et d'autres affections non moins terribles, exercent de si fréquents ravages au sein de ces villes, dans tous les rangs de la société, et principalement dans les classes laborieuses et ouvrières!

Si cette médication était pratiquée dans de grands hôpitaux, si elle y obtenait des succès conformes à ses prémices, ne serait-ce pas pour la société tout entière une véritable consolation, que de posséder un moyen qui pût réduire sensiblement le nombre des victimes sacrifiées, chaque année, à la civilisation et à l'industrie?

Dans le cours d'hygiène, professé à la faculté de médecine de Paris, (voir la *Gazette des Hôpitaux*, du 3 juin 1851, p. 256), M. Fleury reconnaît que M. Pravaz, *à l'aide de l'augmentation de la pression atmosphérique, a obtenu de très-beaux résultats dans le traitement de la phthisie pulmonaire, de la chlorose, de l'anémie, du mal vertébral de Pott.*

Ces résultats ne sont-ils rien, ou du moins ne sont-ils pas assez pour mériter autre chose que l'espèce d'indifférence, avec laquelle ils paraissent avoir été généralement accueillis ailleurs que dans la ville de Lyon? Cette indifférence ne pourrait-elle pas être l'effet de l'impression pronos organes, la raréfaction et la compression de l'air atmosphérique, mais encore par ses définitions rigoureuses des phénomènes observés dans certaines maladies, notamment dans la chlorose et le rachitisme.

duite par le rapport que M. Magendie a fait, en 1835, à l'Académie des sciences, au sujet d'un mémoire de M. le docteur Junod ? « Sous le » point de vue médical, dit le rapporteur, cet appareil (celui où le » corps tout entier est soumis à la pression augmentée ou diminuée de » l'atmosphère) ne paraît *jusqu'ici susceptible d'aucune application;* » mais, placé dans un cabinet de physique, il pourrait fournir l'occasion » d'expériences curieuses et d'observations utiles. »

Il en a été autrement à Lyon; voir le rapport fait, en 1840, à la Société de médecine de cette ville, par M. le docteur De la Prade, au nom d'une commission, lequel rapport se termine ainsi : « Il y a donc, comme nous l'avons dit, dans la médication par le bain d'air comprimé, toute une méthode curative.... Les faits qui démontrent l'efficacité de cette méthode ayant été constatés, soit par divers membres de la Société de médecine, soit par votre commission elle-même, nous avons l'honneur de vous proposer de donner votre approbation au mémoire de M. Pravaz. »

Depuis 1840, l'efficacité de cette méthode, loin de s'être démentie, n'a pas cessé de se confirmer (à Lyon), et la question *d'utilité publique,* qui, d'après nous, pourrait s'y rattacher, ne paraît pas plus être avancée, aujourd'hui, que si elle n'avait jamais été soulevée. Et, cependant, l'Académie des sciences en a été saisie en 1835.........

Si cette médication est appelée à rendre les services qu'elle promet, Dieu veuille qu'elle n'ait pas le sort de la vapeur appliquée à la navigation !.... Le célèbre Fulton, renvoyé par le gouvernement français, auquel il avait vainement offert d'employer les bâtiments mus par la vapeur, pour l'exécution de la *descente en Angleterre,* retourne aux États-Unis, et y construit, en 1807, le premier bateau à vapeur qui ait réellement navigué. Il est imité bientôt par l'Angleterre, et plus tard par la France......

indications les plus sûres dans une foule de maladies. Pendant les dix années consécutives qu'il nous fut donné de passer dans son intimité, il nous mit à même d'observer, avec lui, les nombreux malades qu'il envoyait aux bains de mer, sur la plage de Cette.

De 1822 à 1827, ayant occupé, à l'école de Sorèze, la place de médecin, nous avons continué à suivre les heureux effets de l'eau de mer sur les élèves de cette école, qui, d'après nos conseils, allaient se baigner, aussi, sur la plage de Cette.

Dans l'année 1827, en quittant Sorèze, nous nous sommes fixé à Bordeaux, et, depuis lors, nous n'avons cessé d'étudier la même médication, aux bains de mer de Royan, où, tous les ans, nous faisions de fréquents voyages, pendant la belle saison.

Nous avons été nommé médecin-inspecteur de ces bains par décision ministérielle du 10 décembre 1835 : cette mesure était motivée sur l'intérêt des baigneurs qui venaient à Royan, et dont le nombre augmentait, chaque année, en suivant une progression extraordinaire.

Certes, en 1835, Royan avait déjà de la

vogue, mais il la devait seulement à sa belle
exposition, à l'air pur qu'on y respire, à l'a-
bondance et à l'excellente qualité de ses vivres,
à ses faciles relations avec Bordeaux, Saintes,
Rochefort, etc. ; enfin, à un ensemble de conditions naturelles hygiéniques qui en faisaient,
sinon un séjour des plus attrayants, du moins
un lieu éminemment salubre (1).

En fait d'organisation médicale, les thermes
maritimes de cette petite ville ne possédaient
absolument rien ; les malades n'y pouvaient
trouver les moyens, si nécessaires, d'approprier
à leur âge, leur force, leur tempérament, et à

(1) A ce sujet, l'auteur de *Royan et ses bains de mer*, en 1850,
s'exprime en ces termes :

« Les habitants de Royan en étaient là en 1856 : un corollaire indispensable leur manquait cependant; s'ils avaient ouvert quelques nouveaux hôtels, si les logements qu'ils pouvaient offrir s'étaient multi-
pliés ; on ne savait où se réunir. La table, les bains, la promenade, occupaient un certain temps, il est vrai, mais il en restait beaucoup dont
on ne savait que faire; c'était un lieu de réunion générale qu'il fallait.
M. le docteur Pouget, de Bordeaux, médecin nommé inspecteur des bains
de mer de Royan, et moi, qui écris ces quelques pages, nous parlâmes
aux habitants de la nécessité de fonder un établissement, plein de salons
de toute sorte, orné de grands jardins; nous voulions qu'on y donnât des
fêtes, qu'il s'y tînt des réunions, tout ce qui pourrait servir à distraire
agréablement la population flottante qu'ils avaient tant d'intérêt à retenir.

» Nous devons en convenir, on ne paraissait pas trop nous comprendre.
Nous décidâmes de chercher à effectuer nous-mêmes ce projet; nous nous

*L'atmosphère maritime, considérées sous les rap-
ports de l'hygiène et de la prophylaxie, et sous
celui de la thérapeutique.* Nous nous laissons
entraîner dans des détails, peut-être trop longs,
où l'air de la mer est comparé à celui des mon-
tagnes ; et c'est là que nous mettons à profit la
lecture de l'ouvrage de M. Pravaz (*Essai sur
l'emploi médical de l'air comprimé.* Paris, 1850).

Nous démontrons, par le raisonnement et
par l'expérience, combien est grande l'impor-
tance hygiénique et prophylactique des bains de
mer et de l'atmosphère maritime. Nous faisons
de nouvelles réflexions touchant : 1° l'exercice
auquel les baigneurs peuvent se livrer sur les
côtes maritimes ; 2° la situation et l'appro-
priation des établissements consacrés aux bains
de mer. Nous essayons de prouver que *l'air des
montagnes, par sa raréfaction et sa basse tem-
pérature,* produit des phénomènes de *débilita-
tion* et non pas *d'excitation, admise autrefois par
beaucoup de nos confrères et par nous-même :*
de là nous concluons que les thermes maritimes
ont des avantages incontestables pour activer
et régulariser les fonctions des principaux or-
ganes ; mais que, de plus, la température et la
pression de l'atmosphère y étant presque cons-

tamment uniformes, pendant l'été, principalement sur les côtes de l'Ouest et du Midi, les
baigneurs à la mer sont très-peu exposés à des
intempéries semblables à celles qui gâtent le
climat des montagnes. Cette circonstance et
d'autres donnent aux bains de mer une *spécialité* telle, qu'indépendamment de leur emploi
contre de nombreuses maladies, ils peuvent
servir à consolider des guérisons obtenues par
d'autres moyens. Nous rappelons, à ce sujet,
une *médication secondaire par l'eau et l'air de
la mer,* dont se trouvent très-bien certains malades phthisiques, déjà traités aux *Eaux-
Bonnes.* Nous exprimons le vœu motivé de voir
nos confrères se livrer à des études et à des
expériences sur les effets physiologiques et combinés de la *pression*, de la *densité* et de la *température,* soit de l'air atmosphérique, soit des
divers milieux, auxquels le corps est soumis dans
certaines médications.

Après des considérations préliminaires sur l'emploi thérapeutique de l'eau de mer, nous faisons
connaître les éléments morbides les plus importants et les maladies les plus saillantes que l'on
peut combattre par son secours. Nous parlons de
la faiblesse, de l'atonie, des hémorragies, de

mes maritimes de France, et plus particulièrement dans ceux de l'Allemagne et de l'Angleterre. Ces établissements, malgré divers incon-
yénients géographiques, justifiaient leur célé-
brité curative ; mais aussi rien n'y était négligé
de ce qui pouvait en rendre le séjour utile et
agréable ; moyens qu'il importe de réunir, surtout, comme devant se donner un mutuel appui dans la plupart des médications, et principalement dans celle dont il s'agit ici.

Pénétré de ces idées, et profitant de l'heureux concours de M, Lecoutre de Beauvais
père, de Bordeaux (voir la note ci-dessus),
nous fîmes de nombreuses et instantes démar-
ches auprès des habitants de Royan, pour les
déterminer à entreprendre la création d'*un véritable système de bains de mer.* Cette organisation se fit longtemps attendre ; mais enfin elle
arriva, grace encore à l'initiative de M. Lessore, ingénieur des ponts-et-chaussées, et à la
persévérance active de M. Botton, son successeur. Depuis 1845, par suite de la sollicitude
soutenue de ces deux ingénieurs, nous avons à
notre disposition un système complet de bains
chauds d'eau de mer et d'eau douce, avec dou-

ches et tous leurs accessoires ; ils sont situés dans les vastes jardins du *Casino*, à proximité d'une conche sablonneuse où les dames et les enfants prennent des bains à la lame, avec commodité, et en toute sécurité.

Royan s'est trouvé, ainsi, enrichi d'un établissement de bains, où l'emploi médical et rationnel de l'eau de mer, associé à l'action de l'atmosphère maritime et à toutes les ressources de l'hygiène, peut l'emporter, dans bien des cas, sur celui des eaux salines, thermales ou non, de l'intérieur des terres. Aussi dirons-nous, en toute assurance, que cette localité offre, aujourd'hui, aux baigneurs un précieux assemblage de ressources hygiéniques et thérapeutiques.

Mais ce n'était pas assez, pour nous, que de pouvoir disposer d'un établissement propre à remplir toutes les indications médicales, nous avions encore à surmonter une grande difficulté : nous voulions remédier à la fâcheuse habitude, qui était générale parmi les baigneurs bien portants, et même parmi les valétudinaires et les malades, de se mettre à la mer sans la moindre circonspection, soit qu'ils cédassent au désir et à l'espoir de hâter leur guérison, soit

AVIS AU LECTEUR.

—

Le tableau ci-dessous, destiné à faciliter les recherches, indique avec précision les passages où se trouvent les *principales observations cliniques dont les numéros n'ont pas été inscrits en temps et lieu, dans le texte du présent ouvrage* :

Aux pages........	12	34	35	39	43	44	55	55	56	91	91
et lignes.......	2	11	12	25	17	27	3	12	24	4	19
ajoutez : Obs.	1	2	3	4	5	6	7	8	9	10	11

Aux pages........	99	100	104	115	134	135	140	141	196	197	197
et lignes.......	8	1	17	28	23	14	19	9	22	9	22
ajoutez : Obs.	12	13	14	15	16	17	18	18 bis	19	19 bis	19 ter

TABLE SYNOPTIQUE

DES MATIÈRES.

AVANT-PROPOS........................... Pages   I à XXIII.

TABLE SYNOPTIQUE DES MATIÈRES............   —   XXV à XXXV.

ERRATA ....   —   XXXVI.

PREMIÈRE PARTIE.

Effets physiologiques de l'eau de mer, employée à diverses températures, à l'extérieur et à l'intérieur...................................... P. 1 à 77.

CHAPITRE Ier. — **Propriétés physiques et chimiques de l'eau de mer** .... P. 1.

Composition, saveur, odeur, température, pesanteur, flux et reflux............................... P. 1 à 4.

CHAPITRE II. — **Effets physiologiques primitifs des bains de mer froids ou frais**...................... P. 5.

Phénomènes de concentration, d'équilibration, et d'expansion ou de réaction. — Température, pression, agitation, sels; action déprimante, sédative, tonique, stimulante, révulsive et résolutive. — Observation 1, p. 12, sur une particularité de ces effets.... P. 5 à 13.

CHAPITRE III. — **Effets physiologiques consécutifs des bains de mer froids**.............................. P. 14.

Impression à la fois sédative, déprimante et stimulante, suivie de fatigue plus ou moins longue, et de changements dans les forces, les fonctions, les organes et les tissus. — La digestion, la respiration, l'hématose, la circulation, la nutrition, les sécrétions, sont activées années, on commence à suivre à Royan la coutume établie dans les thermes minéraux ; celle de s'adresser au médecin, dès l'arrivée sur les lieux, pour savoir comment on devra faire usage des bains de mer, et pour connaître les modifications dont l'emploi de ces bains est susceptible, selon les âges, les constitutions et les affections maladives. Nous avons pu, dès-lors, constater, sur un plus grand nombre de sujets, l'action médicatrice de l'eau de mer, administrée sous diverses formes ; puis, nous nous sommes souvenu que, dans tous les arts, dans toutes les sciences, les recherches des praticiens auraient laissé peu de traces utiles, si elles n'eussent pas été consignées par écrit. Nous avons compris qu'à l'instar de nos devanciers, chacun de nous doit à la société le tribut des connaissances qu'il a pu acquérir dans sa spécialité : c'est pourquoi nous nous sommes proposé d'acquitter notre dette de médecin-inspecteur des bains de mer, en faisant succéder à notre *Avis aux Baigneurs*, un travail plus étendu, qui, s'adressant principalement à nos confrères, pût encore être intelligible et intéressant pour les personnes étrangères à la science médicale.

Cette dernière condition nous a toujours paru avoir l'importance que lui donne M. le docteur Éd. Carrière [1].

En outre, notre qualité de médecin-inspecteur d'un établissement de thermes maritimes nous imposait deux autres obligations, beaucoup plus importantes : la première, de nous tenir en garde contre toute tendance (même involontaire) à exagérer les vertus des agents thérapeutiques, dont nous allions analyser et fixer l'action médicatrice ; la seconde, de n'avancer que des principes et des préceptes qui fussent étayés par des faits incontestables, les uns dus à nos confrères, et les autres tirés de notre longue pratique en cette matière.

Conduit par ces trois idées principales, nous avons voulu, en premier lieu, mettre notre livre à la portée de tout le monde : pour cela, nous avons restreint, le plus qu'il nous a été pos-

[1] «Quand on écrit des livres de médecine, aujourd'hui, on s'efforce à les rendre intéressants, à en faciliter la lecture, à les faire pénétrer en dehors du cercle des médecins, etc. Puisqu'on le fait pour beaucoup de livres, pourquoi ne le ferait-on pas, surtout, quand il s'agit d'eaux minérales, auxquelles le public s'adresse souvent sur les ouï-dire de la renommée ? » (Le docteur Éd. Carrière, p. 207, *Union médicale*, 1er mai 1851.)

lier ; examen rapide de leur direction sur les côtes de France pendant la saison des bains ; inconvénients des obstacles à la marche des brises ; *idem* des exhalaisons vicieuses, etc.—Utilité, nécessité de s'enquérir de l'état des localités pour le choix des bains de mer. — Avantages des thermes maritimes bien exposés, offrant des plages à sable fin, des eaux potables pures et limpides, des habitations diversement élevées et orientées, un pays salubre, cultivé et boisé ; en un mot, le plus possible de conditions hygiéniques, pour remplir les indications du médecin. — Latitude et aperçu topographique de Royan, considéré comme possédant ces avantages.................... .... P. 70 à 77.

DEUXIÈME PARTIE.

Règles générales relatives à l'usage de l'eau de mer à l'extérieur......................... P. 79 à 165.

CHAPITRE Ier. — **Considérations préliminaires**........... P. 79.

Les baigneurs se portant bien raffermiront et fortifieront leur santé par l'usage modéré des bains de mer. — *Les baigneurs plus ou moins valétudinaires* y trouveront leur guérison, ou grand soulagement. — Nécessité pour ceux-ci d'être guidés dans l'emploi de ce moyen par un homme de l'art. — Nécessité d'avoir égard, pour chaque malade, à son âge, ses forces, sa constitution, son tempérament, etc., etc.................... P. 79 à 82.

CHAPITRE II. — **Règles générales relatives à l'usage des bains de mer à la lame**............ P. 83 à 113.

Réflexions sur l'importance de ces règles.............. P. 83.

ART. Ier. — *Précautions avant le bain*, p. 84. — Traitement préparatoire. — Meilleur moment du bain. — Attentions, exercice, soins particuliers à prendre pour les enfants, etc.............................. P. 84 à 88.

Art. II. — *Précautions pendant le bain*, p. 88. — Manière de se mettre à l'eau. — Égards dus aux enfants. Obs. 10 et 11, p. 91, démontrant les dangers des immersions forcées, pour les enfants qui s'y refusent. — Dangers, même pour les grandes personnes, des immersions trop répétées. — Sur certaines plages sablonneuses de l'Ouest et du Midi, pour aller aux bains, on peut se passer de guides, de voitures, etc., et l'on n'est nullement exposé aux brises glacées du Nord et de l'Est. — Entrer bravement dans l'eau. — Danger de recevoir trop long-temps le choc des lames. — Observations 12 et 13, p. 99 à 102. — Durée des bains selon l'état indivi-duel, etc. — Point de règle invariable, abus à éviter ; — Observation 14, p. 104 (syncope). — Bains plus longs, si le corps s'y est habitué, et moins longs à mesure que leurs effets s'atténuent...................... P. 88 à 106.

Art. III. — *Précautions après le bain*, p. 106. — Ne pas s'essuyer trop à fond, ni avec des linges trop chauds. — Soins de la chevelure. — S'habiller à la hâte et faire de l'exercice. — *Quid*, si la réaction manque ou est mauvaise. — Cas où il faut se mettre au lit, après le bain. — *Quid* des maux de tête et moyen d'y remé-dier....................................... P. 106 à 112.

Art. IV. — *Suspension temporaire ou définitive des bains.* — C'est le moyen d'éviter bien des accidents. — Repos de deux ou trois jours et plus, selon les cas..... P. 112.

Art. V. — *Des doubles bains.* — Ne doivent être pris qu'après les bains simples ; leurs dangers pour les personnes plus ou moins valétudinaires.............. P. 112 à 113.

CHAPITRE III. — **Des immersions dans l'eau de mer froi-de**................................. P. 114.

Définition ; effets analogues à ceux des bains froids très-courts. — Divers modes. — Action parfois très-forte sur le moral. — Observation 15, p. 115. — Guéri-son d'un cas de folie........................ P. 115 à 116.

les plus positives de la science moderne ; si nous avons beaucoup insisté sur les *indications des bains et de l'air de la mer*, nous n'avons pas négligé, pour cela, de rappeler les *contre-indications de ces agents hygiéniques et modificateurs.*

Quant à nos *observations cliniques* servant de base aux préceptes, elles satisfont à la troisième des conditions ou idées principales de notre travail. Nous en avons proportionné le nombre à l'importance de chaque sujet ; quelques – unes nous ont été fournies par les malades eux-mêmes, par leurs parents ou par leurs médecins ; mais la plupart appartiennent aux ouvrages publiés et aux notes inédites de praticiens ayant un mérite reconnu, en fait d'hydrothérapie de tout genre. L'authenticité de ces observations est ainsi garantie, et leur concordance avec celles de notre pratique ne laisse pas que d'ajouter du prix à ces dernières, dont nous avons été, d'ailleurs, plutôt économe que prodigue ; car nous n'avons jamais oublié que les hommes de grande réputation scientifique ont à peine le droit d'établir des principes, sur la seule autorité de leur nom, et sans y joindre les *observations ou preuves à l'appui.* Dès-lors, nous ne devions pas seulement offrir des résultats de notre propre expérience, et nous avons mis à contribution les auteurs les plus estimés qui ont écrit sur les bains de mer, soit à l'étranger, soit en France. Nous citerons particulièrement MM. les docteurs Mourgué, Gaudet et Le Cœur, comme nous ayant fourni de nombreux et utiles documents, dont nous avons indiqué la source le plus attentivement qu'il nous a été possible. Nous citerons également MM. les professeurs Delpech et L. Boyer, à qui nous avons souvent emprunté des principes et des faits pratiques; enfin, MM. les docteurs Junod et Pravaz, par leurs découvertes et leurs études de *médication pneumatique* [1] nous ont éclairé,

---

[1] Quiconque aura pu lire le travail publié, en 1850, par M. le docteur Pravaz, sur l'emploi médical de l'air comprimé, sera non seulement étonné, mais encore peut-être affecté douloureusement, d'apprendre que cette méthode curative, proposée pour la première fois, en 1834, par M. le docteur Junod, et dont M. Pravaz fait un usage continuel et si heureux depuis environ quinze ans, ne soit pas encore entrée dans le domaine de la pratique commune; que ce fait, porté à la connaissance de tout le monde médical, depuis un an, n'ait pas eu beaucoup de retentissement dans la presse spéciale elle-même, ou que l'on en ait parlé, tout au plus, en termes vagues et capables plutôt d'amoindrir le mérite de la chose, que de la préconiser et d'en propager l'étude et les applications. L'art de guérir n'a pas toujours le bonheur de rencontrer, en thérapeutique, le concours éclairé et si bien assorti de la pratique et de la théorie; et ce bonheur arrive si rarement, que, malgré

cuité de l'air de la mer pendant la saison des bains. —
Obs. 19, p. 197 à 202. — Réflexions relatives à l'exercice sur les côtes maritimes, à la situation et à l'appropriation des établissements consacrés aux bains de mer,
p. 202 à 210. — Médication secondaire ou de convalescence dans les affections pulmonaires par l'eau et l'air de
la mer, pratiquée par M. le docteur Daralde, médecin-
inspecteur des Eaux-Bonnes, p. 211. — Utilité de nouvelles recherches et de nouvelles expériences sur les effets physiologiques et combinés de la pression, de la
densité et de la température, soit de l'air atmosphérique, soit de divers milieux, dans certaines médica-
tions.. P. 212 à 217.

**CHAPITRE II. — De l'eau de mer à l'extérieur et à l'in-
térieur, et de l'atmosphère maritime,
sous le rapport de la thérapeutique, et
avec leurs applications à divers états
morbides........................... P. 218 à 390.**

Considérations préliminaires...................... P. 218 à 222.

ART. Ier. — *Faiblesse et atonie.* — Réflexions. — I. Chez
les enfants, observations 20, 21, 22, p. 223 à 230. —
II. Chez les adolescents des deux sexes, observations 23,
24, p. 230 à 235. — III. Chez les femmes fatiguées par
des grossesses, etc., p. 236 à 237. — IV. Chez des personnes d'un certain âge, observations 25, 26, p. 237 à 241.

ART. II. — *Hémorragies.* Réflexions, observations 27, 28,
29, 30.. P. 241 à 249.

ART. III. — *Affections catarrhales.* Réflexions, observations 31, 32, 33. — Considérations, observations 34,
35... P. 249 à 257.

ART. IV. — *Chlorose.* Réflexions, observations 36, 37, 38,
39, 40. (Bains d'air; extraits de l'ouvrage de M. Pravaz,
p. 261.)... P. 257 à 268.

ART. V. — *OEdèmes, ascites.* Réflexions, observation
42 (légers hydrocèles, etc.).............. P. 268 à 271.

Art. VI. — *Tempérament lymphatique et scrophuleux.* Réflexions, observations 43, 44; considérations, observations 45, 46, 47, 48, 49, 50, 51, 52, 53, 54, p. 272 à 296. — *Spina ventosa.* Réflexions, observations 56, 57, 58, 59 .... P. 296 à 302.

Art. VII. — *Rachitisme.* Réflexions. — Phénomènes définis par M. Pravaz, observation 60..... P. 302 à 308.

Art. VIII. — *Névroses.* Réflexions. — I. *Asthénie nerveuse générale* chez les enfants, chez les adolescents, observations 61, 62, p. 309 à 315. — II. *Paralysie.* Réflexions, observations 63, 64, 65, 66, 67, 68 . p. 315 à 324. — III. *Névralgies.* Réflexions, p. 324 à 326. — IV. *Spasmes cloniques., chorée, convulsions.* — Réflexions, observations 69, 70, 71, p. 326 à 332. — V. *Hystérie et autres névroses du même genre.* — Réflexions, p. 332 à 335. — VI. *Hypocondrie.* Réflexions, p. 335 à 338. — VII. *Aliénation mentale.* Réflexions, observations 72, 73........... P. 338 à 341.

Art. IX. — *De certaines affections des organes digestifs.* — I. Chez les enfants. — II. Chez les adultes. Réflexions, observation 74.......... .... P. 341 à 347.

Art. X. — *Maladies des voies respiratoires.* — I. Chez les enfants. Réflexions. — II. Chez les adolescents et chez les adultes Réflexions, et obs. 75. P. 348 à 356.

Art. XI. — *De la phthisie.* Réflexions. — Utilité de l'eau de mer et de l'atmosphère maritime pour prévenir, arrêter ou ralentir la phthisie et en consolider la guérison. — I. Réflexions au point de vue de la prophylaxie, p. 357. — II. Réflexions sur l'efficacité de ces agents pour arrêter ou ralentir la maladie, observations 76, 77, 78, 79, 80, 81, p. 356 à 368. — Concordance de l'opinion, émise ci-dessus, avec l'exposé fait par M. le docteur Fléury, dans son cours d'hygiène; certaine analogie entre l'impuissance des moyens précités et celle des eaux minérales contre la phthisie plus ou moins avancée, p. 368 à 371. — III. Consolidation (par la médication

d'eau de mer) des affections pulmonaires , guéries à
l'aide des Eaux-Bonnes, confirmation de ce fait par
M. le docteur Constantin James, p. 368 à 375. — Question de climatologie relative aux bains de mer, observation 82, p. 375 à 378. — Exemples de la médication
secondaire par l'eau de mer, pratiquée à Royan, en 1846
et en 1850. Observations 83, 84, p. 378 à 381.

Art. XII. — *De l'influence des bains de mer sur le développement de la puberté et sur quelques maladies des
femmes.* — I. Puberté précoce, résultat de l'usage des
bains de mer. — II. Menstruation retardée par l'atonie.
— III. Menstruation incomplète ou trop peu abondante,
observations 85, 86, p. 381 à 384. — IV. Aménorrhée.
1º Règles surabondantes. 2º Dysménorrhée. 3º Leucorrhée. 4º Changements dans la position de l'utérus : observation 87, p. 385 à 386. 5º Névralgies de la matrice,
et de ses annexes, etc., etc.................. P. 381 à 387.

Art. XIII. — *De l'emploi de l'eau de mer dans quelques
maladies chroniques et autres.* 1º Certains rhumatismes.
2º Quelques engorgements viscéraux. 3º Dermatoses.
4º Le goître, observation 88. 5º Affections chirurgicales...................................... P. 387 à 390.

QUATRIÈME PARTIE.

*Des contre-indications, de l'intervention médicale et
des effets secondaires ou ultérieurs dans la médication par l'eau de mer ....P. 394 à 412.*

CHAPITRE Iᵉʳ. — **Des contre-indications**................ P. 591.
Réflexions, observation 89.................. P. 391 à 393.

CHAPITRE II. — **De l'intervention médicale**............. P 394.
Réflexions, extraits des écrits de MM. les docteurs Patissier, Gaudet et Ed. Aubert. Observations 90, 91,
92 .... P. 394 à 404.

CHAPITRE III. — **Effets secondaires ou ultérieurs des bains de mer** .... P. 405

Réflexions. États morbides dans lesquels on peut compter sur ces effets ultérieurs : 1º Faiblesse générale; 2º perversion profonde de l'innervation , accompagnée de désordres variés; 3º mouvements fluxionnaires, congestions, etc.; 4º la réunion de plusieurs modes morbides; 5º les dermatoses anciennes et opiniâtres , les engorgements viscéraux; 6º la chlorose portée à un haut degré; 7º les scrophules. — Continuation du traitement entre deux saisons de bains ...... P. 405 à 412.

FIN DE LA TABLE.

ERRATA.

Page   3, ligne 13, au lieu de : 18 à 20º, lisez : 18º à 20º c.

—   3,   —   23, 24 et 25 , au lieu de : 1º,25; 0,25 ou 0,50 , lisez : 1º 25 c.; 0º 25 c. ou 0º 50 c.

—   5, dans le titre, après le mot : *physiologiques*, ajoutez : *primitifs*.

—   5, ligne 5 , après le mot : *extrêmes*, ajoutez : *de température.*

—   8, dans la note, à la 1ʳᵉ ligne, après : *il n'est, peut-être, pas*, ajoutez : *beaucoup;* et à la 2ᵉ ligne, rayez le mot : *plus.*

—   9, dans la note, ligne 2, lisez : *de Fonsillon et du Chai.*

—   20, ligne 5, lisez : *pris,* au lieu de : *prise.*

—   25,   —   6, lisez : *produisent,* au lieu de : *produisant.*

—   44,   —   10, lisez : *lorsqu'il ne se promenait pas.*

—   54,   —   20, lisez : *l'air ou l'atmosphère maritime.*

—   55,   —   8, lisez : *en sa santé,* au lieu de : *et sa santé.*

Page 65, dans la note (1), lignes 6 et 12, lisez : *vaporarium*, au lieu de : *vaporium*.

— 77, ligne 7, lisez : *vents du large,* au lieu de : *vents de large.*

— 77, — 10, lisez : *sud-est,* au lieu de : *nord-est.*

— 93, — 24, lisez : *celles*, au lieu de : *celle.*

— 95, — 8, lisez : *vient chercher le baigneur, et celui-ci en sort tout habillé.*

— 97, — 7, après : *suffisante*, ajoutez : *et un fond de sable fin.*

— 109, — 1, lisez : *réfléchie,* au lieu de : *réfractée.*

— 123, — 4, lisez : *motilité*, au lieu de : *mobilité.*

— 124, — 17, lisez : *l'innervation,* au lieu de : *l'énervation.*

— 136, — 11, après : *l'eau froide,* ajoutez : *ordinaire.*

— 141, — 12, au lieu de : *un pied*, lisez : *l'un des pieds.*

— 168, — 25, au lieu de : *elle*, lisez : *il.*

— 180, — 12, lisez : *les autres*, au lieu de : *aucun des autres.*

— 182, note (1), ligne 19, lisez : *du 24*, au lieu de : *des 24 août.*

— 187 ligne 21, lisez : *leur,* au lieu de : *le (développement).*

— 188, — 6, lisez : *devenu*, au lieu de : *devenue.*

— 190, — 7, lisez : *même*, au lieu de : *mêmes.*

— 195, — 4 et 5, au lieu de : *un des,* lisez : *au nombre des (thermes).*

— 263, — 23, au lieu de : *l'on me*, lisez : *on nous.*

— 272, — 25, au lieu de : *Meibonius,* lisez : *Meibomius.*

— 304, — 4, au lieu de : *froids de l'eau*, lisez : *froids et de l'eau.*

— 304, — 16, au lieu de : *de huit à dix,* lisez : *à huit ou dix.*

— 321, — 27, au lieu de : *avaient*, lisez : *avait.*

— 325, — 16, au lieu de : *mobilité*, lisez : *motilité.*

— 376, — 23, au lieu de : *gérison,* lisez : *guérison.*

— 586, — 24, au lieu de : *suspensoirs*, lisez *suspenseurs.*

FIN DES ERRATA.

PREMIÈRE PARTIE.

EFFETS PHYSIOLOGIQUES

DE L'EAU DE MER

EMPLOYÉE, A DIVERSES TEMPÉRATURES, A L'EXTÉRIEUR
ET A L'INTÉRIEUR.

CHAPITRE PREMIER.

Propriétés physiques et chimiques de l'eau de mer.

L'eau de mer présente, dans ses propriétés et sa composition, de nombreuses différences, selon la latitude et la température du pays où elle se trouve, suivant qu'elle est puisée au large ou près du rivage, à la surface ou à de grandes profondeurs.

Loin des côtes, elle est amère, salée, à peu près

1

sans odeur ; l'analyse chimique y fait découvrir, d'après Bouillon-Lagrange et Vogel, sur 100 grammes :

EAU DE L'OCÉAN.		EAU DE LA MÉDITERRANÉE.	
Hydro-chlorate de soude..	25^{g}10	Hydro-chlorate de soude..	26^{g}10
— de magnésie.	3,50	— de magnésie.	5,25
Sulfate de magnésie..$\}$ āā	5,78	Sulfate de magnésie........	5,25
Carbonate de chaux..		Carbonate de chaux..$\}$ āā	0,15
Carbonate de magnésie....	0,20	— de magnésie.	
Sulfate de chaux............	0,15	Sulfate de chaux.........,	0,15
	34^{g}73		36^{g}90

Il y a, de plus, un peu de sulfate de soude, d'acide carbonique, d'iode et de brôme.

D'après de nombreuses recherches, on peut établir que, sur 100 parties d'eau,

La Méditerranée contient en sels.......... 4,1

L'Océan Atlantique........................ 3,8

La Manche................................. 3,6

La mer du Nord (Allemagne)............ 3,3

—   (golfe d'Édimbourg)...... 3,0

La Baltique, dans la baie d'Apenrade.... 2,2

—   près de Dobéran............ 1,6

Ce qui prouve que la proportion des sels contenus dans l'eau de mer est en raison de sa latitude méridionale, et, par suite, de sa chaleur.

Près des côtes, et à la surface, il existe une certaine quantité de matière animale, qui hâte sa dé-

composition et lui communique une odeur nauséa-
bonde.

Son amertume est due surtout à l'hydro-chlorate
de magnésie.

Sa pesanteur est d'autant plus grande, que les sels
y sont plus abondants. Dans la Méditerranée et l'Océan
Atlantique, elle est à celle de l'eau distillée comme
1,028 est à 1000.

A une certaine profondeur, elle est moins salée et
moins amère.

La température moyenne de l'eau de mer pendant
les mois de juin, juillet, août et septembre, est de
18 à 20° à Dieppe; elle est un peu plus élevée à
Royan, un peu plus encore à Marseille et à Cette. Elle
est donc inférieure de quelques degrés à celle de l'air
atmosphérique; nous la trouvons beaucoup plus froide
en raison de sa densité.

Les perturbations atmosphériques sont loin d'exercer sur elle autant d'influence que sur l'air : aussi
sa température, même près des côtes, est bien plus
constante. Elle augmente progressivement, durant le
cours entier du mois de juillet, suivant une proportion qui ne s'élève jamais à plus de 1°,25 dans un
jour, et se maintient le plus généralement à 0,25 ou
0,50, avec quelques oscillations en arrière ne dé-
passant pas ce dernier chiffre. En août, elle ne
monte plus avec la même progression, et atteint le
maximum de la saison; tandis qu'elle décroît, dans

tout le mois de septembre, dans une proportion journalière fort analogue, dans ses chiffres, à sa marche ascensionnelle. Enfin, chaque jour, dans l'Océan, elle est soumise aux phénomènes du flux et du reflux, ce qui n'a pas lieu dans la Méditerranée. Les conditions de la mer, dans ces deux états, constituent des éléments d'action, relativement aux bains, qui changent suivant les lieux, et qui ne sont pas toujours convenablement appréciés.

Il est très-important, lorsque l'on prescrit l'eau de mer, de connaître tout ce qui est relatif aux circonstances que je viens de signaler, dans les lieux où l'on envoie les malades ; car ces conditions diverses doivent avoir une large part dans le résultat à obtenir. Nous aurons le soin de les apprécier.

CHAPITRE II.

Effets physiologiques des bains de mer froids ou frais.

Les bains de mer froids ou frais, c'est-à-dire de 12° à 20° c., produisent des effets qui ont un mode généralement commun, mais qui offrent de nombreuses différences, selon qu'ils se rapprochent plus ou moins de ces degrés extrêmes, et que le séjour dans l'eau est plus ou moins prolongé.

1° *Période de concentration.* On observe, d'abord, du spasme, des impressions pénibles, une diminution de la puissance vitale, une concentration des fluides et des forces vers les organes intérieurs qui peuvent être parfois très-fortement congestionnés, et même d'une manière fâcheuse. Ainsi, la peau devient froide, pâle, rugueuse, mamelonnée (chair de poule); ses bulbes se redressent; une sensation pénible resserre la poitrine et l'épigastre; les muscles des mâchoires, ceux des membres sont agités de mouvements convulsifs, quelquefois même de crampes assez vives; la respiration est entrecoupée, irrégulière; le pouls petit et fréquent; le volume de toutes les parties diminue.

2° *Période d'expansion*. Si le bain est de peu de durée, la seconde période (expansion) succède bientôt à la précédente ; elle est marquée par des phénomènes opposés : un déploiement plus énergique de la puissance vitale, l'expansion des forces et des fluides qui se portent à la circonférence ; la peau se réchauffe, se colore, se détend ; les spasmes disparaissent ; un sentiment de calme et de bien-être anime toute l'économie ; la respiration est large et facile, le pouls plein et sans trop de fréquence ; le corps entier se dilate et s'épanouit.

En général, la concentration et l'expansion (réaction) sont d'autant plus prononcées que la température du liquide est plus basse et l'immersion plus rapide, pourvu que le séjour dans l'eau soit peu prolongé.

3° Entre la première et la seconde période, c'est-à-dire, peu de temps après l'immersion, il y en a une troisième d'*équilibration*. Ici, la réaction commence bien à s'opérer chez le baigneur, malgré l'action incessante de l'eau ; mais elle se borne à faire cesser le malaise, à ramener tout au plus les fonctions à l'état normal. Si la durée du bain est trop grande, un frisson secondaire reparaît, et la concentration l'emporte de nouveau.

Ainsi, le bain froid exerce d'abord une action sédative et déprimante sur l'organisme ; celui-ci réagit et déploie ses forces : de là résultent des phénomènes de stimulation, et la nature et l'intensité des effets définitifs dépendent de la longueur et de l'énergie de la lutte.

I. Tout ce qui précède s'applique particulièrement au bain de mer à la lame; car celui-ci a, non seulement la même action que le bain de rivière, mais il donne, de plus, lieu à une réaction beaucoup plus puissante, et cela en raison de ses éléments plus nombreux et plus énergiques.

II. Les effets des bains à la lame dépendent de la température du liquide, de la pression qu'il exerce sur le corps, de son agitation, et des sels qu'il contient.

1° *Sa température* est en première ligne. Son action est vitale, en même temps que physique; elle resserre de proche en proche toutes les parties (solides et fluides), en leur soustrayant du calorique et excitant leur contraction tonique; elle repousse les liquides à l'intérieur et augmente le ton des organes, tout en déprimant les forces : c'est ainsi que se prépare la réaction consécutive.

2° *La pression de l'eau de mer,* proportionnelle à sa masse, est plus grande que celle de l'eau douce, puisque sa densité est supérieure. Comme l'air comprimé, elle refoule aussi en dedans les liquides, comprime les parties, diminue leur volume, gêne les muscles respiratoires, et les oblige à redoubler d'efforts pour vaincre la résistance qu'elle leur oppose.

3° *L'agitation de la mer,* supérieure à celle des fleuves les plus rapides, offre des degrés très-variés. En renouvelant sans cesse l'eau qui est en contact avec le corps, elle augmente la soustraction du calorique, elle exerce sur lui de vives frictions en glissant à sa surface, la nettoie et excite la transpiration ; elle y joint une sorte de massage par une succession de molles pressions, et détermine dans la trame des organes des mouvements favorables à la circulation capillaire. Si l'agitation est plus forte, son action a beaucoup d'analogie avec celle des douches ; elle tend à renverser le baigneur, à le déplacer, ce qui l'oblige à contracter ses muscles, et constitue une véritable gymnastique. Quand les vagues sont très-fortes, elles équivalent à un exercice violent, à une sorte de flagellation ; elles secouent les parties intérieures ; elles peuvent même produire des effets fâcheux sur des sujets ou des organes affaiblis, malades ou doués d'une vive sensibilité ; par contre, on peut en tirer un très-grand parti dans des circonstances diamétralement opposées (1).

(1) Il n'est peut-être pas de localités maritimes où l'on trouve, comme à Royan, une plus grande variété dans les degrés d'agitation de la mer, puisqu'on peut y rencontrer dans la même journée et à la même heure, selon la conche où l'on va prendre son bain, ou la houle, ou la lame, ou

4° *Les sels* contenus dans l'eau douce sont peu actifs et peu abondants ; ceux, au contraire, qui se trouvent dans l'eau de mer sont très-stimulants et y existent en grande proportion : aussi ce dernier liquide excite-t-il chez les baigneurs des picotements, surtout dans les points où la peau est mince. Ces circonstances diminuent la durée de la première période, et hâtent les développements des phénomènes de la seconde, dont elles augmentent l'énergie.

Il sera facile maintenant de se rendre compte de ce qu'on raconte sur la supériorité de l'eau de mer dans certaines circonstances. Par exemple, tous les marins affirment qu'il est incomparablement moins dangereux d'être mouillé avec l'eau salée qu'avec de l'eau douce. Les personnes même les plus délicates s'enrhument beaucoup moins facilement quand les pieds et le reste du corps sont mouillés par l'eau de la mer que par l'eau de la pluie (1).

On connaît les bons effets que le capitaine Bligth, dans son voyage au travers de la mer Pacifique, qu'il parcourut sur un bateau ouvert, éprouva de l'eau salée pour se préserver des mauvais effets de la pluie. Dès que ses gens avaient essuyé un orage, il

la vague. En effet, tandis que la lame est faible à la Grande-Conche, elle est plus forte aux conches de Foncillon et de Chaix, et c'est surtout une véritable vague très-puissante à Pontaillac ; avantage immense qu'on ne doit trouver que rarement dans les localités maritimes.

(1) Buchan, *De l'Usage des Bains de mer*, p. 27.

leur recommandait de se déshabiller, de tremper leurs habits dans la mer, et de les remettre après les avoir bien tordus.

« Nous étions, dit-il, merveilleusement rafraî-
» chis ; c'était presque comme si nous avions changé
» d'habits pour en prendre de bien secs. » Ceci n'étonnera pas ceux qui connaissent les effets de l'enveloppe humide à l'aide d'une couverture trempée d'eau de mer salée et tordue ; l'évaporation se fait lentement et laisse toute sa puissance à une réaction vive, sollicitée par la température froide et l'action irritante des sels, qui, finissant par rester seuls sur la peau, la stimulent fortement. Celle-ci devient le siége d'une vive chaleur, de forts picotements, d'une cuisson intense aux parties où la peau est mince, et qui semblent presque excoriées.

Le docteur Currie avait déjà observé que la réaction qui succède aux bains de mer est bien plus grande que celle qu'on observe après les bains de rivière, et que ceux qui en font usage conservent plus longtemps l'éclat de leurs yeux et le coloris de leur visage.

III. On a classé tour à tour les bains de mer froids parmi les débilitants (Brown), les sédatifs, les toniques, les résolutifs. Ils peuvent acquérir toutes ces propriétés si leur effet total est la résultante de plusieurs effets partiels, de plusieurs éléments que l'on peut combiner diversement. Le froid et la compression sont sédatifs, ils resserrent les organes : voilà l'action propre du bain lui-même. La réaction, au contraire, est tonique et stimulante ; elle est aidée par les frictions, les percussions de la lame, la présence des sels, etc., etc.

Le médecin étudiera bien ce mécanisme pour le diriger. Il ne doit pas oublier que les résultats qu'il obtient sont plus vitaux que mécaniques ; qu'ils portent sur les forces, plus encore que sur les tissus et sur les organes ; qu'ils varient par conséquent du tout au tout, non seulement d'après les conditions physiques et chimiques du liquide, le mode et la durée de son application, mais surtout d'après l'état vital du sujet, relatif à son âge, à sa constitution, et aux maladies dont il est atteint, etc., etc.

Ainsi, la concentration et l'expansion de la peau et des vaisseaux ne tiennent point seulement à la soustraction ou à la restitution de la chaleur, à l'impulsion communiquée au sang par le cœur, etc. ; elles dépendent principalement de la dilatation ou de la contraction actives de ces parties.

Dans la période de concentration, les capillaires, les gros vaisseaux, le cœur, les fluides, les forces, etc., tout se resserre ; dans la période d'expansion, tout cela s'érige, se dilate synergiquement ; les dernières ramifications vasculaires aspirent le sang par une véritable succion, comme disait Bordeu. Aussi ce liquide ne vient-il pas toujours se répartir dans tous les points d'une manière uniforme et régulière. Il n'est pas rare de voir des sujets dont tout le corps est vascularisé, réchauffé quelque temps après la sortie du bain, à l'exception d'une partie, d'un membre (le supérieur, par exemple) qui demeure froid, engourdi. En explorant les artères brachiales et radiales de ce côté, on reconnaît qu'elles ont, en ce moment, moins d'ampleur que celles du côté opposé ; peu à peu elles se dilatent, et tout rentre dans l'état normal. Ce fait, je le constatai, en 1845, plusieurs fois, chez un malade qui était venu à Royan des environs de Périgueux ; il était en proie à une affection abdominale hypocondriaque, qui céda complètement à deux saisons de bains de mer.

Il est des femmes qui éprouvent, vers leurs époques menstruelles, de la pesanteur, des douleurs, parfois même très-vives, vers les organes génitaux. Les premiers bains de mer aggravent souvent leur état ; mais plus tard le mouvement expansif est provoqué, les vaisseaux capillaires se dilatent, le sang menstruel s'échappe en plus grande abondance, et, par la suite, les règles deviennent faciles, copieuses, et leur apparition ne provoque plus de sensation douloureuse.

Ceci s'applique exactement au travail hémorroïdaire. Il nous serait aisé d'appuyer ces propositions par un grand nombre de faits puisés dans notre pratique.

Le resserrement et le refroidissement des organes intérieurs rendent les congestions internes plus rares et plus faibles qu'on ne croit généralement, surtout lorsque le froid n'est pas trop intense, et qu'il est appliqué pendant un temps assez long ; sans cela on ne s'expliquerait point l'utilité incontestable des applications froides pour arrêter les hémorragies intérieures. L'eau de mer a un avantage particulier par la stimulation révulsive qu'elle entretient sur l'organe cutané.

CHAPITRE III.

Effets physiologiques consécutifs des bains de mer froids.

Ces effets se manifestent après quelques bains ; ils résultent de l'accumulation des résultats produits par chacun en particulier.

Pendant plusieurs jours, un certain nombre de baigneurs sont sous l'impression à la fois sédative, déprimante et stimulante de la médication qu'on leur applique, et présentent des phénomènes qui se rapportent à ces actions opposées. Ainsi on remarque dans les yeux un certain degré de fatigue, d'accablement physique et moral, de la somnolence, de l'engourdissement, un sommeil plus profond et plus lourd, ou bien plus ou moins agité, des démangeaisons, des bouffées de chaleur, des sueurs parfois assez abondantes, des mouvements fluxionnaires vers la tête, les organes génitaux, le fondement, etc. ; mais tout cela ne prend quelque intensité que lorsque le traitement n'est point dirigé d'une manière rationnelle. Chez un grand nombre de personnes, ces effets sont nuls ou à peine sensibles.

Le plus souvent, la réaction se régularise en peu de jours, et alors l'appétit augmente, les digestions sont plus faciles, la respiration plus ample, la circulation plus large, le teint plus animé, la peau plus épanouie, plus colorée; le corps est plus vigoureux, plus agile ; un sentiment de bien-être se répand dans tout le corps, et le moral lui-même se ressent de l'heureuse modification que le corps entier a subie.

A ce tableau général, joignons l'examen détaillé des changements qui surviennent dans les forces, les fonctions, les organes et les tissus.

I. Le bain de mer, en provoquant chaque jour une lutte dans la puissance vitale, la développe, lui donne plus d'énergie, de régularité, car elle s'accroît par un exercice convenable. On voit s'augmenter à la fois ses forces radicales et agissantes (Barthez) en puissance et en action (Hunter). Cette influence se fait surtout sentir sur la force plastique, nutritive, celle qui préside au développement du corps, à son entretien, et sur les actes qui s'y rattachent.

Les fonctions nutritives embrassent *la digestion, la respiration, l'hœmatose, la nutrition, la sécrétion.* Les bains de mer les activent dans leur ensemble.

1º Le besoin d'aliments se fait d'abord sentir plus énergiquement et plus souvent ; leur digestion est plus prompte et plus complète, bien qu'ils soient pris

en plus grande.abondance ; les selles sont plus rares
et plus consistantes ; la diarrhée diminue et s'arrête ;
la constipation se prononce ; quelquefois, au contraire, elle disparaît. Ceci est très-marqué chez les
sujets dont l'estomac débile se livre avec lenteur à
une élaboration imparfaite, et pour lesquels la digestion est une opération pénible qui absorbe toutes
les facultés.

2° La circulation acquiert plus de puissance et de
régularité : ainsi, chez les sujets vigoureux, le pouls
devient plus plein et souvent plus rapide, et même
parfois assez pour amener des céphalalgies conges-
tives. Chez les enfants, les femmes délicates, chez
les chlorotiques qui ont le pouls faible et vite, celui-
ci se ralentit et acquiert de l'ampleur peu de temps
après le bain, et il finit par conserver ce caractère
à mesure que les forces se relèvent.

L'accélération du mouvement du sang se prononce
surtout dans les capillaires et à la périphésie ; un
coloris plus vif se répand sur le visage, les lèvres,
la peau tout entière, origine des muqueuses ; la
cornée est plus brillante ; les infiltrations séreuses
disparaissent et sont remplacées par la turgescence
sanguine, l'épanouissement du tissu cutané. C'est de
cette manière que s'opèrent les transformations remarquables que l'on observe tous les jours chez les
enfants lymphatiques, chez les sujets atteints de
chlorose.

3° Les actes respiratoires sont soumis à une semblable impulsion : d'une part, dans les appareils extérieurs ; d'autre part, dans les parties les plus profondes. Les expériences des physiologistes (Cramfort,
Edwards, Pravaz) ont démontré que, sous l'influence
du froid et de la pression extérieure, la respiration
est plus active, l'absorption de l'oxigène, l'exhalation
de l'acide carbonique et la production du calorique
plus considérables. Ceci augmente tout à la fois le
travail de dépuration et d'assimilation. L'exercice,
la natation, l'air de la mer, ainsi que nous le verrons
bientôt, ajoutent encore à ces effets, en donnant plus
d'énergie aux muscles respiratoires, en stimulant les
poumons et leur fournissant l'occasion d'élaborer une
plus grande quantité d'oxigène.

4° La formation du sang, l'hœmatose s'opère
d'une manière plus parfaite, non seulement parce
que ce liquide reçoit des matériaux plus abondants
et mieux élaborés dans les voies digestives et circulatoires, mais aussi parce qu'il est soumis à un travail plus complet dans l'intimité des tissus ; sa quantité augmente souvent, ses qualités se modifient toujours heureusement ; il devient plus riche en principes plastiques et animateurs, en fibrine, en plasme,
en globules : c'est ce que l'on peut voir chez les sujets lymphatiques et scrophuleux, chez les personnes
atteintes de chlorose, d'anémie. L'aspect de la peau,
des gencives, des lèvres, l'apparition ou l'augmen-

tation du flux menstruel, l'examen direct du sang ne laissent aucun doute à ce sujet.

5° L'assimilation et la nutrition ne tardent pas à ressentir, à leur tour, la même influence. La trame organique, stimulée par cet élan général et par un fluide plus excitant et plus réparateur qui la pénètre dans toutes les parties, s'en empare, et la transforme avec une activité nouvelle; l'embonpoint remplace l'émaciation, les parties flasques et amollies prennent plus de volume et de densité : c'est ainsi que des femmes, dont le sein était en partie atrophié pendant les chaleurs de l'été, le voient prendre ses dimensions et sa fermeté ordinaires pendant les bains de mer, et que d'autres, épuisées par des pertes abondantes, recouvrent, par ce moyen, l'embonpoint, l'éclat et la fraîcheur d'une santé brillante.

On observe fréquemment chez les enfants, pendant les bains ou peu de temps après, un accroissement rapide, qui ne s'accompagne ni d'amaigrissement, ni de faiblesse; d'autres, courbés et languissants par un allongement excessif, se redressent et reprennent toute leur énergie. Chez des personnes lymphatiques, bouffies, et dont le tissu cellulaire est surchargé de graisse, une nutrition plus active s'annonce par la diminution de cette dernière; la fibrine la remplace; les muscles se dessinent, et tous les tissus acquièrent plus de résistance et de densité.

6° La nutrition n'est point instituée uniquement

par l'assimilation : en même temps que les organes
se chargent de matériaux nouveaux, ils se débar-
rassent de ceux qui ont vieilli; il s'y opère une
absorption interstitielle, une désassimilation qui est
également activée par les bains de mer. C'est ainsi
que ces derniers opèrent la guérison des œdèmes, des
engorgements articulaires et viscéraux ; qu'ils provoquent la séparation des séquestres, des portions d'os
cariées, qu'ils nettoient et mondifient (selon l'expression reçue) les ulcères scrophuleux, font disparaître les fongosités blafardes qui les recouvrent, et
les remplacent par des bourgeons fermes et vermeils.

La stimulation nutritive est donc complète ; elle
embrasse tous les actes de cette importante fonction,
depuis la digestion, qui ouvre la marche, jusqu'au
travail d'absorption et de réparation moléculaire le
plus intime.

C'est que le bain de mer froid stimule secrètement
tous ces actes, qu'il excite le travail réparateur en
augmentant les pertes par la soustraction du calorique, et que tous ces actes réagissent aussi les uns
sur les autres.

Chacun sait, d'ailleurs, que ces phénomènes s'observent dans les pays froids, ou bien quand on se
livre à la marche sous une température un peu basse.
On éprouve alors un sentiment de force, et cette impression passe de la peau, du système musculaire

des organes extérieurs, à l'estomac et aux parties
internes ; l'appétit est plus fort et les digestions meilleures ; le calorique propre au corps vivant se dissipe
et se renouvelle plus vite, ce qui exige une absorption plus grande d'oxigène prise dans l'air, et de
principes hydro-carbonés empruntés à notre corps.
Ce dernier éprouve donc de plus grandes pertes ;
l'estomac et les poumons doivent travailler davantage pour les réparer. Aussi les habitants des climats
froids consomment beaucoup plus d'aliments, beaucoup plus de viande surtout, et n'en sont point incommodés ; leur respiration est plus active, leur caloricité plus grande, leur taille plus élevée, leur
coloration plus vive. Les Russes se plongent, comme
on le sait, avec délices, au mois de janvier, dans
l'eau glacée, et en sortent sans avoir éprouvé la
moindre impression pénible. Ce qui manque dans ces
pays, où la vie est en général plus longue et la santé
plus vigoureuse que dans les climats chauds, c'est
l'action particulière de la chaleur solaire succédant à
celle d'une basse température : on obtient ce double
avantage par l'usage des bains de mer.

Chacune des fonctions nutritives réagit synergiquement sur toutes les autres. Cette harmonie est
une loi constante de l'organisme dans l'état normal.
La stimulation portée sur l'estomac retentit dans l'intimité des tissus ; des digestions énergiques sollici-
tent une nutrition du même genre.

L'homme affaibli par une diète forcée, et tourmenté par la faim, est déjà réconforté au moment où l'aliment pénètre dans l'estomac; l'impression fortifiante ressentie par ce dernier est éprouvée par tout le système. De même qu'un bain tonique remonte la force de l'estomac et relève bientôt l'appétit, un verre d'eau froide rafraîchit le corps entier, un bain frais calme l'ardeur de la gorge et fait disparaître la soif, etc.

7° Quant aux sécrétions, il en est plusieurs importantes qui sont augmentées : telles sont la prespiration cutanée, l'exhalation pulmonaire, l'écoulement menstruel. Sanctorius l'a dit depuis longtemps.

Les écrivains allemands croient aussi à une diurèse plus abondante; ce que nous pouvons affirmer, c'est que les urines deviennent plus sédimenteuses.

8° Le développement du calorique est plus considérable pendant les bains de mer, et leur usage réitéré augmente la caloricité, c'est-à-dire, la faculté de la produire. M. L. Boyer, notre ami, professeur de la faculté de médecine de Montpellier, qui est venu, l'année passée, présider le jury médical à Bordeaux, nous a assuré avoir constaté, par le thermomètre, une augmentation de la température habituelle du corps chez des personnes soumises depuis longtemps aux traitements hydrotérapiques (1).

(1) Élève du professeur Delpech, ayant vécu, comme nous, dans son intimité depuis 1824 jusqu'en 1832, époque de sa mort, il avait, lui

En dirigeant habilement cette impulsion donnée par les bains de mer au mouvement nutritif, on les applique avec avantage à la consolidation des os et à la guérison de leur déviation chez les rachitiques.

II. La stimulation de toute l'économie peut être assez grande pour produire une fièvre éphémère chez les sujets excitables ou doués d'un tempérament sanguin. Des sueurs la terminent ordinairement.

III. Le ton de tous les organes, la mobilité des tissus musculoïdes et musculaires s'accroissent d'une manière évidente ; aussi les personnes atteintes d'une diminution ou de l'abolition même du mouvement de certains muscles sans lésion organique, obtiennent-elles de très-grands avantages, parfois même une gué-

aussi , étudié l'eau de mer dans ses diverses applications thérapeutiques, les eaux minérales en France et en Allemagne pendant dix années de professorat à la faculté de médecine de Strasbourg , où il avait pu apprécier l'hydrotérapie sous toutes ses faces , et sur laquelle il a publié un fort intéressant mémoire. Élevés à la même école , nourris des mêmes principes, nous avons été heureux de voir que nos idées se rapprochaient beaucoup; aussi ai-je accepté et mis à profit quelques notes puisées dans sa pratique et dans la lecture d'ouvrages anglais et allemands qu'il avait consultés, en vue de traiter par la suite la belle et grande question de l'hydrotérapie. Nous sommes persuadé qu'il n'en restera pas là, et qu'il fera profiter , comme il nous l'a promis, la science de l'hydrologie de ses importantes et savantes recherches.

rison, par l'usage des bains froids. Il en est à peu près de même pour des adultes guéris d'une miélite récente, qui a laissé après elle de la faiblesse musculaire. Dans certaines paralysies, hémiplégies ou paraplégies avec incontinence d'urine sans irritation des organes nerveux centraux, les bains de mer chauds au début, associés ensuite aux bains froids, aux douches, etc., rendent d'abord aux malades la faculté de conserver leur urine, puis les muscles des membres recouvrent peu à peu leur mobilité ; enfin, leur atrophie se dissipe, et ils acquièrent progressivement du volume et de la consistance.

Dans la chorée, les mouvements prennent plus d'assurance et de régularité.

IV. Il n'est pas rare de voir les bains de mer froids amener une véritable sédation, de la sensibilité dans les gastralgies, les entéralgies, certaines céphalées.

V. De tous les tissus, la peau est peut-être celui qui subit les modifications les plus importantes. Elle devient plus dense, plus chaude, plus vasculaire ; ses facultés absorbantes et exhalantes sont augmentées. Toutes ces circonstances, aidées de l'énergie plus grande de l'organisme, rendent le corps moins impressionnable à l'humidité et aux variations de la température, effacent les dispositions catarrhales et rhumatismales, et combattent les états morbides qui.en sont la conséquence. Elles déterminent aussi souvent à la peau des éruptions de divers genres (érythèmes, vésicules, papules, etc.). Ainsi, nous avons vu survenir des érysipèles avec fièvre, des urticaires, des eczéma, des furoncles, etc.; chez des syphilitiques, l'éruption a pris la couleur, la forme et les autres.caractères de syphilides, etc.

Cette excitation, convenablement dirigée, peut devenir très-utile pour triompher d'un grand nombre de ces affections, pour assurer la guérison de quelques autres, et s'associer avec avantage à des médications spécifiques.

VI. Les bains de mer froids ne produisent pas tous les effets avantageux que nous venons d'indiquer, infailliblement, et sans exposer à certains accidents qu'il faut tâcher d'éviter, et être prêt à combattre. Le médecin peut généralement les obtenir, plus ou moins, s'il sait manier habilement ce puissant modificateur. Il faut que, dans la première période, le spasme, la dépression, la concentration des forces, les congestions soient prévenus ou bientôt arrêtés; que l'expansion soit régulière, complète, sans dépasser les bornes; que la stimulation ne soit pas trop vive, n'amène pas des phlegmasies, ne renouvelle pas des irritations assoupies ou éteintes; que la modification des voies digestives ne provoque pas des

embarras gastriques, intestinaux ; que les centres
nerveux, les organes respiratoires ne se congestionnent pas, etc., etc. On doit se tenir toujours en garde
contre ces complications, les prévenir, et s'en rendre maître.

VII. Les bains de mer froids produisant sur le moral
des effets immédiats très-divers : ils peuvent être
utiles chez quelques-uns, par l'impression qu'exerce
sur eux le spectacle grandiose de l'Océan et des
scènes variées qui l'animent ; ils peuvent devenir
fâcheux, dans certains cas exceptionnels, si l'on ne
prend certaines précautions, si l'on n'y arrive pas
d'une manière progressive, pour ceux surtout qui y
voient un danger ou qui redoutent l'impression pénible du froid. Nous avons vu deux enfants avoir des
convulsions après un pareil bain qu'on leur avait fait
prendre par force.

Les effets consécutifs de ces bains dépendent aussi
de l'influence heureuse que le physique exerce sur
le moral. Dès que les fonctions digestives s'améliorent, qu'une circulation plus active porte dans tous
les organes un sang plus riche et plus abondant, que
les fonctions s'exécutent d'une manière plus énergique et plus régulière, et qu'aux bienfaits du présent
viennent se joindre les promesses de l'avenir, les
préoccupations disparaissent, la gaîté renaît avec la
force et l'espérance, et l'on se livre avec bonheur

aux plaisirs, aux jouissances que l'on peut enfin goû-
ter. C'est ce que l'on observe tous les jours chez les
sujets mélancoliques, hypocondriaques, gastralgiques, etc. L'expansion morale suit de près l'expansion vitale ; aussi il est bon que les établissements
maritimes soient disposés de manière à offrir aux
baigneurs d'agréables distractions qui les amusent
sans les fatiguer, et que le médecin organise et sur-
veille.

On pense généralement qu'une certaine quantité
de sel absorbé pendant le bain à la lame vient ajouter aux effets de cette dernière. Ceci n'est nullement
démontré ; mais cette absorption doit avoir lieu plus
tard et d'une manière continue. Quand on ne s'essuie
pas à fond, il reste une imperceptible couche de sel
sur toute la surface du corps, ce dont on peut s'assurer par la gustation ; cette substance est dissoute
par le liquide que fournit la transpiration, les sueurs ;
elle est reprise par l'absorption cutanée devenue plus
active, qui s'exerce dans tous les instants pendant le
séjour entier aux bains. Une proportion notable de
sel doit donc pénétrer par cette voie au moyen de
cette sorte de fermentation générale non interrompue.

CHAPITRE IV.

Effets physiologiques des bains de mer chauffés.

Ces bains sont administrés seuls pendant toute la saison, ou bien ils servent de transition aux bains de mer froids.

Ils se rapprochent beaucoup de ces derniers par leur action stimulante et tonique, bien que leur mécanisme ne soit pas le même. Avec eux, il n'y a point de période de spasme ; la stimulation générale, la dilatation, l'expansion de la peau et des autres tissus se montrent sur-le-champ, comme dans les bains chauds ordinaires ; mais ils diffèrent de ceux-ci, en ce que la stimulation se maintient consécutivement, au lieu d'être remplacée par de la faiblesse. Ils doivent cet avantage aux sels qu'ils contiennent ; ils sont donc excitants et toniques comme ceux d'autres eaux salines chaudes, telles que celles de Bourbonne en particulier, comme les bains froids qu'ils peuvent remplacer, jusqu'à un certain point, chez des sujets qui, par leur âge, leur constitution, les circonstances spéciales dans lesquelles ils se trouvent, la nature de leur maladie, ne sauraient supporter ces derniers. Ils

sont ainsi appelés à rendre des services qui n'ont
peut-être pas encore été assez bien appréciés.

Par eux, la peau devient plus dense, plus colorée ;
la prespiration et les autres fonctions y sont plus actives ; elle résiste plus énergiquement au froid extérieur ; on la voit se couvrir parfois d'éruptions ro-
sées ; les vésicatoires rougissent et se sèchent, les
muqueuses utéro-vaginales, bronchiques et digestives
acquièrent du ton, et les maladies dues à leur relâchement s'améliorent et disparaissent ; les écoulements leucorrhéiques augmentent d'abord, s'épaissis-
sent et finissent pas se tarir ; les diarrhées séreuses,
muqueuses, chez des enfants lymphatiques, des femmes délicates, et qu'accroissent les émotions morales,
les variations atmosphériques, le froid et l'humidité,
diminuent bientôt, s'arrêtent, en même temps que
l'organisme acquiert une nouvelle vigueur.

De plus, dit Gaudet (page 22), « ils ont excité, à
» notre connaissance, l'appétit entièrement aboli chez
» des femmes qui avaient contracté l'habitude de
» condiments liquides et solides, ou qui étaient en
» proie à des accès hystériques liés à l'âge critique,
» et ils ont fait disparaître souvent l'infractus habituel
» des entrailles. Une saison de Vichy avait réussi
» dans certaines affections de l'estomac et du foie ;
» mais il était resté de la sensibilité du côté droit,
» de la faiblesse musculaire, et un état de constipa-
» tion rebelle. Les bains de mer chauffés, unis aux

» douches, ont fait cesser la douleur dé l'hypocondre
» dans quelques-uns de ces cas, et ont accru la force
» des membres et des puissances auxiliaires de la
» défécation. »

Comme les bains de mer froids, ils produisent une
stimulation nutritive, donnent de l'action aux muscles affaiblis ou paralysés, s'il n'y a pas d'excitation ;
ils résolvent les œdèmes, divers engorgements, etc.
Leur action excitante sur les centres nerveux s'exprime chez quelques-uns par un sommeil plus agité,
de l'irritabilité, de l'injection de la face, quelques
soubresauts dans les tendons, etc.

Si l'on ne doit pas prétendre que les bains de mer
chauds aient une action tout à fait identique à celle
des bains froids, qu'ils augmentent autant les forces
radicales de l'économie, qu'ils obligent la puissance
vitale à se déployer et à s'accroître avec la même
énergie, qu'ils puissent, en un mot, les remplacer
entièrement au point de vue de l'hygiène, on ne
doit pas craindre d'affirmer qu'ils sont suivis, spécialement et comme moyens thérapeutiques, de résultats très-analogues, quoique parfois moins énergiques.

On remarque surtout leurs bons effets aux périodes extrêmes de la vie chez les sujets très-faibles
et fort impressionnables, etc.

Soumis à leur usage, des enfants amaigris, faibles, scrophuleux, excitables, tourmentés par le

dégoût, le dévoiement, de mauvaises digestions, ont recouvré assez rapidement l'appétit, la faculté de supporter une alimentation réparatrice, des forces, de l'embonpoint, de l'activité, etc. Les selles sont devenues de bonne nature; les infiltrations séreuses de la face et des membres, le gonflement, les fluxions habituelles des lèvres, des ailes du nez, des articulations, ont diminué, etc. On a, selon les cas, le soin d'abaisser peu à peu la température du liquide.

On les prescrit avec avantage contre divers œdèmes, le gonflement des parties molles ou des articulations, la claudication, l'affaiblissement général qui succèdent aux besoins traumatiques des membres abdominaux (fractures, luxations, entorses).

Les personnes avancées en âge en retirent encore d'heureux résultats dans l'atonie des voies digestives, de la peau, des muqueuses, de l'organisme entier, ébranlé par des secousses morales ou par une opération chirurgicale, affaibli par l'inaction, une vie sédentaire, le séjour prolongé au lit, une maladie longue, une convalescence pénible. A cette époque de la vie surtout, ils conviennent dans certaines affections, qui sont heureusement modifiées par les eaux thermales sulfureuses, et qui ne s'accommodent pas toujours des bains froids, telles que les névralgies, les rhumatismes en général, et spécialement ceux qui ont de la tendance à se porter vers

le thorax, l'abdomen ou les organes qu'ils renfer—
ment.

On combat avec succès, par ce moyen assez longtemps continué, la disposition aux catarrhes bronchiques et ces catarrhes eux-mêmes, qui s'observent
à la suite des variations atmosphériques, du froid
aux pieds, principalement en hiver, et qui attaquent
quelques enfants, quelques adultes, et surtout les
vieillards. On peut souvent reconnaître, chaque
année, l'énergie plus grande avec laquelle ils luttent
contre ces fâcheuses influences.

Diverses affections cutanées, spécialement les démangeaisons prurigineuses, sont heureusement modifiées par les bains de mer chauds, dont l'efficacité
se rapproche beaucoup de celle des eaux thermales
salines et même sulfureuses. C'est dans ces bains
que l'absorption a lieu d'une manière incontestable,
et par elle est introduite dans le corps une certaine
quantité de principes médicamenteux.

Les bains de mer chauffés à des degrés et avec les
précautions convenables, sont tolérés par tous les
malades qui sont trop nerveux et trop faibles pour
résister au spasme primitif produit par les bains à la
lame, ou pour réagir suffisamment contre la soustraction du calorique opérée par ces derniers.

Bien des rhumatismes, des catarrhes, des névralgies, des névroses de divers genres, que les bains
froids exaspèrent par leurs effets primitifs, qui se-

raient cependant heureusement modifiés par leurs effets consécutifs, si les premiers pouvaient être évités. C'est ce que l'on doit chercher à obtenir par les bains de mer chauffés, dont l'usage, comme nous l'avons déjà dit, n'est pas encore assez répandu, dont les indications n'ont pas été généralement bien saisies.

Ces sortes de bains offrent de plus les avantages : 1° de pouvoir être modifiés dans leur composition, de manière à produire le degré de stimulation que l'on désire, et à développer plus fortement leur propriété altérante spéciale, soit en prolongeant plus ou moins le temps qu'on peut y rester, soit en y ajoutant certaines substances médicamenteuses ; 2° de pouvoir être administrés malgré les variations atmosphériques, aussi longtemps que l'on veut et presque à toutes les époques de l'année.

Aucun de ces avantages ne se rencontre dans les localités d'eaux thermales. Dans la plupart, en effet, de ces dernières, la saison n'est que de quelques mois ; il faut attendre, pour avoir recours à l'usage des bains, que le moment arrive, et cependant combien de malades ne voient-ils pas s'aggraver leur état morbide dans l'expectative de cette époque ! Dans les Hautes et les Basses-Pyrénées, dans presque tous les pays montueux où se trouvent en général les thermes salins et sulfureux, les froids se prolongent souvent fort tard, reparaissent de bonne heure, et la saison est très-souvent abrégée ; elle est même parfois interrompue ou dérangée par des variations de température dangereuses pour bien des malades.

Frappé de ces graves inconvénients, le savant professeur Lallemand, de Montpellier, les a complètement et fort heureusement évités, par les belles modifications qu'il a fait introduire dans l'établissement de Vernet-les-Bains (Pyrénées-Orientales). Profitant de la position des sources sulfureuses et de leur haute température, il est parvenu à faire chauffer l'établissement entier de manière que les malades pussent y avoir continuellement une température uniforme, et se baigner par tous les temps et dans toutes les saisons. Son attente n'a pas été trompée, et depuis lors l'établissement du Vernet ne désemplit pas de malades qui viennent à toutes les époques de l'année, pendant l'hiver même, y chercher leur guérison.

Par ce moyen encore, on peut prolonger le traitement au-delà des temps ordinaires ; aussi voit-on maintenant, au Vernet, des maladies rebelles à tous les moyens, que l'on croyait au-dessus des ressources de l'art, qui avaient résisté à plusieurs saisons des eaux thermales, guérir à la suite d'un séjour de dix, quinze mois et plus à ces eaux, sans autres interruptions que de courtes suspensions réclamées par des circonstances particulières. Une partie des succès de l'hydrothérapie ne tient-elle pas à cette médication appliquée sans interruption pendant un

temps souvent très-long ? C'est ce que nous a confirmé le professeur Boyer, qui a visité presque tous
les établissements hydrothérapiques d'Allemagne.

Il est diverses circonstances dans lesquelles ,
quoique bien indiqués, les bains froids d'eau de mer
ne peuvent être conseillés, dans la crainte de nuire à
certains états particuliers, la grossesse, etc., etc., où
s'abstenir est la règle , se baigner est l'exception.
(Gaudet.) On peut alors remplacer ces bains par les
bains chauds, qui rendent parfois de grands services.

« Mme...., dit le même auteur, à la suite d'une
fausse couche survenue l'année précédente, fut réduite à un état de pâleur, de maigreur et d'atonie
extrêmes, augmenté encore par la perte totale de
l'appétit et du sommeil. Dans ces circonstances, elle
devint enceinte, et les trois premiers mois de sa
grossesse furent marqués, à l'époque correspondante
des règles, par des phénomènes imminents d'avortement.

En arrivant à Dieppe (1837), elle prit neuf bains
chauds en attendant l'époque corrélative de sa menstruation : celle-ci fut signalée par du malaise et des
douleurs lombaires et hypogastriques. Au bout de
quelques jours, l'air de la mer et les bains tièdes lui
avaient déjà donné de l'appétit, quelques forces, et
une notable amélioration du visage. Les bains froids
furent commencés sous ces auspices favorables. Elle
fit une courte saison avec quelques intervalles de

repos. Un degré marqué d'embonpoint, une sorte de sanguification du teint, la possibilité de marcher un peu, un appétit copieux, un bon sommeil, furent les résultats obtenus ; seulement il y eut, à la cinquième époque, quelques douleurs aux reins et au bas-ventre, non de nature expultrice, et les jambes s'enflèrent un peu. L'accouchement vint en son temps de la manière la plus heureuse, et Mme.... se releva plus forte que jamais.

A cette observation, nous en ajouterons une seconde tout aussi intéressante :

Mme S..., des environs de Tours, d'un tempérament éminemment lymphatique, à teint pâle, à chairs molles, et mariée à l'âge de dix-huit ans, avait eu, dans l'espace de sept ans, cinq fausses couches : dans la troisième seulement, elle avait porté son enfant jusqu'à sept mois ; toutes les autres avaient eu lieu entre le troisième et le quatrième mois.

Comme on peut bien le penser, on avait mis en pratique tous les moyens possibles pour combattre cette fâcheuse disposition : repos absolu, saignées, amers et ferrugineux, régime tonique, bains frais, etc., tout cela sans succès.

On se décida enfin à l'envoyer à Royan pour prendre les bains de mer ; elle y arriva les premiers jours de juillet 1847, accompagnée de sa mère et de son mari.

Les règles, qui devaient arriver à cette époque,

ne parurent pas, et elle éprouva les premiers symptômes habituels de ses grossesses.

C'est alors que nous fûmes appelé pour savoir si
l'on continuerait les bains (elle en avait pris deux de
chauds, et un froid à la mer, de simple immersion),
ou si l'on se remettrait en route pour retourner à
Tours : il fallait, pour cela, passer plus de soixante-
dix heures en voiture, et la voiture la fatiguait ordinairement, à plus forte raison dans son nouvel état ;
ou si l'on resterait à Royan, et l'on craignait alors
d'être obligé d'y séjourner un temps indéterminé.

Après avoir bien étudié toutes les circonstances
commémoratives, et l'état dans lequel se trouvait
cette jeune dame, qui était, ainsi que ses parents, complètement démoralisée, je crus pouvoir les rassurer
et leur faire espérer qu'elle pourrait retourner sans
crainte chez elle, après les bains de mer.

En effet, elle n'était à Royan que depuis huit jours,
elle n'avait pris que deux bains chauds, et déjà elle
éprouvait une sensible amélioration dans son état de
faiblesse générale ; elle avait bon appétit, digérait
très-bien, son sommeil était parfait ; ses reins s'étaient
un peu fortifiés, elle n'en souffrait presque plus.

Elle continua les bains légèrement chauds. Je lui
fis faire des promenades successivement de plus en
plus longues, à pied et sur un âne, sur les bords
de la mer. Elle prit, dans l'espace de deux mois
environ, quarante-cinq bains chauds, et elle quitta

Royan dans un état de santé parfaite, ne vomissant presque pas, tandis que, dans ses autres grossesses, elle vomissait continuellement ; pouvant faire de très-longues promenades à pied sans la moindre fatigue, et après s'être préparée au voyage qu'elle allait entreprendre, par de très-longues courses, en voiture et à cheval, aux environs de Royan.

Elle arriva chez elle sans accident ; l'accouchement eut lieu de la manière la plus heureuse, et, depuis lors, elle a eu un second enfant qu'elle a très-bien porté.

Enfin, la preuve la plus complète et la plus évidente de l'utilité des bains chauds d'eau de mer se trouve dans ce qui s'est passé à Royan depuis cinq à six ans.

Avant 1845, époque où l'on a pu commencer à prendre à l'établissement des bains d'eau de mer chauffés, il n'existait que deux baignoires chez un barbier, qui ne donnait certainement pas une moyenne de 4 bains par jour.

La première année où l'on ouvrit l'établissement des bains chauds d'eau de mer et d'eau douce du Casino, on en donna environ 600, soit une moyenne de 15 par jour.

En 1846, le nombre monta à 1,500, et successivement on est arrivé à près de 4,000 en 1850.

Certes, les malades n'ont pas augmenté à Royan dans la même proportion.

CHAPITRE V.

De l'eau de mer à l'intérieur.

L'eau de mer prise en boisson est un médicament fort actif à cause des principes modificateurs (chlorure de sodium, hydrochlorate de magnésie, brôme, iode) qu'elle contient, et dont plusieurs y existent en quantité considérable.

Elle agit sur le système digestif, puis sur l'organisme entier quand elle a été absorbée.

I. En petite quantité, elle stimule l'estomac, augmente l'appétit, facilite les digestions, comme le sel marin lui-même. On connaît l'heureuse influence que ce dernier exerce sur la nutrition chez les animaux, dont il entretient la santé ; on sait avec quelle avidité ils le recherchent. L'homme fait un grand usage de cet assaisonnement.

« On a vu souvent, dit Buchan, des malades qui
» se plaignaient de dégoût et de légers symptômes
» d'indigestion, ou d'autres désordres de l'estomac
» et des intestins, se guérir en augmentant un peu
» seulement la proportion du sel qu'ils prenaient dans

» leurs aliments. Son influence, ajoute ce même au-
» teur, se fait sentir sur la peau ; la transpiration
» est évidemment altérée d'une manière fâcheuse,
» dans sa qualité et dans sa quantité, chez les per-
» sonnes qui s'en abstiennent. »

II. A doses plus considérables (3 ou 400 grammes), l'eau de mer devient laxative, purgative. Les
médecins anglais s'en servent beaucoup pour entretenir la liberté du ventre ; elle convient surtout dans
les tempéraments lymphatiques, dans les cas où les
organes digestifs contiennent des *matières saburra-
les*, dans les paralysies, chez les personnes prédisposées aux congestions du cerveau, des parties supérieures. On s'en abstiendra, au contraire, dans les
cas qui réclament les laxatifs doux, huileux, et où
les autres purgatifs salins sont contre-indiqués.

L'eau de mer est un excellent vermifuge, mais les
enfants ont une répugnance parfois insurmontable à
la prendre. Cet anthelmintique a l'avantage sur tous
les autres (calomel, huile de ricin, semen-contra,
etc.) non seulement de détruire et d'expulser les
vers, principalement les ascarides, mais encore de
prévenir leur nouvelle formation en modifiant avec
succès le tempérament lymphatique.

Une petite fille de Bordeaux fut prise, à l'âge de
trois ans, de convulsions qui, par leur fréquence et
leur caractère, nous donnèrent d'assez vives crain-

tes. Elle était d'un tempérament lympathique et essentiellement nerveux.

Nous la fîmes porter à Royan. Après la première saison des bains, elle n'eut que deux attaques de convulsions, la première en mars et la seconde en juin, l'une et l'autre très-fortes, et avec le même caractère inquiétant.

Elle va passer tout le mois d'août à Royan, où elle prend les bains de mer seulement; l'année suivante, en mars, nouvelle attaque et identique aux précédentes par la forme; dans cette même année, elle rend quelques lombrics.

On la ramène à Royan en juillet pour la troisième fois. Aux bains, nous faisons ajouter l'eau de mer à l'intérieur à la dose altérante, et de temps en temps purgative. Vers la fin de la saison, elle rend par les selles un ou deux paquets très-volumineux d'ascarides, véritables nids vermineux.

Depuis lors elle n'a plus eu la moindre attaque de convulsions; elle a rendu, par temps, quelques lombrics seulement. Elle a onze ans maintenant; elle jouit de la plus brillante santé.

« Dans le traitement des affections vermineuses,
» en général, dit Bréra (1), les remèdes qui, en forti-
» fiant la machine, diminuent la quantité des hu-
» meurs muqueuses, s'opposent au délabrement et à

____

(1) *Maladies vermineuses*, page 235.

» la consomption de toutes les parties , donnent de
» l'action aux organes destinés aux fonctions natu-
» relles, incommodent les vers , les tuent, et exci-
» tent dans le corps cette force qui est si nécessaire
» pour les expulser et prévenir leur nouveau déve-
» loppement, remplissent l'indication nécessaire. »

N'est-ce pas là l'action que produit l'eau de mer
sur nos organes ?

III. A dose moyenne , soixante grammes matin et
soir, elle accroît l'action de l'absorption des voies digestives, pénètre dans le torrent circulatoire , et de
là dans tout l'organisme. Les effets remarquables
qu'on observe alors méritent de nouvelles recherches ; ils sont stimulants et altérants à la fois, car ils
modifient la constitution moléculaire des fluides et
des tissus, comme le chlorure de sodium, le brôme ,
l'iode.

1° L'on connaît depuis longtemps son efficacité
dans le traitement des affections scrophuleuses.
Par son secours, on voit diminuer ou disparaître les
ophtalmies , les taies, les fluxions avec épaississe-
ment, ulcération des lèvres ou des ailes du nez ; les
engorgements glanduleux du cou (écrouelles) et du
mésentère (carreau), certains ulcères des parties molles, les fistules, les altérations des os (gonflements ,
ramollissements, infiltrations tuberculeuses, caries),
les tubercules disparaissent. Quelquefois, chez les

jeunes sujets, sans être expulsés au dehors, ils sont en partie absorbés. C'est une proposition que l'on pourrait établir par un grand nombre de faits.

2° Quelques auteurs récents, guidés par l'analogie, ont préconisé ce liquide ou l'un de ses principaux éléments (le chlorure de sodium) comme spécifique dans la phthisie pulmonaire. Leurs observations auraient besoin d'être analysées et contrôlées pour les réduire à leur juste valeur ; elles montrent cependant l'utilité de cet agent dans quelques circonstances et à certaines époques de ladite affection.

3° L'eau de mer ou le chlorure de sodium a triomphé plusieurs fois d'engorgements des viscères abdominaux (du foie, de la rate), de jaunisse opiniâtre.

Depuis peu , M. le docteur Scelle-Mondezert a prescrit, avec succès, le sel marin contre les fièvres intermittentes et l'engorgement de la rate qui les accompagne ou qui les suit. M. le professeur Piory s'est livré, à ce sujet, à des recherches intéressantes qui ont été confirmées par celles d'une commission chargée de les examiner (1). Il en résulte que ce sel , à la dose de 15 grammes dans les vingt-quatre heures, a guéri en peu de jours des fièvres intermittentes , aussi bien que le quinquina, et a diminué ou fait disparaître l'engorgement de la rate ; après un temps assez court, la diminution était parfois sensible. Mais,

____

(1) *Union médicale*, 21 janvier 1851.

est-ce une véritable propriété anti-périodique qu'a le sel marin?... Nous en doutons.

Nous avions nous-même souvent observé à Royan des individus à teint pâle et blême, ayant l'aspect splénique du professeur Piory, en proie à des fièvres intermittentes, quitter Royan, les uns sensiblement mieux, certains en parfaite santé.

Nous attribuions leur amélioration et leur guérison au changement de climat principalement, et nous conseillions aussi, à ceux qui nous consultaient, l'eau de mer à l'intérieur comme purgatif, pour combattre l'empâtement des viscères abdominaux : nous y associons depuis quelque temps les bains d'eau de mer chauds. Parmi les cas assez nombreux de guérisons remarquables que nous avons constatés, nous nous contenterons de citer les deux suivants :

Dans la saison de 1844, un homme fut envoyé des environs de Périgueux à Royan. Atteint en octobre 1843 de fièvre intermittente quarte, il en avait conservé les accès pendant tout l'hiver et une grande partie du printemps suivant ; il avait été saturé de quinquina et de sulfate de quinine.

A son arrivée à Royan, il était maigre, il n'avait ni appétit, ni sommeil ; la digestion de la plus petite quantité de nourriture qu'il prenait était toujours très-pénible, tous les soirs il avait un léger mouvement fébrile, accompagné dans la nuit de sueurs ; lorsqu'il n'était pas constipé, il avait la diarrhée ; l'abdomen,

volumineux , avec empâtement des principaux viscères, contenait un peu de liquide ; les extrémités
inférieures étaient fortement œdématiées ; il ne pouvait presque pas marcher sans être fortement es-
soufflé.

Nous fûmes effrayé de cet état. Nous l'engageâmes à se loger dans la partie la plus élevée de Royan,
et à une bonne exposition, pour que dans sa chambre
il pût respirer l'air venant directement de la haute
mer lorsqu'il ne promènerait pas , et nous lui ordon-
nâmes, en vue de détruire l'engorgement des viscères abdominaux , de boire d'abord un demi—verre
d'eau de mer matin et soir, en augmentant progressivement jusqu'à un verre matin et soir. Il fut assez
fortement purgé pendant les trois premiers jours ;
mais comme nous ne fûmes pas longtemps à constater une grande amélioration dans son état , nous lui
fîmes continuer l'eau de mer à l'intérieur, tantôt à la
dose d'un verre matin et soir, tantôt à celle de demi-
verre. La tolérance ne tarda pas à se faire, et, le
quinzième jour , il était méconnaissable ; au bout
d'un mois, il quitta Royan complètement rétabli. Il
ne prit que deux ou trois bains froids : à cette époque, l'établissement des bains chauds n'existait pas.

La seconde observation n'est pas moins con-
cluante.

Un propriétaire des environs de Rochefort , venant passer un mois à Royan , conduisit avec lui la

femme et l'enfant d'un de ses paysans. Celle-ci, âgée de 40 ans environ, était bossue ; son fils, âgé de 12 ans, était d'un tempérament éminemment lymphatique, de la plus chétive constitution.

Habitant une localité marécageuse, dans laquelle les fièvres intermittentes sont endémiques, l'un et l'autre en étaient atteints depuis assez longtemps, sans jamais pouvoir s'en délivrer que momentanément.

Leur état, au lieu de s'améliorer, ayant empiré à la suite de deux ou trois bains froids qu'ils prirent en arrivant à Royan, ils vinrent réclamer mes conseils.

Je leur fis supprimer les bains froids ; je les engageai à se contenter, pendant le temps qu'ils avaient à rester, de se promener, autant qu'ils le pourraient, sur les bords de la mer ; et comme chez l'un et l'autre il y avait anorexie, empâtement des viscères abdominaux, et fièvre presque continuelle, je prescrivis à la mère de boire un ou deux verres d'eau de mer chaque matin, et à l'enfant, qui avait rendu souvent des vers, un demi-verre.

Quel fut mon étonnement, lorsque je les rencontrai dans la rue huit à dix jours après leur visite, de les trouver dans un état d'amélioration remarquable ! Ils avaient, me dirent-ils, très-bon appétit ; leur digestion était parfaite, ainsi que leur sommeil ; ils n'avaient plus de fièvre. Je leur fis prendre quelques bains d'eau de mer chauffée, et ils partirent complètement rétablis.

Si, comme on n'en peut pas douter, l'eau de la mer a fait, dans ces deux cas, la plus grande partie des frais de la guérison, le séjour et l'exercice sur le bord de la mer doivent y avoir beaucoup contribué.

4° Le chlorure de sodium a provoqué parfois la réaction dans la période asphyxique du choléra.

5° L'eau de la mer, à l'intérieur, a rendu souvent de véritables services dans un grand nombre d'affections cutanées, dont la guérison s'est accompagnée de modifications importantes dans la constitution entière.

En analysant les observations sur lesquelles reposent les propositions précédentes, et étudiant l'action des principes médicamenteux que renferme l'eau de mer, au point de vue chimique et thérapeutique, il serait facile de démontrer que ce puissant agent, pris à l'intérieur, est non seulement un résolutif énergique par l'impulsion qu'il donne à la désassimilation et à l'absorption, mais qu'il accroît la force plastique, la ramène à l'état normal, et donne aux fluides et aux organes une composition intime plus riche et plus régulière.

En effet, dans les affections qu'elle combat, tout ne consiste point en une accumulation vicieuse de certains principes dans quelques parties (œdèmes, engorgements); il y a, de plus, formation de matériaux morbides (tubercules), altération du sang (chlorose, scrophules, choléra, fièvres intermittentes), tendance aux ulcérations, aux éruptions (ulcères scrophuleux, maladies de la peau, etc.) ; et l'eau de mer, lorsqu'elle guérit complètement, fait disparaître les produits anormaux, s'oppose à leur reproduction, amène la cicatrisation des ulcères, efface la disposition qui les a fait naître. Elle donne à l'organisme vivant d'utiles matériaux, et lui imprime un mode nouveau, opposé au mode morbide qui est la source de toutes ces affections. Elle sollicite enfin la force vitale à se livrer à une réaction spéciale qui lui permette d'en triompher.

A la difficulté qu'éprouvent les enfants, et même certaines personnes, à prendre l'eau de mer à l'intérieur, à cause de son goût désagréable, se joint un autre inconvénient, celui de ne pouvoir la conserver longtemps. M. Pasquier, pharmacien à Fécamp, est parvenu, il y a quelques années, à éviter ce double inconvénient, en chargeant l'eau de mer puisée au large d'acide carbonique.

Voici l'extrait d'un rapport fait par M. Roger, à l'Académie de médecine, sur cet agent thérapeutique :

« Il résulte, dit le rapporteur, des observations auxquelles je me suis livré à l'hôpital de la Charité, que les malades prennent sans répugnance l'eau de mer, rendue gazeuse, et que l'addition de l'acide

carbonique masque réellement le goût désagréable
de l'eau de mer naturelle. Plusieurs malades, il est
vrai, après avoir trouvé le premier verre assez
agréable, se sont plaints du goût salé des derniers,
pris à des intervalles plus ou moins éloignés ; mais
cette manifestation a dépendu, au moins en grande
partie, de ce qu'on avait négligé de bien boucher les
bouteilles après la prise du premier verre, et de les
renverser dans un vase à moitié plein d'eau, pour
prévenir le dégagement de l'acide carbonique.

» Il importe d'autant plus de prévenir le dégagement de ce gaz, que la soif, qui est la suite ordinaire de l'usage de l'eau de mer employée comme
purgatif, soif dont s'étaient plaints plusieurs malades
qui avaient négligé de prendre la précaution que
nous venons de rappeler, est peu marquée et passagère après l'usage de l'eau de mer suffisamment
chargée d'acide carbonique.

» J'ai constaté que l'eau de mer gazeuse pouvait
être administrée comme purgatif dans les cas où l'on
prescrit ordinairement les purgatifs salins. Une bouteille d'eau de mer gazeuse a une action un peu plus
active qu'une bouteille d'eau de Sedlitz artificielle à
32 grammes. J'ajoute qu'en étudiant comparativement l'eau de mer gazeuse et les autres purgatifs
dans leurs effets évacuants et dans leurs effets
plus éloignés sur la constitution, j'ai été conduit à
penser que l'eau de mer offrait des avantages par-

ticuliers sur les individus d'une constitution scrophuleuse.

» L'eau de mer gazeuse pouvant être conservée et expédiée au loin, il sera facile désormais de multiplier les expériences et de les varier dans une foule de maladies contre lesquelles l'usage de l'eau de mer à l'intérieur a été recommandé, soit à doses purgatives, soit à doses altérantes. »

Nous n'avons employé jusqu'à présent à l'intérieur que l'eau de mer prise au large, à quelques pieds au-dessous de la surface de la mer, et qu'on laissait reposer au moins pendant douze heures avant d'en faire usage.

Nous espérons pouvoir, l'année prochaine, essayer l'eau de mer chargée d'acide carbonique.

CHAPITRE VI.

Effets physiologiques de l'atmosphère maritime, et des brises de terre et de mer.

Art. Iᵉʳ. — *De l'atmosphère maritime.*

Le voisinage des grandes masses d'eau courante souvent agitée renouvelle l'air, contribue à lui rendre les éléments utiles qu'il a perdus, et à lui enlever les principes nuisibles qui peuvent venir l'altérer. Ceci s'applique surtout aux côtes maritimes. L'air y est plus pur, plus salubre; certaines maladies, plus rares. Ces effets deviennent plus marqués après des ouragans, des·tempêtes. Quand ils ont cessé, on voit souvent disparaître des épidémies qui se montraient dans toute leur force.

En été, l'air est plus frais sur les bords de la mer, à raison de l'évaporation qui s'y opère ; en hiver, il est moins froid, parce que la mer rend peu à peu le calorique dont elle s'est chargée. La température y est donc plus égale. La direction des vents peut contribuer aussi à ces résultats. D'après les expériences barométriques et eudiométriques, l'air que l'on respire sur le bord de la mer est plus dense , plus chargé d'oxigène ; il exerce donc sur le corps une plus grande pression, et lui fournit une quantité plus considérable d'un élément important.

Les considérations précédentes suffiront pour expliquer les effets physiologiques et thérapeutiques suivants, établis par de nombreuses observations.

L'air de la mer, comme l'ont reconnu Vogell, Buchan, Clarke et plusieurs autres médecins français et étrangers, a un mode d'action analogue à celui des bains de mer, dont il est un puissant auxiliaire, et qu'il peut remplacer jusqu'à un certain point, lorsque ceux-ci ne sauraient être employés par suite d'une trop grande faiblesse, ou d'une trop forte excitabilité des malades. Plusieurs auteurs ont été tellement frappés de cette analogie, qu'ils ont pensé que cet air contenait du sel en nature. C'est une erreur. Mais il renferme certainement des principes volatils ou d'autres éléments actifs qui y sont suspendus et qui sont fournis par la mer, les côtes, les végétaux qu'on y trouve, etc., etc.

L'air maritime stimule vivement la peau avec laquelle il est en contact , et les voies respiratoires dont la muqueuse est en rapport avec lui ; l'excitation ensuite se répand dans tout l'organisme. Les faits suivants ne laissent aucun doute à ce sujet :

Sous son influence , la peau se colore , se vascularise, s'épanouit ; la transpiration devient plus abondante ; les vésicatoires se montrent plus rouges , leur sécrétion s'épaissit ; des éruptions surviennent ; la respiration est plus large , plus ample ; il y a de la toux , de la douleur au larynx chez ceux qui sont atteints de bronchites ; la circulation s'accélère ; on observe une fièvre éphémère chez les personnes excitables , de la céphalalgie , un peu de congestion cérébrale chez ceux qui y sont prédisposés. Les fonctions digestives acquièrent de l'activité , caractérisée par un peu de soif, un appétit plus vif , de la constipation. Quelquefois, dans le commencement, le sommeil est plus court , plus agité , le caractère moins facile ; chez les individus excitables , les muscles ont plus de vigueur , la nutrition se fait mieux, etc... Ajoutez à cela l'influence que doit exercer l'exercice associé à un air plus pur , et l'on se fera une idée du parti que l'on peut tirer de cette action stimulante et tonique , chez les sujets débilités , sans irritation locale vive , si l'on a le soin d'éviter pour eux l'influence du froid , de l'humidité , et de certaines variations de température qui se font sentir sur les bords de la mer , le matin , le soir , et pendant les orages.

L'habitation de la plage amène , en peu de temps , un changement remarquable chez les individus faibles , pâles , lymphatiques , étiolés par l'air altéré , stagnant des cités populeuses , par la mauvaise direction que l'on y donne aux moyens hygiéniques dont ils auraient un si grand besoin. L'air de la mer, vif, pur, stimulant, la chaleur, la lumière solaire, l'exercice, le repos de l'esprit leur donnent une énergie, une vitalité nouvelles. Leur teint s'anime, leur peau brunit, leurs yeux brillent, leurs digestions sont plus faciles, leur pouls plus développé.

Mêmes modifications pour les enfants scrophuleux et rachitiques, dont le teint perd son aspect blafard et bouffi, dont la peau prend du ton, des teintes plus normales, dont le système musculaire acquiert plus de fermeté, et qui perdent l'apathie, ou l'ardeur passagère et maladive qui les caractérise parfois. Ces effets sont d'autant plus durables qu'on prolonge la saison des bains; plusieurs même éviteraient souvent les rechutes qui les attendent dans les grandes villes, s'ils pouvaient passer l'hiver dans les thermes maritimes.

Russel, l'un des premiers qui aient bien senti ces vérités, faisait couper les cheveux de tous les enfants scrophuleux qu'il soumettait à l'usage interne et externe de l'eau de mer, et les exposait, le col découvert, à l'air des côtes; il les renvoyait, dit-il, « avec les membres fortifiés et la contenance » assurée qui est propre à leur âge. »

Les femmes retirent de l'air de la mer, dans certains états morbides, presque autant d'avantages que les enfants, et cela s'explique aisément par l'analogie de leur tempérament. On le remarque surtout chez celles dont la santé est détériorée par l'habitation des grandes villes, une vie sédentaire, les habitudes du grand monde, qui viole si souvent les règles importantes de l'hygiène. Elles arrivent, sur les bords de la mer, pâles, excitables, apathiques, tourmentées par des céphalalgies opiniâtres, des étouffements, des palpitations, des gastralgies, un appétit nul ou irrégulier, une mélancolie profonde, des symptômes d'hystérie, des écoulements leuchorrhéiques, de la dysménorrhée. Après quelque temps, quelques jours même parfois, on les voit heureusement modifiées par l'air vivifiant et pur qu'elles recherchent, avant même souvent d'avoir fait usage de l'eau de mer. A mesure que le traitement avance, le teint prend plus d'animation ; la susceptibilité morale diminue, pendant que les forces et l'activité renaissent ; la respiration est facile, la circulation régulière ; le pouls acquiert de l'ampleur ; l'appétit reparaît ; les fonctions utérines tendent à se rapprocher de l'état normal.

Je ne prétends pas que l'atmosphère maritime puisse remplacer les bains et amener des effets aussi grands et aussi rapides ; mais je tiens à établir, en m'appuyant sur la pratique et sur la théorie, qu'il agit dans le même sens, qu'il a même, dans certains cas, des avantages qui lui sont propres : c'est ce que savent tous les hommes spéciaux qui ont approfondi ce sujet. Tout ce que j'ai dit là-dessus, tout ce que je dirai encore pourrait être démontré par de nom-

breuses observations empruntées aux auteurs ou ti-
rées de ma pratique.

« Une dame, dit Gaudet, vient tous les étés res-
» pirer l'air de la mer ; partout ailleurs, elle ressent
» des étouffements et des palpitations qui lui font re-
» douter une affection du cœur. Sur les côtes, elle
» respire à l'aise, acquiert des forces, et surtout re-
» prend confiance et sa santé. »

J'y ajouterai deux observations. La première, je
la donne telle que l'a écrite le malade lui-même ;
c'est un négociant très-connu à Bordeaux :

« Je m'étais très-bien porté généralement, quoique d'une constitution délicate et sujet à m'enrhumer,
lorsque, à l'âge de quarante ans, en 1839, vers le
mois de janvier, je commençai à tousser ; j'eus de la
fièvre. Mon médecin, M. R..., constata une bronchite aiguë, qui, au lieu de se dissiper comme plusieurs autres que j'avais eues précédemment, per-
sista, en s'aggravant de plus en plus malgré les traitements les plus énergiques. Je fus saigné au moins
dix à douze fois ; j'eus plusieurs applications de sangsues sur la poitrine et à l'anus ; eau de goudron,
loochs et tisanes de toutes sortes, rien ne me soula-
geait ; je crachai plusieurs fois un peu de sang. La
toux était incessante, les crachats épais ; la maigreur
était extrême, l'appétit nul ; je n'avais ni forces, ni
courage. Nous étions en juillet ; mon médecin me
proposa d'aller à Royan pour changer d'air.

» J'y arrive le 24 juillet. Dès le lendemain, je vais m'asseoir, depuis huit heures du matin jusqu'au soir, sur le haut de la conche de Fonsillon, en faisant des stations sur les rochers les plus rapprochés de la mer, de Fonsillon à Pontaillac, et ayant toujours la *face à la brise*. Je ne rentre à Royan que pour déjeûner et dîner.

» Au bout de quatre à cinq jours, l'amélioration était immense : je ne toussais ni ne crachais presque plus ; ma voix voilée et presque éteinte reprenait de la force et de la clarté ; j'avais un appétit presque dévorant, je digérais très-bien, mon sommeil était parfait.

» Je restai un mois à Royan. A mon retour à Bordeaux, j'étais méconnaissable ; mon teint était devenu frais, j'avais engraissé, je me portais très-bien.

» Je vais depuis lors, presque tous les ans, à Royan passer une quinzaine de jours pendant la saison des bains ; et lorsque dans l'année, à quelque époque que ce soit, je sens ma poitrine un peu fatiguée, ainsi que ma voix, j'y retourne. Quelques jours de séjour font tout disparaître, pour faire place à une santé confortable. »

« Il y a bientôt onze ans (1) que M. G..., âgé maintenant de cinquante-cinq ans, et d'une constitu-

---

(1) Nous transcrivons textuellement les notes, que notre confrère le docteur Cazenave a bien voulu nous donner, sur son malade.

tion éminemment lymphatique, fut pris en Médoc, à
Château-Laffitte, d'une gastro-entéro-colite franche-
ment inflammatoire, qu'un médecin de la localité
crut devoir combattre à l'aide de vomitifs d'abord,
de purgatifs ensuite.

» L'état du malade s'étant aggravé sous l'influence
de cette médication incendiaire, j'allai à Château-
Laffitte, et combattis l'inflammation gastro-intestinale
par des applications réitérées de sangsues, par des
bains, par des boissons tempérantes, et par une diète
très-sévère. Malgré cette médication, le mal alla
croissant, l'état de M. G... fut très-alarmant et me
décida à demander une consultation. MM. Gintrac,
Bourges, et le docteur Treilhard, de Verteuil, se joi-
gnirent à moi, diagnostiquèrent comme moi, et,
comme moi, insistèrent sur la même médication. La
maladie de M. G... eut diverses phases, se prolon-
gea au-delà de toute prévision, et lui laissa une sensibilité exagérée de tout l'abdomen, accompagnée de
digestions très-laborieuses.

» L'hiver suivant, M. G... eut une bronchite très-
intense.

» Quatre ans après, le malade éprouva une inflammation d'entrailles que je combattis vigoureusement,
mais qui passa à l'état de colite chronique, quoi que
je fisse pour m'y opposer. Cette colite fut si tenace,
que je crus à l'existence d'ulcérations intestinales et
de tubercules mésentériques. MM. Gintrac, Arthaud

et Ferrier de Pauillac, appelés en consultation, partagèrent ma manière de voir, et appuyèrent l'application de plusieurs cautères sur l'abdomen, que j'avais inutilement proposés depuis quelque temps.

» Quoi qu'il en fût de nos médications, M. G... ne se ménageant en aucune façon, la colite a persisté trois ans et plus.

» Il y a maintenant trois ans que le malade se plaignit de douleurs au cou, d'une sorte de torticolis, qui n'était, en réalité, que l'apparition de ganglions trachéliens gauches. Dès-lors, M. G... toussa, maigrit plus que jamais, perdit ses forces. L'auscultation nous donna la *presque certitude* de l'existence de tubercules crus, à l'état miliaire, au sommet des deux poumons. Bientôt des crachements de sang survinrent avec aggravation dans les symptômes. Quoi qu'il en soit, ces phénomènes très-inquiétants avaient à peu près disparu, lorsque, l'année dernière, à pareille époque, M. G... contracta, dans le Médoc, une fièvre intermittente que je combattis avec toutes les précautions voulues. La toux reparut, ainsi que la diarrhée; les forces se perdirent, la faiblesse devint extrême, intraduisible; le pouls ne battait presque plus, et tout faisait craindre une mort très-prochaine, quand MM. Grateloup et Ferrier virent le malade avec moi. A force de soins, nous le remîmes un peu à flot, et Royan fit le reste. »

Il s'y rendit vers les derniers jours de juillet, et

j'avoue qu'il nous parut très-malade, lorsque nous le vîmes arriver par le bateau à vapeur.

Quelle fut notre surprise, lorsque, quelques jours après, nous le rencontrâmes à l'établissement dans un état d'amélioration remarquable ! C'est alors que, lui ayant témoigné le plaisir que nous éprouvions de le voir ainsi, il nous raconta que c'était en désespoir de cause, et parce qu'on n'avait pu lui trouver un loge-ment à Cauterets, où l'on avait décidé de l'envoyer, qu'il était venu à Royan, contre presque l'assenti-ment de ses médecins, qui craignaient qu'il ne pût supporter la vivacité de l'air de la mer.

En effet, depuis longtemps il ne vivait que de quelques cuillerées de bouillon ; il avait une diarrhée continuelle, une toux incessante, accompagnée de crachats d'assez mauvaise nature ; il n'avait pas un instant de repos dans la nuit ; il ne pouvait presque pas faire un pas, seul, dans sa chambre.

Dès le premier jour de son arrivée, s'étant fait transporter sur la hauteur de la conche de Fonsillon, il avait cru renaître en respirant la brise de mer. Ce sont ses propres expressions.

Les évacuations furent un peu moins considéra-bles ; il sentit de l'appétit et il put un peu manger. Enfin, l'amélioration fut si rapide, que le jour où nous lui parlions au Casino, le sixième jour de son arrivée, il mangeait assez bien, côtelettes, poisson, huîtres, etc. Ses digestions étaient très-faciles, et la diarrhée avait complètement cessé; il ne toussait presque plus, il dormait parfaitement bien, et il était presque tout le jour et le soir même à l'établissement, lorsqu'il ne se promenait pas sur les hauteurs de Fonsillon, du Chai, etc.

Obligé de venir passer un ou deux jours à Bordeaux pour ses affaires, il eut de la diarrhée en y arrivant.

De retour à Royan, la santé de M. G... fit de tels progrès, qu'au bout de vingt à vingt-cinq jours, il pouvait faire des parties de chasse, dans lesquelles il marchait pendant cinq et six heures de suite. Il était même loin d'observer les règles d'une prudente hygiène sous le rapport du régime; c'était, disait-il, pour essayer ses forces.—Il n'en partit pas moins en parfaite santé, après un mois et quelques jours de séjour sur le bord de la mer, sans avoir pris un seul bain.

Depuis lors (il y a huit mois), il a pu reprendre ses nombreuses occupations commerciales, faire plusieurs voyages, et, sauf un peu de toux qu'il a eu cet hiver, de temps en temps, il a pris le régime de vie de l'homme le mieux portant, et il ne s'en trouve pas plus mal.

L'air marin est principalement utile dans les catarrhes bronchiques humides, avec atonie de la muqueuse (toux muqueuse chronique de Buchan, pneumonie muqueuse des Allemands), surtout quand il y a relâchement et faiblesse générale. Cette affection, commune

dans les grandes villes, se montre ordinairement vers
la fin de l'été, et se continue en automne et en hiver ;
elle attaque un grand nombre de sujets dans certaines constitutions atmosphériques, et bien des personnes leur paient un tribut chaque année. Elle est
caractérisée par l'accumulation de mucosités abondantes, de fréquents efforts de toux pour s'en débarrasser. Il existe une fluxion, une sécrétion presque
passives dans les bronches ; il n'y a pas assez d'énergie dans les organes pour leur résister et en expulser les produits. L'air marin, par ses propriétés
toniques, repousse la congestion de la muqueuse, l'at-
tire vers la peau, qui se vascularise et exhale davantage, et donne aux bronches, aux muscles respira-
teurs et à l'organisme entier la force motrice qui
leur manque. Aussi les Anglais et les Allemands l'ont-
ils beaucoup vanté dans ces cas. Voici comment s'exprime Buchan :

« J'ai souvent été moi-même atteint de cette affec-
» tion, et je puis dire avec vérité qu'il ne m'est ja-
» mais arrivé, ni à moi, ni à un grand nombre de
» malades semblables, auxquels j'ai conseillé le
» même remède, de respirer l'air de la mer pendant
» vingt-quatre heures sans être complètement dé-
» barrassé. »

Il y a là un peu d'exagération ; mais bien des sujets éprouvent, après deux ou trois jours, un très-
grand soulagement.

Du reste, n'a-t-on pas constamment remarqué que, pendant les longs voyages sur les mers Atlantique et Pacifique, les affections catarrhales sont très-rares, tandis qu'elles deviennent de plus en plus communes à mesure que l'on s'éloigne des côtes pour pénétrer dans l'intérieur des terres? L'on sait parfaitement aussi que, dans le nord de l'Angleterre, ceux qui passent leurs journées entières à ramasser des coquillages sur les bords de la mer ne contractent point de catarrhes; qu'ils résistent même aux épidémies de ce genre, bien que fort exposés aux causes qui les produisent, et que les ouvriers occupés aux manufactures de sel jouissent aussi de ce privilége. Il n'est pas même rare, dans la Grande-Bretagne, que des personnes tourmentées par des toux opiniâtres, liées à d'anciens catarrhes atoniques, viennent, pour se guérir, passer, chaque jour, plusieurs heures dans les usines où se fait l'évaporation de l'eau de mer.

La disposition aux douleurs rhumatismales vagues dépend souvent du peu d'activité des fonctions de la peau, de la facilité avec laquelle elle est impressionnée, ainsi que l'organisme entier, par les variations atmosphériques. L'air de la mer qui augmente la résistance, le ton de l'enveloppe cutanée et de toute l'économie, doit combattre efficacement cet état rhumatismal dont les analogies avec l'état catarrhal sont nombreuses.

L'air marin peut être parfois trop excitant pour
les personnes atteintes d'une bronchite sèche, avec
irritation ou grande susceptibilité de la muqueuse,
avec tendances phlegmasiques. Elles devront s'en abstenir, ou prendre certaines précautions. En général,
les sujets chez lesquels l'atonie est mêlée d'un peu
d'irritation choisiront de préférence les localités maritimes dans lesquelles on peut trouver, dans le voisinage, des côtes, des collines plus ou moins boisées
où elles pourront respirer un air mitigé. C'est précisément ce que l'on rencontre à Royan, et dont nous
nous sommes servi avec bonheur bien souvent.

En nous résumant, nous dirons avec Tourtelle
(*Eléments d'hygiène*, t. 1ᵉʳ, p. 271) : « L'air atmosphérique très-oxigéné de la mer convient plus particulièrement aux personnes d'une constitution pituiteuse, dont la fibre est molle, inerte et imbibée d'une
sérosité surabondante ; il est utile à tous ceux affectés de cachexie humide, d'humeurs froides ; en un
mot, il convient dans les cas d'étiolement, c'est-à-
dire dans toutes les affections caractérisées par la
pâleur, la faiblesse, la sensation habituelle du froid
et la lenteur des mouvements. Outre qu'il réveille
l'action et qu'il dégage une quantité de calorique dans
les poumons, il électrise positivement, et produit sur
les animaux les mêmes heureux effets que sur les
végétaux. »

On sait que le changement d'air, de pays, fait

souvent cesser des maladies diverses (coqueluches,
fièvres intermittentes, etc.), sans que l'on ait besoin
de franchir de grandes distances, sans que l'on ait
besoin de trouver dans les conditions nouvelles dans
lesquelles on est placé, l'explication de ce changement. Il y a là une perturbation de l'économie, due à
quelque élément caché. On ne sera donc pas surpris
des avantages obtenus, dans bien des maladies, pour
celui qui échange l'habitation des grandes villes
contre la vie et l'atmosphère si différentes et si salutaires des côtes maritimes.

C'est aussi cette vie et cette atmosphère qui donnent aux thermes maritimes un cachet de spécialité
que l'on ne peut rencontrer ni dans les thermes
d'eaux salines, ni dans les thermes sulfureux.

En effet, dans les thermes maritimes, on est continuellement dans une atmosphère médicamenteuse,
pour ainsi dire, qui à elle seule peut rendre, dans certains cas, ainsi que nous venons de le voir, les plus
grands services, et qui toujours vient aider puissamment l'action de tous les autres agents thérapeutiques. Le professeur Lallemand a si bien senti l'importance d'une atmosphère médicamenteuse qui en-
velopperait les personnes qui se rendent au Vernet-
les-Bains, laquelle atmosphère pourrait agir sur la
peau, les muqueuses digestives et pulmonaires, et
pénétrer par toutes ces voies, qu'il a fait ménager,
autour d'une grande salle voûtée, plusieurs cabinets

dans lesquels arrive une atmosphère plus ou moins chargée de vapeurs minérales, et où certains malades peuvent passer plusieurs heures par jour (1). Du reste, n'a-t-on pas souvent songé à créer des atmosphères artificielles pour introduire, par l'acte de la respiration, des fumigations variées dans les cavités tapissées par des muqueuses, et cela pour triompher d'états morbides locaux ou généraux ?

Ainsi, dans certaines affections des voies respiratoires, on a prescrit depuis longtemps aux malades de vivre dans des étables, au milieu des bestiaux. Laennec conseillait de placer dans leurs chambres des plantes prises sur les bords de la mer : on a proposé de tirer parti de cette observation, que les émanations du tabac soumis à des manipulations particulières dans

(1) Voici ce que l'on trouve à ce sujet dans une notice publiée en 1842 sur l'établissement thermal de Vernet-les-Bains :

« C'est dans les anciens thermes que se trouve cette belle voûte gothique, si bien conservée, qui fait l'admiration des voyageurs, et sous laquelle les propriétaires actuels ont construit, à l'imitation des bains d'Aix en Savoie, un superbe vaporium, le seul existant en France. Ce vaporium, qui se compose de huit cabinets d'étuve éclairés par un dôme vitré, et où les vapeurs sèches et humides sont administrées avec un soin tout particulier, a l'avantage sur celui d'Aix d'être combiné de manière à ce que les malades puissent respirer au besoin l'air extérieur....

» Comme à Aix, le vaporium est une salle circulaire. Le dôme vitré qui la couronne y répand un jour agréable; tout autour sont les huit cabinets formant les étuves isolées. Au centre est un joli salon en forme de rotonde; les malades peuvent s'y réunir et y passer des heures entières dans une douce et bienfaisante température.... »

les grandes fabriques où on le prépare , préviennent la phthisie ou l'arrêtent quand elle n'est pas trop avancée. Enfin , les inhalations iodurées , etc., sont prônées de nos jours dans ces mêmes cas.

Je le demande, qu'est-ce que ces atmosphères artificielles en comparaison de celle de la mer, qui, à sa pureté et à sa vivacité, réunit l'action médicatrice de la plupart des substances préconisées ci-dessus ?

Pour compléter le tableau des bons effets que l'on doit retirer du séjour et des promenades sur le bord de la mer, nous transcrivons les lignes élégantes et pleines de haute philosophie échappées à la plume du spirituel auteur de *Royan et ses bains de mer,* publié en 1850 :

« Les bains de mer agissent de plusieurs manières et sur plusieurs ordres d'organes.

» Premièrement, le changement de lieu , l'action d'un air plus vif et plus pur, les effets du voyage, le spectacle imposant d'une masse d'eau incommensurable , avec les mille propriétés et incidents qui viennent à chaque moment modifier le tableau, l'espérance qui anime le malade, le changement de régime alimentaire, l'exercice qu'il prend dans un pays nouveau et dans des conditions nouvelles....

» Puis, à toutes ces causes que nous pourrions appeler physiques, ne s'en joint-il pas une autre d'un effet tout moral? La vie , dans les conditions actuelles de la société , est partout si agitée !... Politique, plai-

sirs, littérature, théâtres, tout est convulsif et dévorant. Les sens suffisent à peine à la multiplicité et à
l'intensité des émotions. Ne dirait-on pas que l'on
veut suppléer par l'énergie, la promptitude et la di-
versité de l'action, à ce que la vie a d'imparfait , de
borné , de défini ? On veut vivre deux fois dans le
cours d'une existence.

» Quel doit être le résultat de cette dépense exagérée de forces? Une fatigue qui accable, une dé-
crépitude morale et physique prématurée, et le besoin si bien senti, à une certaine époque de l'année ,
de vivre enfin d'une vie douce et calme , et de retremper, dans le repos, la méditation et d'agréables
distractions, l'énergie physique et intellectuelle dont
il faudra faire un nouvel usage.

» Et quels lieux , plus que les rivages de la mer,
sont aptes à neutraliser cet état violent et funeste ?
Où le corps trouvera-t-il une tranquillité plus parfaite , l'âme une quiétude plus grande que sur ses
bords?

» La contemplation de l'infini s'offre à la vue : la
monotonie active, si l'on peut s'exprimer ainsi , dont
le mouvement fascine tellement les regards, que souvent on surprend des promeneurs, les yeux fixés
sur la plage , dans une rêverie profonde , pendant
des heures entières ; le retour à des penchants inno-
cents, qui s'annoncent par le plaisir avec lequel de
grandes dames et des hommes sérieux s'occupent à

ramasser des coquilles, des petits cailloux, des brins
d'herbes marines, des varecs détachés des rochers et
jetés par la mer ; les sentiments de moralité qui se
réveillent dans l'âme ; le retour aux idées véritable-
ment religieuses qui s'opère dans l'isolement et en
présence de toutes ces grandes scènes de la nature,
qui pourra nier que toutes ces causes n'ont point aussi
un effet salutaire sur la santé du corps et ne secon-
dent pas puissamment les efforts du médecin !... »

Si l'air atmosphérique maritime a, comme nous
venons de le voir, ses indications, il a aussi ses contre-indications, et nous dirons avec le docteur Mourgué (1) : « Des circonstances locales défavorables
peuvent contrarier l'influence générale de l'atmosphère maritime, au point de rendre nuls et de modifier ses effets. Il est donc un choix à faire par les
personnes qui se rendent à la mer pour raison de
santé : elles doivent éviter soigneusement les plages
où sont entassées des substances animales et des
plantes marines en décomposition, et donner la préférence aux côtes dont le sol sec et de nature calcaire permet de se livrer journellement à un exercice
convenable. Russel veut que le terrain environnant
soit non seulement salubre, mais encore varié et
agréable, et propre à l'équitation et aux autres exercices que le médecin croirait devoir conseiller. »

____

(1) *Journal des Bains de mer de Dieppe*, 1re livraison, p. 50.

Royan ne réunit-il pas tous ces avantages, « cette petite ville qui, sur des rochers aussi vieux que le monde, est là entre la vie et l'infini,» d'après l'aimable auteur dont nous avons déjà parlé? « Car, continue-t-il, d'un côté, si elle étale des prairies, des champs de blé et de maïs, des bois tout vivants d'oiseaux, de soleil et de fleurs, quelques échappées de vignobles ; de l'autre, le désert des dunes et de la mer vous montre sa nudité : le désert des dunes avec ses perspectives infinies, dont un rare accident, un chêne racorni, une flaque d'eau bleuâtre, une masse de sable qui s'éboule ou que le vent soulève et chasse devant lui comme un flot, viennent à peine interrompre l'indigente immensité ; le désert de la mer sans limite, que l'imagination seule peut sonder, mais où on ne peut rencontrer un seul point où s'arrêter. » Cette ville enfin, à laquelle on peut appliquer, sans crainte d'être démenti, le passage suivant de Buchan (*Praticals observations on the sea-bathing*) : « Il n'existe pas, en effet, de situation plus avantageuse pour procurer le bien-être des personnes qui sont réellement ou croient être valétudinaires. L'aspect du grand Océan, toujours varié dans son ensemble, élève et récrée l'âme, tandis que la fraîcheur vivifiante de l'air de la mer dissipe cette langueur de l'esprit, cette lassitude trop fréquente chez les personnes qui passent les plus grandes chaleurs de l'été dans les villes très-peuplées, où l'action des rayons solaires est encore augmentée par la réflexion des murs et des pavés brûlants. Les avantages que le citadin retire de son séjour sur les côtes sont analogues à ceux qu'on éprouve à son retour dans son pays natal, après avoir résidé longtemps sous la zône torride. »

Art. II. — Des brises de terre et de mer.

Les qualités thermométriques et hygrométriques de l'air atmosphérique deviennent plus ou moins sensibles sur le corps, selon que, par son agitation, il constitue des vents plus ou moins violents ou impétueux, plus ou moins réguliers, plus ou moins constants.

Voici ce qu'en dit Tourtelle dans ses *Eléments d'hygiène*, t. 1er, pag. 301 :

«.L'action des vents est relative aux qualités de l'air, selon qu'il est chaud ou sec, froid ou humide, plus ou moins oxigéné ou électrique, ou altéré par des exhalaisons vicieuses malignes ou délétères ; outre cela, ils exercent, par leur impétuosité, une action mécanique sur l'organe extérieur, dont ils modifient par conséquent la sensibilité... Les vents sont des douches d'air ; et comme la douche d'eau est parfois plus efficace que le bain, le vent agit aussi avec plus d'avantage que l'air, qui n'éprouve point d'agitation.

» Les vents sont d'une grande utilité ; ils rafraîchissent et modèrent la chaleur de l'atmosphère, et la dépouillent des miasmes et des vapeurs qu'elle contient...

» On observe que les saisons durant lesquelles l'air est calme et tranquille sont les moins salubres ; elles donnent fréquemment lieu, surtout en été, aux maladies contagieuses. L'air immobile est aux animaux, et même aux végétaux, ce que l'eau bourbeuse des marais est aux poissons de rivière. »

Rarement les vents sont violents pendant la saison des bains de mer (de juin à octobre), et plus souvent l'air n'est rafraîchi que par les brises de terre et de mer, vents périodiques et alternatifs qui soufflent toute l'année, presque à heure fixe, dans les pays chauds, et tous les jours, mais pendant les grandes chaleurs seulement, et à des heures variables, dans les zônes tempérées.

Pour que les brises de terre et de mer soient aussi avantageuses que possible, il faut :

1° Qu'elles soufflent dans une bonne direction, et que la brise de mer vienne du large ou d'une très-grande distance de la côte ;

2° Que leur marche ne soit contrariée par aucun obstacle, ni en avant, ni en arrière du point où l'on veut respirer de l'air vivifiant ;

3° Que ni l'une ni l'autre ne porte avec elle des principes délétères puisés dans sa course.

En les étudiant, sous ce triple point de vue, sur les diverses côtes de France où sont répandus les thermes maritimes, nous avons fait les observations suivantes :

Sur le littoral de la Manche, de Calais à l'île d'Ouessant, près de Brest, la brise de mer ne peut venir du large qu'en suivant une des directions comprises entre le nord-est et l'ouest. L'air de cette brise est d'autant plus sec et tiède en été, qu'il n'arrive très-souvent sur les côtes de la Manche qu'après avoir traversé les îles Britanniques, circonstance qui doit, de plus, lui faire perdre une partie de ses qualités. En effet, certaines zônes de ces côtes ne reçoivent une bonne brise qu'avec des vents de nord-est qui prennent la fraîcheur de la mer du Nord, et entrent dans la Manche par le Pas-de-Calais. D'autres zônes ne la reçoivent qu'avec les vents d'ouest, qui y viennent directement de l'Océan atlantique, sans passer sur aucune terre d'une étendue considérable. Mais les brises d'ouest et du nord-est ne sont pas les plus fréquentes en été sur les côtes de la Manche. Les brises de mer qui s'y font le plus généralement sentir dans cette saison, soufflent du nord et du nord-ouest ; elles rencontrent les îles Britanniques sur leur passage, ce qui les altère nécessairement, comme nous venons de le dire.

Aux bords de la Méditerranée, dans le golfe de Lyon, les brises de terre qui viennent des régions de l'ouest à l'est, en passant par le nord, apportent, dans la saison des bains, un air sec et brûlant, dont les inconvénients ne sont pas toujours détruits par les brises de mer ; car l'air de celles-ci, venant des régions de l'est à l'ouest, en passant par le sud, est chargé d'humidité, sans que le peu d'étendue des mers qu'il traverse, et où il prend cette humidité, lui fasse perdre beaucoup de sa haute température fournie par la zône torride. De là cet accablement indicible que l'on éprouve avec le vent (dit marin) qui souffle, pendant l'été, dans le golfe de Lyon.

Aux bords de l'Océan, depuis l'île d'Ouessant jusqu'aux côtes du nord de l'Espagne, les brises de mer viennent du large, en suivant une des lignes comprises entre le nord-ouest et le sud-ouest ; elles y soufflent le plus souvent de l'ouest et du sud-ouest pendant la saison des bains, et elles y arrivent directement, sinon du continent américain, du moins du milieu de l'Océan atlantique boréal, sans avoir touché la plus petite terre où elles aient pu perdre la moindre de leurs qualités, en y déposant une partie de leurs principes puisés à la mer, pour en prendre d'autres parfois nuisibles.

Mais si une côte abrupte, une haute falaise, une forêt ou d'autres objets permanents interceptent la brise de mer et l'empêchent de franchir la plage où se trouvent les baigneurs ; si le courant d'air est lui-même amorti par le manque d'un espace où il puisse s'étendre et se propager, l'effet de la brise est détruit en grande partie.

Dans ces dernières circonstances, la chaleur est accablante pendant tout le temps que le soleil est sur l'horizon. Il faut être presque continuellement dans un appartement ou dans l'eau, se priver des promenades si avantageuses et si nécessaires dans certains états physiologiques et maladifs, renoncer à l'action du soleil tempérée par une bonne brise, et ne sortir que le soir ou le grand matin, en s'exposant à un air trop frais et humide, si nuisible dans bien des cas. Que sera-ce si à ces inconvénients vient se joindre celui bien plus grand, bien plus dangereux encore du voisinage de quelque portion de terre où la marée, en se retirant, laisse des végétaux en décomposition exposés à l'ardeur du soleil?....

Nous ne voulons pas pousser plus loin nos investigations. Ce que nous venons d'exposer suffira pour rappeler à nos confrères l'utilité de s'enquérir de l'état des lieux, avant de fixer leur choix sur tels ou tels bains de mer.

Toutefois, nous dirons que Royan se trouve dans les conditions les plus salubres sous le rapport de sa position géographique, et dans les conditions les plus avantageuses sous celui de l'influence que les brises de mer et de terre doivent exercer sur la santé des baigneurs.

La nature l'a voulu ainsi, en creusant, tel qu'il existe, le vaste golfe de Gascogne ; en le bordant de falaises plus ou moins hautes sur les quatre-cinquièmes de son littoral ; en y dressant des plages sablonneuses (1), et en y faisant déboucher les nombreux fleuves qui versent à l'Océan la majeure partie des eaux du territoire français, car l'Adour, la Garonne, la Charente, la Sèvre Niortaise, la Loire, la Vilaine, etc., etc., présentent des bassins qui, ensemble, occupent plus de la moitié de ce territoire : le mouvement de leurs eaux, la profondeur de leurs talwegs, la pente et l'étendue des plaines latérales à ces talwegs, et leur direction générale de l'est à l'ouest, déterminent ces courants d'air qui vont et viennent de la terre à la mer, tantôt dans un sens, tantôt dans l'autre.

Royan est situé sur la côte nord ou rive droite de l'embouchure de la Gironde formée, comme on sait, de la Garonne et de la Dordogne, par 45° 22' de

____

(1) Les établissements de bains de mer ne satisfont pas tous à cette condition de se trouver à proximité de plages dont l'estran soit bien aplani et sablonneux. Quelques-uns ne présentent, dans leur voisinage, que des talus plus ou moins raides, et tapissés de galets, de gros graviers et de vases que la mer couvre et découvre. Les plus favorisés sont ceux qui se trouvent au milieu ou auprès de ces masses énormes de sables connues sous le nom de dunes fixes ou mobiles.

Nous citerons, comme ayant ce privilége, ceux qui existent sur le golfe de Gascogne, depuis l'île d'Oleron jusqu'à Saint-Jean-de-Luz, et dans les parages des sables d'Olonne.

latitude nord, au nord-est du phare de Cordouan, vers la partie centrale de ce golfe de Gascogne (ou baie de Biscaye) qui reçoit les vents de mer par une ouverture de 115 lieues de largeur, prise entre la pointe de Penmarch, département du Finistère, et le cap Ortegal, un des plus fameux promontoires des côtes du nord de l'Espagne. Il est placé sur le versant sud de l'isthme étroit et allongé qui sépare les parties inférieures des bassins de la Garonne et de la Charente, isthme qui est bordé au nord par le petit bassin de la Seudre, véritable bras de mer englobé dans le bassin de la Charente, et au sud par la large embouchure de la Gironde, qui est aussi un bras de mer d'une assez grande étendue; d'où il résulte que Royan est situé entre deux hachures ou tranchées profondes du continent, par lesquelles les vents de mer, depuis le nord-ouest jusqu'à l'ouest, s'engouffrent dans les bassins de la Charente et de la Garonne. A l'est et au sud-est, au pied de la colline où Royan est bâti en amphithéâtre et touche à la mer (1), il existe une échancrure de falaise d'environ

(1) Cette disposition de Royan, en amphithéâtre qui s'élève de l'est à l'ouest, offre aux baigneurs un avantage qu'il est bon de mentionner ici : c'est que les personnes qui se mettent à la mer dans la Grande-Conche, ou baie de Royan, peuvent, presque chaque jour, y trouver un point convenable pour remplir les indications du médecin. Elles peuvent, en prenant leur bain, se placer à l'abri du vent, s'écarter ou se rapprocher, à volonté, de son passage à travers la conche, ou s'exposer à toute son action. Pour cela, elles n'ont qu'à se baigner auprès ou loin

trois kilomètres de large qui s'enfonce dans l'intérieur des terres et y produit deux vallons d'une grande fraîcheur, où jaillissent des sources abondantes débouchant, en plusieurs ruisseaux, sur la plage de la Conche, entre le port (au nord) et la pointe de Vallière (au sud). Ces deux vallons laissent un libre échappement aux vents de large qui viennent de l'ouest et du sud-ouest, de même qu'ils laissent passer les brises de terre qui viennent de l'est et du nord-est par les gorges du bassin de la Charente, en franchissant la vallée de la Seudre. La colline où Royan est assis est, d'ailleurs, assez élevée pour que les vents s'y fassent sentir de toutes les bonnes directions, et y renouvellent l'air à chaque instant. Elle fait partie d'une chaîne de coteaux cultivés et boisés dont le terrain est calcaire, et sous les couches duquel coulent plusieurs nappes d'eaux souterraines d'une limpidité et d'une pureté parfaites.

N'est-ce pas là, nous le demandons, un ensemble complet de toutes les conditions hygiéniques les plus avantageuses ?

de la partie haute de la ville, qui barre et amortit les courants d'air. Les conches sablonneuses de Fonsillon, du Chai, de Pontaillac et autres (au nord de celle de Royan) donnent lieu à la même remarque, en raison des falaises qui les dominent et qui sont séparées par des coupures ou des dépressions de terrain ouvertes de l'est à l'ouest. Les maisons de Royan étant groupées sur les flancs d'un mamelon, les baigneurs ont la facilité de choisir la hauteur et l'orientation de leurs logements, soit immédiatement sur le bord de la mer, soit du côté de la campagne.

SECONDE PARTIE.

RÈGLES GÉNÉRALES

RELATIVES

A L'USAGE DE L'EAU DE MER

A L'EXTÉRIEUR.

CHAPITRE PREMIER.

Considérations préliminaires.

Parmi le grand nombre de personnes qui fréquentent les thermes maritimes, les unes n'y viennent que par distraction, par ton ou par plaisir ; elles vont là, en un mot, comme elles iraient autre part, seulement pour dépenser une partie de la belle saison. Elles pourront donc user à leur gré de ces bains, et, à moins d'imprudence de leur part, nous ne pensons pas qu'il puisse en résulter pour elles un mal sérieux : la modération dans l'usage est la règle qu'on doive leur recommander.

Ils agiront sur elles comme les bains frais d'eau douce ; seulement ils augmenteront leur robusticité, activeront leur appétit, affermiront leur santé mieux que ne le feraient les bains simples de rivière.

Les autres, plus ou moins valétudinaires, plus ou moins débilitées par la souffrance, viennent au bord de la mer chercher un soulagement à leurs maux. Quelques-unes y arrivent, ayant reçu de leur médecin des préceptes sur la manière de prendre les bains, etc. Mais c'est ici que commence le rôle du médecin inspecteur ; c'est à lui, en cherchant à entrer dans les vues du médecin ordinaire, à apprécier la force présumable du malade, à le préparer à l'usage de ces eaux, à le suivre assidument, afin d'en modifier l'emploi selon les circonstances.

Les baigneurs différant d'âge, de force, de constitution, de tempérament, et ne se trouvant certainement pas dans les mêmes conditions maladives, doivent éprouver des modifications diverses de l'ensemble de ce moyen puissant, qui ne doit et ne peut convenir chez tous les sujets et dans tous les cas de maladie, employé de la même manière. L'indication principale consistera donc à trouver la dose d'excitation appropriée à ces divers états.

Que l'on ne veuille produire qu'une très-légère excitation, on aura le simple séjour sur le bord de la mer. Comme nous l'avons déjà dit, l'air plus pur, plus oxigéné, plus dense et plus tempéré qu'on y respire donne un surcroît d'action à la plupart des organes, et principalement à l'appareil gastrique ; aussi la digestion est-elle plus prompte , etc. Il coopère plus que tout autre au renouvellement du sang ; mis en contact avec la peau, il lui redonne du ton et active ses fonctions ; à cela se joint l'action d'un exercice plus ou moins fort, sur le bord de la mer et au soleil, la tête préalablement garantie de l'action de ses rayons.

C'est pour les jeunes enfants, les personnes faibles et très-nerveuses, etc., etc., qu'il faudra se contenter tout d'abord de ces moyens très-simples, pour passer ensuite , s'il y a lieu, à une action plus vive. Nous voulons parler de l'eau de mer en bains, etc.

Ici encore se rencontrent de nombreuses et importantes modifications. Nous avons dit que le bain pris à la mer agissait par la pression que l'eau exerçait sur le corps, par l'abaissement de la température de l'eau, par le mouvement de la lame , et enfin par les diverses substances qui se trouvent dans sa composition chimique. Or, de ces effets combinés et multiples, il devra résulter nécessairement une action qui sera moindre en proportion de la suppression d'un ou plusieurs de ces éléments.

6

Ainsi , pour suivre une progression ascendante dans l'action de ce moyen , on commencera, chez les personnes qui demandent plus ou moins de précautions dans son emploi , par le bain de mer dans une baignoire, d'abord chaud, puis tiède, plus ou moins répété , pour arriver ensuite au bain frais et froid , d'abord de baignoire, puis à la mer.

Il serait même avantageux parfois, avant de permettre à certains malades d'aller à la mer, de les engager à rester, une ou deux fois par jour, déshabillés quelques minutes sur la plage, exposés à son air toujours frais. Après avoir repris ses vêtements, on ressent ordinairement une chaleur agréable et même une certaine vigueur, et le malade arrive ainsi, par une gradation très-ménagée , à l'action des bains de mer à la lame, en y ajoutant , selon le cas , l'emploi de l'eau de mer , soit à l'intérieur, soit en douches, en affusions, en lotions, etc.

CHAPITRE II.

Règles générales relatives à l'usage des bains de mer à la lame.

L'administration des bains à la lame est en quelque sorte arbitraire dans la plupart des thermes maritimes. On n'y suit généralement aucune règle dans leur usage ; il n'est donc pas étonnant de rencontrer souvent des cas où non seulement ils sont inutiles, mais même où ils deviennent nuisibles, et cela par le défaut de soins, d'attention, et par l'ignorance de préceptes, dont l'oubli peut devenir la source d'une foule de maux.

C'est ainsi que souvent le succès échappe, le préjugé s'établit, et l'art de guérir se trouve privé d'agents thérapeutiques qui, employés dans des conditions convenables et à propos, pourraient être d'un très-grand secours.

Il est donc important d'assujettir l'administration de ces bains à des règles capables de servir de guide aux baigneurs, afin que leur action ne soit pas manquée dans les cas où ils deviennent nécessaires, et qu'ils ne produisent pas de fâcheux effets lorsqu'on va à la mer pour son plaisir.

Ces précautions sont de trois ordres, suivant qu'on les prend avant, pendant ou après le bain.

Art. I⁰ʳ. — *Précautions avant le bain.*

Il en est de l'eau de mer et de ses bains comme de la plupart des eaux minérales naturelles, douées de propriétés énergiques. Avant de se soumettre à son usage, il est utile, bien souvent, d'avoir recours à une espèce de traitement préparatoire, subordonné à la différence des constitutions, des maladies, etc., etc.

En arrivant aux bains de mer, si le voyage a été long et pénible, ou si la fatigue de la route a produit quelque indisposition passagère, il faudra d'abord combattre cette dernière, et laisser même le malade se reposer parfois quelques jours, afin qu'il s'acclimate, avant tout, à l'air plus vif, plus actif, plus oxigéné qui règne sur le littoral.

« On ne devrait que rarement, dit Gaudet, se baigner d'emblée, même dès le lendemain de l'arrivée, comme on ne devrait jamais y débuter par un mauvais temps. On néglige trop souvent ces règles pour les enfants faibles, pour lesquels il faudrait à peine s'en affranchir, si la saison était très-belle ou si l'âge des sujets était déjà assez avancé. Ne faut-il pas laisser l'organisme se préparer aux modifications que va lui imprimer le contact d'un milieu nouveau par

une exposition à l'air de la mer, qui participe jusqu'à un certain degré à l'action modificatrice propre
au bain de mer ? »

Le meilleur moment de la journée pour se baigner
doit être réglé par l'heure de la marée, la température de l'eau variant d'après ses divers états. Il
est d'observation que l'eau est plus chaude de plusieurs degrés aux marées montantes , de deux
à trois heures de l'après-midi, qu'elle ne l'est le
même jour, à basse mer, à six heures du matin. En
effet, la marée, en se retirant de bonne heure, laisse
à découvert, pendant plusieurs heures, un sable qui,
étant alors exposé aux rayons du soleil, acquiert un
degré plus considérable de chaleur, qu'il transmet à
l'eau de la marée montante ; et comme le calorique
rend l'eau qu'il réchauffe plus légère, c'est toujours
celle-ci qui est à la surface de la pleine mer.

Ce fait ne peut s'opérer que pendant le beau
temps ; l'agitation causée par une tempête mêle les
eaux profondes, et refroidit, par conséquent, la température de l'eau.

C'est donc de dix heures du matin à cinq heures
du soir, à la marée montante, que les valétudinaires
et les personnes faibles devront se baigner de préférence. On cherchera donc le plus possible de pareilles conditions, et toujours en raison directe avec
l'état de force et de santé de l'individu. On évitera
de se baigner le soir après le coucher du soleil, et

plus encore de grand matin, surtout au sortir du lit ou peu d'instants après.

On conçoit aisément qu'à ce moment, les papilles de la peau ayant été épanouies en quelque sorte par la chaleur du lit, cet organe sera bien plus sensible à l'action du froid; son impressionnabilité n'aura pas été réduite, émoussée par le contact de l'air ; il n'aura pas encore été stimulé, raffermi par l'afflux du sang dans les veines et le réseau capillaire artériel et vei-neux cutané ; ou, en d'autres termes, le sang des veines profondes ne sera pas encore suffisamment réparti dans les veines superficielles, et le corps ne sera pas arrivé à cet état de caloricité active, la seule qui puisse lutter avec avantage contre l'abaissement de la température ambiante. Ajoutons à cela que l'hu-midité de l'atmosphère, aux heures extrêmes de la journée, se joignant à la basse température de l'air et de l'eau, ne peut guère favoriser, même chez les personnes bien portantes, l'accomplissement de di-vers actes d'une bonne réaction, à plus forte raison chez les personnes faibles, maladives, et surtout chez les enfants.

Si l'on doit se garder de se mettre dans la mer le corps trop échauffé, il n'est pas sans inconvénient non plus de se trop refroidir avant d'y entrer; aussi faut-il éviter, par conséquent, de rester trop long-temps entre le moment où l'on a quitté ses vêtements et celui où l'on entre dans l'eau. Il est même convenable pour les personnes faibles, ou valétudinaires surtout, de faire, avant le bain, un exercice modéré et propre à procurer une sensation générale de chaleur sur tout le corps, afin que la vitalité soit suffisante pour établir une force de réaction capable de résister au saisissement qu'on éprouve en s'immergeant dans l'eau froide. Cet exercice est surtout nécessaire pour les enfants et pour les individus à fibre lâche et molle, dont tous les appareils languissent dans une funeste inertie. Macard *(De la nature et de l'usage des Bains)* a fort bien observé que les enfants qu'on tire de l'état de repos le plus entier pour les baigner dans l'eau froide, et auxquels on ne fait prendre aucun mouvement un peu prononcé, sont pâles, décolorés, et n'ont pas cette vivacité qui se peint si bien sur leur intéressante physionomie. Nous aidons quelquefois, chez ces derniers, l'action de l'exercice, ou nous la remplaçons par des frictions sèches que nous faisons pratiquer pendant quelques minutes avec une brosse, ou une flanelle, sur tout le corps, et principalement sur le tronc.

M. Gaudet a l'habitude de ne faire baigner les enfants de toutes les catégories, qu'après le premier déjeûner. Il a remarqué que, sans cette précaution, ils réagissaient mal, et qu'ils avaient une très-grande répugnance à se mettre au bain.

Les grandes personnes doivent se baigner à jeûn quand elles ne sont pas assez sûres de leur digestion. Ordinairement, il faut accorder aux enfants environ deux heures de digestion avant de les conduire à la mer, et trois ou quatre aux adultes.

Quelques personnes croient et assurent qu'il y a moins de chances d'accidents d'entrer après le repas dans l'eau de mer, que dans un bain d'eau tiède. C'est une grave erreur, qui peut avoir les plus funestes conséquences.

ART. II. — Précautions pendant le bain.

La manière d'entrer dans l'eau pour prendre le bain n'est pas aussi indifférente qu'on pourrait le croire.

Chaque pays a sa méthode. Examinons-les successivement :

Dans le Nord, en Angleterre, en Belgique, en France, à Boulogne, à Dieppe, on se sert généralement d'un guide : celui-ci prend le baigneur sur ses bras, le porte dans la mer jusqu'à une certaine distance, et là, lui plongeant la tête la première, le fait passer tout entier, entre deux eaux. Cette manœuvre se répète un plus ou moins grand nombre de fois ; elle constitue le bain d'immersion, usité généralement chez les Anglais.

« Une semblable pratique, dont on fait souvent une loi rigoureuse et presque inhumaine pour le baigneur (écrivait le docteur Mourgué en 1823), est depuis longtemps établie à Dieppe et dans quelques autres ports de mer ; mais il serait difficile de citer un seul fait qui puisse la justifier : outre que certaines personnes éprouvent une sorte d'horreur à l'idée seule d'être ainsi plongées dans la mer la tête la première, ce procédé, contraire à toutes les idées reçues, paraît plus propre à favoriser qu'à prévenir les accidents que l'on veut éviter. Il est probable que les migraines, qui suivent quelquefois l'immersion, sont dues, en effet, à ce mode vicieux de se baigner. Buchan s'est déjà élevé avec force contre cet usage, dont il attribue l'origine aux guides-baigneurs, qui, mus par l'idée de donner plus de prix à leurs services en occasionnant cette espèce de peur aux malades, ont établi et continué cette pratique ; mais leur seul devoir et leur utilité doivent se borner à prévenir tous les accidents auxquels pourraient s'exposer les personnes timides ou imprudentes pendant le temps qu'elles restent dans l'eau. »

Le docteur Gaudet, tout en disant, vingt ans après Mourgué, que ce mode d'administrer le bain, souvent employé, est sans contredit le meilleur, établit cependant qu'il est bon de ne l'appliquer que si la mer est calme ou ses vagues peu profondes ; il a soin d'ajouter :
« L'immersion effraie beaucoup de personnes et fait
» éprouver, à quelques-unes surtout, à celles qui
» sont sujettes à de l'essoufflement, à des étouffe-
» ments, à de l'oppression, un trouble général dont
» elles se remettent avec peine. »

Comme c'est surtout les enfants qu'on a l'habitude de baigner de cette manière, nous allons en apprécier les effets nuisibles ou avantageux, en l'étudiant dans les différents âges de l'enfance :

Nous avons dit et nous maintenons que, pour les enfants de deux à trois ans, l'air de la mer, les bains chauds d'eau de mer, quelques lotions fraîches si l'on veut, valaient mieux que les bains froids. Si cependant l'enfant est fort, et que par conséquent il soit dans cette heureuse position exceptionnelle, par rapport à ceux qu'on amène à la mer, nous croyons que, de temps en temps, une ou deux immersions de tout le corps, excepté la tête, ne peuvent être suivies d'aucun mauvais effet.

De trois jusqu'à sept à huit ans, c'est-à-dire du moment où l'enfant peut apprécier et juger, surtout s'il se refuse à entrer dans l'eau spontanément, nous croyons que, plutôt que de le violenter pour l'y conduire, il vaudra mieux le baigner à l'eau un peu tiède, et le faire promener au grand air ; ou, si l'on tenait à lui faire prendre quelques bains froids, on pourrait le porter à bras, et le plonger dans l'eau une ou deux fois seulement.

Plus tard, de huit à douze ans, on ne doit pas autant redouter les bains frais ; mais cependant, si l'enfant avait trop de répugnance à se mettre à la mer, il faudrait se garder d'insister. On connaît assez les terribles effets de la peur sur le système nerveux de l'enfance. Combien de graves accidents ne peuvent-ils pas survenir depuis le simple mouvement nerveux jusqu'aux attaques d'épilepsie?

Nous avons vu nous-même, en 1843, un jeune enfant de six à sept ans, auquel on faisait subir des immersions, un jour où la lame était assez forte, et cela malgré ses pleurs et ses cris déchirants, être pris, au sortir du bain, de convulsions qui nécessitèrent notre intervention, et furent suivies d'une faiblesse presque paralytique du bras droit. Cet accident ne se dissipa qu'après deux autres saisons de bains, où l'on prit toutes sortes de précautions. Cette fois, la conduite des parents confirma ce proverbe : *La peur rend timide*.

Chez d'autres, nous avons observé tantôt la fièvre succéder à l'effet d'une concentration nerveuse, produite par la frayeur qui se joignait à l'action de l'immersion dans l'eau froide; tantôt de la diarrhée, toutes les fois qu'on renouvelait les immersions. Chez un enfant de dix ans, nous avons vu, à la suite d'efforts presque frénétiques, la chute du rectum, dont il était débarrassé depuis quelque temps, se renouveler et nous donner assez de peine pour sa réduction.

Eh bien ! malgré tout cela, combien ne rencontrons-nous pas chaque année, à Royan, de parents qui ne pourraient pas voir leurs enfants, objets de leur plus vive sollicitude, verser une larme sans être bouleversés , les conduire à la mer malgré leurs pleurs et leurs cris ? Combien de mères deviennent même les exécutrices par trop sévères des prescriptions quelquefois imprudentes des médecins qui les envoient ?

D'autres, moins courageuses, les confient à des guides, et restent spectatrices impassibles, en apparence, du supplice de leurs pauvres enfants ; elles stimulent même souvent ces exécuteurs mercenaires, du geste et de la voix.

Si des accidents arrivent , gardez-vous de croire qu'elles en accuseront leur imprudence et leur funeste persistance dans l'emploi d'un moyen qui ne convenait pas à leurs enfants ; elles gémissent au contraire, disent-elles, du temps perdu.

Elles sont rares, celles qui veulent croire ce que leur dit le médecin qu'elles appellent pour combattre les accidents plus ou moins graves que leur conduite a provoqués ; elles ne cessent de vous mettre sous les yeux l'exemple de telles ou telles personnes qui en agissent ainsi. On dirait que, nouvelles Spartiates, elles sont venues aux bains de mer pour faire subir à leurs pauvres petits malades l'épreuve de l'eau ; elles ne veulent pas croire que les enfants qu'elles prennent pour exemple sont généralement des enfants assez forts , appartenant à des parents forts eux-mêmes, et bien portants.

On nous citait, l'année passée, Mme *** qui, très-souvent, de huit à neuf heures du soir, descendait à la conche de Fonsillon, pour voir passer par l'eau ses superbes enfants.

Que prouve cela, si ce n'est la vérité de ce que nous venons de dire? Car où trouver de plus belles santés que celles de ces enfants et de leurs parents? Sans toutefois approuver comme médecin ce procédé, nous n'entendons pas le blâmer. Qui sait, d'ailleurs, si ce n'est pas une habitude pour ces enfants que ces bains froids et ces lavages? Elle est mère trop bonne et trop intelligente pour en avoir agi ainsi, si ses enfants eussent paru en être fatigués.

En nous résumant, nous dirons que, pour les grandes personnes, et surtout pour les valétudinaires, ce mode d'entrer dans l'eau *ex abrupto* n'est pas le meilleur, à plus forte raison lorsqu'il est pris ou administré plusieurs fois de suite. « Sous la forme d'immersion générale, la sensation du froid produit par celle-ci, dit Mourgué, p. 100, est fugitive, momentanée, il est vrai, mais la commotion est plus vive, la réaction vitale plus prompte, et, en quelque sorte, directement provoquée par le stimulus; dès-lors, l'immersion répétée aurait des suites non moins fâcheuses que celle du bain froid trop prolongé, c'est-à-dire que la réaction ne serait ni aussi complète, ni aussi salutaire, si l'on en usait immodérément et sans intelligence. Nous sommes donc loin de partager l'opinion de quelques médecins, qui

recommandent de répéter l'immersion jusqu'à quatre
ou cinq fois de suite ; car, à moins que la constitution particulière du sujet ou l'habitude ne viennent
diminuer les effets de ce passage brusque d'un milieu
dans un autre, il vaudrait mieux prescrire un bain
de la même durée, que ces immersions réitérées. »

Ce que nous venons de transcrire pour appuyer
notre opinion, doit se rapporter particulièrement aux
enfants. Aussi nous ne cesserons de répéter que, sur
le bord de la mer, il ne faudra jamais les violenter
pour les mettre à l'eau ; il conviendra mieux d'étudier leur instinct ; et si, en passant par les bains
chauds, tièdes et frais, on ne peut surmonter leur
répugnance, il sera prudent d'en agir ainsi : on évitera par là bien des accidents et des malheurs même,
parfois irréparables.

Qu'on se souvienne que, sur les bords de la mer,
on trouve d'autres agents que les bains d'eau froide,
agents tout aussi puissants, comme nous l'avons déjà
dit, et qui opèrent continuellement sur le corps par
leurs qualités physiques et chimiques : l'atmosphère
maritime, la lumière solaire, etc.

On excusera cette digression et sa longueur en
faveur de l'intérêt du sujet que nous avons traité.
Notre cœur a été, si souvent, navré à la vue des vio-
lences exercées sur de faibles enfants !...

Dans tous les thermes maritimes du Nord, on a

une seconde manière d'arriver à la mer. Le baigneur se met dans une petite voiture traînée par un cheval et conduite par un guide-baigneur : là il peut se déshabiller. La voiture arrivée dans la mer à une certaine profondeur, le baigneur ouvre la portière de derrière et descend dans l'eau à la profondeur qui lui convient. Une fois le bain pris, le véhicule vient le chercher, et le baigneur en sort tout habillé.

Que de baigneurs n'avons-nous pas vus qui nous vantaient cette manière comme la plus avantageuse !

En Allemagne, en Angleterre, dans le nord de la France, dans tous les lieux où la température est généralement basse, même pendant la plus grande partie de la saison des bains, et où les bords de l'eau sont couverts de galets qui meurtriraient les pieds nus, nous comprenons ce genre de précautions ; hors de là, elles deviennent inutiles et très-coûteuses par la dépense d'un guide ou d'une voiture, dépense onéreuse pour bien des baigneurs.

Tandis que sur les plages du Midi, aux Sables d'Olonne, à Royan, à la Teste, à Biaritz, et sur toutes les côtes de la Méditerranée, nous n'avons à éviter aucun de ces inconvénients ; car l'on y trouve un sable fin, et l'on n'est pas exposé à cette brise du nord ou de l'est qui vous gèle, sous l'action même des rayons solaires.

Aussi, point de ces véhicules pour arriver à l'eau, et les seuls préceptes à observer, c'est que l'immer-

sion soit prompte et rapide , que toutes les parties
du corps , la tête même , éprouvent presque en
même temps l'action de la mer. Cette immersion est
moins sensible que lorsqu'on reste exposé plus ou
moins longtemps au contact de deux éléments si différents par leur température, l'air et l'eau de la mer,
et l'on évite aussi la gêne de la respiration et une
espèce de sentiment convulsif et spasmodique très-
pénible, douloureux même pour certains individus,
lorsque l'eau arrive vers le creux de l'estomac.

Pour les personnes qui désireraient des détails plus
précis, nous ne pouvons mieux faire que de donner
la manière d'entrer à l'eau , que nous trouvons dans
la brochure sur Royan :

« Le baigneur entrera bravement , presque en
courant, dans la mer, et, arrivé à une distance telle
que l'eau s'élève environ à moitié cuisses, il se jet-
tera à genoux, en courbant légèrement la tête en
avant, et restera dans cette position pendant le temps
nécessaire pour être entièrement submergé par trois
ou quatre lames à peu près, plus ou moins, selon
l'intervalle qui les séparera l'une de l'autre. Entre
chacune d'elles, il aura plus que le temps suffisant
pour reprendre sa respiration ; ainsi accoutumé à la
différence de température du milieu dans lequel il
s'est plongé, une fois remis debout , il pourra continuer de prendre son bain de telle manière qu'il le
jugera le plus convenable. »

De tous les procédés que l'on peut suivre pour entrer dans l'eau, celui-là est assurément le plus commode, le moins pénible, et c'est le seul peut-être que l'on doive rationnellement adopter, lorsque les circonstances atmosphériques ne s'y opposent pas trop, et que l'on se trouve sur une plage ayant une lame suffisante.

Si l'on peut rester calme et tranquille avec avantage dans les bains ordinaires tièdes, il n'en doit pas être ainsi lorsque l'on se baigne à la mer ; il faut, autant que possible, se livrer alors à quelques mouvements. De tous les exercices que nous pourrions conseiller, la natation est celui qui doit être préféré, et le plus propre à contribuer aux bons effets des bains. Ce moyen gymnastique bien entendu, et restreint dans des limites convenables, augmente l'énergie des muscles, et facilite la réaction vitale : de là dépend tout le bien que l'on veut obtenir de la mer. Mais si, au lieu de faire un exercice modéré, on s'agitait jusqu'à la fatigue, la réaction en serait contrariée, et, par suite, divers accidents pourraient survenir.

Quoique de jour en jour l'art de la natation tende à se populariser, et quoiqu'il entre maintenant, en quelque sorte, dans l'éducation de la jeunesse, le plus grand nombre, surtout parmi les femmes, est pourtant encore inhabile à pratiquer ce genre d'exercice. Aussi, pour retirer tout l'avantage possible de leur immersion dans l'eau, les personnes qui ne savent pas nager devront-elles se livrer à l'agitation du corps et des membres, afin de suppléer, autant qu'il sera en elles, aux mouvements méthodiques et cadencés qui constituent le savoir du nageur.

Lorsque l'on se baigne par une mer un peu houleuse, il est quelquefois difficile, si l'habitude n'a pas rendu le pied *marin*, de résister au choc de la lame. Si l'on s'obstine à la recevoir en face, on court le danger d'être culbuté. Le moyen d'éviter cet inconvénient consiste à se présenter aux vagues de manière à ce qu'elles ne viennent déferler qu'obliquement et sur une partie latérale du corps, mais jamais de front ou en plein sur la poitrine et sur le dos. Il faut appuyer fortement les pieds sur le fond , écartés l'un de l'autre de l'intervalle environ de deux semelles, et disposer les jambes de telle façon , que l'une d'elles, celle qui se trouve en arrière, remplisse l'office d'un arc-boutant ; se tenir, en un mot, presque dans la position de la mise en garde de l'escrime.

A Royan, dans la conche de Fonsillon , qui, par mesure de police, est spécialement réservée aux dames, celles-ci n'ont pas besoin de prendre une pareille précaution. Des piquets solidement plantés sont garnis d'assez fortes cordes pour s'y tenir lorsque la lame déferle, même, avec force. Ce système *balnéaire* est pourtant sujet à de fréquents inconvénients : car les baigneuses de Fonsillon, ordinairement nombreuses, sont assez resserrées dans un es-

pace un peu circonscrit ; elles se tiennent, en toute
sécurité, aux piquets ou aux cordes, et, n'ayant plus
aucune crainte, elles restent là, quelquefois pendant trop longtemps, à recevoir la lame. Nous en
avons vu plusieurs qui, sortant du bain, avaient le
corps moulu. Ce qui n'est qu'une fatigue passagère
pour certaines, peut entraîner de graves accidents
chez d'autres. En 1850, deux dames, l'une fort
jeune, se trouvant, à la suite de deux couches
très-rapprochées, dans un véritable état de langueur, l'autre atteinte de leuchorrée, avec faiblesse
et irritation de la matrice, reçurent, par un jour de
grosse mer, pendant près de trente minutes, les
lames sur le corps, en se cramponnant tantôt aux
cordes, tantôt aux piquets : elles croyaient suivre les
prescriptions de leurs médecins, qui leur avaient dit
de recevoir le plus de lames possible.

La première en eut le corps, littéralement, tout
meurtri ; elle fut prise immédiatement d'une forte
fièvre, accompagnée même d'un peu de congestion
cérébrale. La seconde éprouva, dès le soir même, de
très-vives douleurs dans le bas-ventre, douleurs
qui augmentaient à la pression, et que nous attribuâmes à la constriction de la matrice, contre les
parois osseuses du petit bassin. L'une et l'autre furent obligées de rester trois jours au lit, en suivant
un traitement relatif à leur état de maladie accidentelle.

Dans le mois de juillet 1835, on conduisit à Royan, d'une des petites villes du département de Lot-et-Garonne, située sur les bords du fleuve, une jeune enfant âgée de neuf à dix ans.

Elle était atteinte d'une lésion scrophuleuse du corps des deux dernières vertèbres dorsales *(mal vertébral* de Pott), avec saillie angulaire des apophyses épineuses desdites vertèbres, et paralysie presque complète des extrémités inférieures.

Les médecins avaient d'abord eu l'intention de l'envoyer à Barèges ; mais les difficultés, le danger même du voyage changèrent leur résolution : ils la firent partir pour Royan, par la voie d'eau.

Les recommandations les plus sages et les plus rationnelles avaient été faites aux parents. On promenait cette enfant chaque jour, plusieurs heures, dans la Grande-Conche sur le sable, couchée horizontalement dans une voiture d'osier.

Après les premiers jours, on la porta à la mer, où on la soumettait à quelques immersions en la tenant toujours étendue horizontalement. On y revenait même deux fois par jour, lorsque la marée le permettait.

L'amélioration dans l'état général et local de la jeune malade fut si rapide, qu'elle pouvait, vers le quinzième jour, se tenir quelques instants debout sans souffrir, appuyée légèrement contre le plus faible soutien.

Peu à peu, elle put faire, seule, quelques pas dans sa chambre; son teint était totalement changé; sa santé, en un mot, ne laissait rien à désirer; et lorsqu'on se décida à quitter Royan, elle faisait déjà une petite promenade sur le sable avec le secours d'un bras.

La veille du jour fixé pour le départ, le temps était superbe, la marée était convenable, la mer belle, quoique un peu houleuse. Son père voulut lui faire prendre un dernier bain; il la porta lui-même à la mer, où, la soutenant par les aisselles, il la présentait carrément le dos à la lame. De cette manière, ayant été recouverte complètement par une vague un peu forte, elle fut saisie de frayeur; elle fit un mouvement brusque qui fut suivi d'une très-vive douleur dans la colonne vertébrale; elle en poussa les hauts cris, et, immédiatement après, elle fut prise d'une paralysie complète des extrémités inférieures. Il y avait eu, sans doute, fracture de la substance osseuse de nouvelle formation qui soutenait la colonne vertébrale, et, par suite, compression de la moelle épinière.

La malade fut portée dans son lit, et ne put retourner chez elle que vingt jours après ce grave accident, avec une faiblesse des jambes aussi grande que lors de son arrivée à Royan.

Cependant, à la suite d'un traitement local bien entendu, favorisé par l'amélioration de la santé gé-

nérale, résultant du séjour fait sur le bord de la mer,
la guérison complète ne se fit pas longtemps attendre. La malade ne conserva qu'une légère difformité angulaire de la colonne vertébrale.

Il faut éviter, autant que possible, de sortir et de
rentrer dans l'eau à diverses reprises pendant le temps
du bain. Nous avons remarqué qu'en y retournant
plusieurs fois, on finissait par beaucoup s'affaiblir, et
que, de plus, on contrariait par-là une bonne réaction.

Les individus qui ont une tendance apoplectique
doivent préférer le bain tiède; néanmoins, si des motifs
puissants les forçaient à se baigner à la mer, on devrait recourir à des précautions particulières : leur
mouiller la tête, soit en versant de l'eau dessus, soit
par l'application de linges trempés dans l'eau froide.
Il est d'observation pratique qu'avant le bain froid,
l'eau ainsi employée jette l'organe cérébral dans une
espèce de prolapsus qui devient salutaire.

La durée des bains de mer, dit Gaudet, est, prati-
quement, la plus importante de toutes les questions
relatives à leur administration.

Il est impossible de déterminer d'avance, d'une
manière précise, le temps que l'on doit rester au
bain, attendu qu'il varie selon la température de la
mer et de l'atmosphère, la force et l'énergie plus ou
moins prononcées de chaque individu, sa constitution et l'état de sa santé ; mais la règle générale,
qui n'est pas sans exception, veut que l'on n'y attende

pas, pour les adultes, le second frisson, et que l'on éprouve une sensation encore agréable, même en sortant de l'eau. Que le frisson soit dû à une action purement nerveuse ou qu'il soit le résultat inévitable du refroidissement exercé sur le corps par la basse température du milieu dans lequel il est immergé, le baigneur devra regarder la seconde apparition de ce frisson comme un avertissement de l'organisme, qui a cédé à la puissance ambiante tout ce qu'il pouvait de ses forces réactionnaires. Si, dans ce cas, le baigneur s'obstine à rester au bain, il ne tarde pas à en ressentir des effets fâcheux : la face pâlit, se contracte, se grippe ; elle devient même livide ; les lèvres se violacent et se rident ; les mâchoires se heurtent spasmodiquement les unes contre les autres, etc., etc., et le malade, au sortir de l'eau, aura à redouter les conséquences d'une réaction incomplète, toujours subordonnée à la puissance de l'action, et en raison directe de celle-ci.

La durée du bain doit être, en conséquence, d'autant plus courte, que la température de l'eau sera basse et que le sujet sera faible, jeune, plus ou moins valétudinaire.

Toutefois, comme nous l'avons déjà dit, sans vouloir et sans pouvoir même établir d'avance des règles fixes, nous pensons que, pour les enfants faibles, craintifs, et qui n'ont pas atteint la cinquième ou sixième année, pour les femmes très-affaiblies au moral et au physique, pour certains hommes qui sont dans le même état, il faut commencer par des bains chauds, n'arriver que graduellement aux bains de lame, qui seront d'abord de très-courte durée, de deux à trois minutes au plus, et que l'on fera même bien de commencer par de simples immersions.

Quant aux enfants et aux adultes, qui ne sont dans aucune de ces catégories, la moyenne du bain doit être, pour les premiers, de trois à six minutes, et ne doit pas dépasser dix à douze minutes ; et pour les adolescents, de quinze à vingt minutes, et ne pas dépasser demi-heure.

Pour un très-grand nombre de cas, l'abus, dans la durée du bain, peut entraîner des accidents plus ou moins graves, tels que céphalalgies, fluxions dentaires, insomnies, vomissements, etc.

« Le bain de mer d'une durée exagérée (dit Gaudet, p. 58), en paralysant tout effort de réaction cutanée, et en maintenant le refoulement du sang dans les gros troncs des vaisseaux, peut amener quelquefois un état prolongé de *lapsus animi* (syncope). Une dame, petite, sèche et maigre, se baigna dix minutes pour la première fois, par une mer assez forte et une température assez basse. Elle se trouva bien dans la mer ; mais, revenue dans sa tente, elle n'eut pas de réaction, trembla et éprouva une demi-syncope. Après s'être habillée à grand'peine, elle resta tremblante et bleuâtre du visage, avec les mains ex-

sangues, et dans une attitude accroupie et immobile. Apportée sous mes yeux, l'ingestion d'une certaine quantité de vin chaud lui rendit bientôt la réaction cutanée qui lui faisait défaut. Le lendemain, un
bain de deux minutes fut pris par cette personne, avec
un sentiment de bien-être et de réaction complète. »

Le *quantum* de résistance vitale propre à un individu étant une fois connu, ainsi que tout ce qui se
rattache à son cas particulier, et, par suite, la durée
de ses bains ayant été bien appréciée et fixée, peut-
on en faire une règle invariable pour toute la saison?
Non, sans doute. Si, d'un côté, on peut et l'on doit
augmenter le séjour dans l'eau froide, à mesure que le
corps contracte l'habitude de son impression ; d'autre part, à mesure que les effets physiologiques qui
suivent cette impression s'atténuent, le temps du bain
doit être restreint plus que de coutume : ce qui a lieu,
par exemple , lorsque les vagues sont trop fortes ,
lorsque la température atmosphérique s'est considérablement refroidie.

Et cependant, combien peu de baigneurs suivent
ces préceptes rationnels !

Les uns, ayant fréquenté les thermes maritimes
du Nord, en conservent les habitudes partout où ils
vont ; les autres ont reçu les intructions de leurs médecins ordinaires, et plutôt périr que de s'en départir !
Bon nombre , enfin , venant prendre les bains ,
croient que plus on y restera, plus on s'en trouvera

bien. Ils en sont facilement désabusés, mais souvent trop tard.

Aussi, que voyons-nous sur les diverses conches, à Royan?

Ici, c'est un individu qui entre dans l'eau et en sort immédiatement, et cela tous les jours; alors que, sans doute, des bains plus prolongés lui seraient plus avantageux.

Là, c'est une mère qui, la montre à la main, lorsque l'aiguille a marqué le nombre de minutes prescrit pour le bain, en fait sortir son enfant, souvent malgré lui, tant il s'y trouvait bien!

A côté, c'est un autre enfant que l'on force à rester dans l'eau malgré ses cris et son désespoir : il faut que, tout crispé et tremblant, il attende que le terme fixé soit arrivé; après cela, surviennent des accidents, et l'on quitte les bains, très-mécontent, etc.

Art. III. — Précautions après le bain.

Que l'on reprenne ses vêtements chez soi ou dans une cabane, que l'on sorte du bain à la lame ou d'un bain de mer chaud pris en baignoire, jamais il ne faudra s'essuyer à fond.

Un assèchement trop fort de la peau, avec frottement, ainsi que nous l'avons déjà dit, enlèvera, d'une manière trop complète, les molécules des principes excitants contenus dans l'eau de mer et constituant une partie de l'efficacité du bain, principes qui se sont naturellement déposés sur l'épiderme.

S'il est important que les linges dont on se sert pour s'essuyer, et les vêtements que l'on devra mettre immédiatement sur la peau, soient secs, il ne faut pas qu'ils aient été trop chauffés.

L'application de linges chauds sur le corps, dont les téguments viennent d'être impressionnés par le contact réfrigérant de l'eau, détermine, il est vrai, une sensation agréable; mais on peut ainsi, chez certains sujets faciles à se réchauffer, brusquer la réaction, en la faisant commencer par l'enveloppe cutanée; tandis que, pour être bonne et salutaire, il faut qu'elle se fasse, au contraire, du centre vers la périphérie; elle ne doit être que le résultat d'un travail interne de l'organisation, travail en vertu duquel les fluides, qui ont été refoulés à l'intérieur par le saisissement éprouvé dans l'eau, reviendront graduellement à leur place.

Il ne faudra donc mettre, en pratique, rien qui tende à faire commencer la réaction par le point par où elle doit physiologiquement finir, et à intervertir ainsi ses divers stades. La peau doit être l'organe qui se réchauffe le dernier, et aux dépens seulement de la circulation générale.

Les mêmes recommandations s'étendent à ce qui regarde l'action de sécher les cheveux. Après avoir exprimé, avec un linge sec et non chauffé, l'eau qui les humecte, on laissera la tête exposée au grand air, nue, ou simplement couverte d'un tissu fort léger et très-perméable à l'air.

Pour les hommes, cette pratique sera facile à suivre. Quant aux femmes, elles ne devront pas fortement natter leurs cheveux, mais les disposer de telle manière que l'air puisse facilement circuler et se jouer dans l'intervalle des bandeaux, tresses ou boucles, qu'elles en auront faits pour les empêcher de flotter.

Dans tous les cas, on ne devra faire usage d'un cosmétique gras ou huileux qu'après avoir séché la chevelure, sous peine, bien souvent, de névralgies dentaires, faciales, de rougeur des yeux, des paupières, etc.

Si, après le bain, les dames tiennent absolument à employer un cosmétique odorant pour parfumer leur chevelure, qu'elles usent simplement d'une eau distillée de quelques plantes aromatiques d'une senteur à leur goût.

Bien des personnes se mettent au lit après le bain froid, ou cherchent un repos parfait dans leurs appartements. Loin de suivre cette pratique, directement opposée au but que l'on se propose, on doit s'habiller à la hâte, et, après s'être essuyé avec les précautions que nous venons d'indiquer, se livrer à un exercice en plein air; ou à couvert, si le temps est mauvais. On évitera une trop grande fatigue, une trop longue exposition à l'action directe ou réfractée des rayons solaires, et enfin toutes les causes qui tendraient à diminuer les forces, en provoquant des sueurs plus ou moins abondantes.

La sensation de froid qui, au sortir du bain, paraît augmenter pendant quelques instants, est ordinairement suivie d'un frisson dont l'intensité et la durée sont toujours en raison directe de la faiblesse de l'individu.

Bientôt arrive une réaction qui se reconnaît aux signes suivants : la peau devient rouge, on éprouve une sensation de chaleur à sa surface ; le pouls se développe ; le sentiment d'oppression et de gêne à la poitrine disparaît ; un sentiment de bien-être, de fraîcheur, de légèreté et de force semble se répandre par radiation sur le corps.

Si ces phénomènes de réaction n'ont pas lieu, si les forces restent déprimées, si le corps s'échauffe avec peine, si le malaise est plus ou moins grand, on peut en conclure, ou que le bain a été mal indiqué, ou que sa température et sa durée n'ont pas été mesurées sur le degré de résistance vitale qu'offrait la personne soumise à l'action de ce moyen. Alors, le baigneur, outre l'exercice de la marche auquel il doit, dans tous les cas, se livrer, aura la précaution de prendre un léger cordial. Une petite quantité d'un vin généreux, le vin de Bordeaux sucré, chaud, le Madère, le Xérès, le Malaga vieux, rempliront parfaitement le but désiré, chez les adultes surtout.

Si l'on redoutait, à cause de l'âge, du tempérament, ou à cause de l'état des organes gastriques de l'individu, l'ingestion d'un liquide spiritueux, on pourrait y substituer un bon bouillon gras, bien chaud, ou une tasse d'une infusion aromatique et stimulante, chaude, telle que le tilleul, le thé, la sauge, etc., etc.

Il sera bon, si l'on veut prendre quelque chose après le bain, de se borner à ces légers excitants ou à ces réconfortants peu substantiels, et de ne pas prendre trop d'aliments solides. En général, leur ingestion, trop rapprochée de la sortie du bain, réussit mal ; il faut au moins une heure d'intervalle entre le bain et le repas. Il est bien entendu que ceci s'applique seulement aux individus plus ou moins valétudinaires.

Cependant, si le malade s'est mis au bain dans un état de santé qui ne lui permette pas de faire de l'exercice, ou qu'y étant resté trop longtemps, la sensation de froid et les frissons continuent au point de devenir douloureux et alarmants, il doit sans délai se mettre au lit, se faire frictionner le corps avec une brosse ou une flanelle, et prendre quelques tasses d'infusion excitante, chaude, etc.

Il est superflu de faire observer que, dans ces derniers cas, il faudra convenablement modifier les bains, et même il pourra y avoir lieu de les suspendre.

Souvent, après s'être baigné, on éprouve des maux de tête. Ces douleurs peuvent être de deux espèces.

Dans l'une, il y a pesanteur de tête, accompagnée parfois d'un gonflement apparent des yeux. On l'observe principalement chez les personnes pléthoriques, sujettes aux maux de tête. Si cet état se prolonge et se réitère après chaque bain, il pourra être bon de se faire tirer un peu de sang, et de cesser momentanément l'usage des bains.

La seconde espèce de céphalalgie atteint le plus souvent les personnes les plus faibles, les plus délicates, particulièrement celles du sexe. Le siége du mal est à la partie postérieure de la tête, qui semble glacée. On peut en général y remédier par tout ce qui tend à activer la réaction, et le prévenir même en se mouillant la tête aussitôt qu'on entre dans l'eau.

Quelques personnes dont la santé est délicate voient, après plusieurs bains de mer, leur corps se couvrir d'une éruption plus ou moins abondante. Une suspension de deux ou trois jours, pendant lesquels on prendra des bains tièdes d'eau douce, suffira pour faire disparaître ce léger accident.

On aurait encore recours à ces derniers bains, à l'eau fraîche en boisson, édulcorée avec un sirop acidulé, tel que celui de citron, de groseille, etc., si la réaction prenait trop d'intensité, ce qui ne peut arriver qu'après quelques bains ; il faudrait, de plus, espacer davantage les bains ; en diminuer la durée, et même les interrompre plus ou moins longtemps.

Art. IV. — *Suspension temporaire ou définitive des bains de mer.*

Il est d'habitude, dans les thermes minéraux , de suspendre les bains deux ou trois jours, pendant le traitement qui, comme aux bains de mer, a une durée d'un mois à un mois et demi. Pourquoi n'en serait-il pas de même dans les localités maritimes?... On éviterait par là bien des accidents, qui, aggravés par la persistance que des personnes mettent à continuer leurs bains, en nécessitent la suspension, pendant plus de temps, et même souvent d'une manière absolue, soit pour une saison, soit pour toujours.

On ne peut fixer d'avance la durée du repos temporaire que l'on est dans le cas d'imposer aux baigneurs. Il est ordinairement de deux à trois jours; mais il peut aller jusqu'à une semaine, et au-delà.

Art. V. — *Des doubles bains.*

Ce n'est qu'après un certain nombre de bains simples que l'on peut se déterminer à en prendre deux par jour ; et, dans ce cas, il faut qu'ils soient aussi éloignés que possible l'un de l'autre. Les effets consécutifs d'un premier bain se prolongent toujours plusieurs heures dans la journée ; si le second intervient, avec sa modalité propre, au milieu de ces conditions nouvelles, il en résulte des accidents parfois très-graves.

On ne doit pas perdre de vue ceci : pour que les conséquences salutaires d'un bain de mer puissent se manifester, il est bon de donner à la réaction, qui en est le complément nécessaire, toute la latitude possible de s'effectuer dans tous les temps.

Pour se livrer au bain suivant, il faut donc que l'effet du précédent soit tout-à-fait passé ; que le baigneur soit rentré dans son état habituel; que toutes les fonctions aient repris leur état normal et régulier, et ce travail est souvent plus long qu'on ne le pense.

Ce que nous venons de dire ne s'applique généralement qu'aux personnes plus ou moins valétudinaires. Et malheureusement ce sont celles qui, dans le but et dans l'espoir d'obtenir des résultats plus avantageux et plus rapides, prennent presque toujours deux bains par jour. Beaucoup, pour cela, vont souvent à la mer dès cinq et six heures du matin, ou le soir de sept à neuf heures, et cela selon la marée.

Aussi, il n'est pas de jour que nous ne soyons appelé, à Royan, pour combattre des accidents, suite de pareilles imprudences.

CHAPITRE III.

Des immersions dans l'eau de mer froide.

L'immersion (*bain de surprise*) consiste dans l'acte
de plonger subitement tout le corps ou une partie
dans l'eau froide, et de l'en retirer aussitôt ou après
quelques secondes. Quand elle est générale, ses effets
sont à peu près analogues à ceux d'un bain froid très-
court ; il y a de même soustraction rapide du calorique, commotion et concentration brusque, puis
réaction prompte et suscitée en quelque sorte directement. Son action est donc plus vive, plus fugitive,
plus passagère. On peut l'accroître en laissant le
corps entier dans l'eau pendant une ou deux minutes,
la tête restant dehors, et en répétant plusieurs fois
l'immersion.

Il ne faut pas abuser de cette manœuvre, car bientôt on n'obtiendrait plus qu'une faible réaction. Ici,
comme après le bain, en n'essuyant pas le baigneur
à fond, on lui conserve les avantages attachés à l'impression prolongée du sel sur la peau.

On peut pratiquer ces immersions de plusieurs manières. D'après la méthode de Dupuytren, suivie à Dieppe, à Boulogne, etc., on fait prendre le malade par deux personnes vigoureuses qui le font passer entre deux lames, en commençant par la tête ; on y revient plusieurs fois de suite, laissant au malade seulement le temps nécessaire pour respirer. On combat avec avantage, par ce moyen, plusieurs affections nerveuses, et surtout la chorée.

Le docteur Milius, de Saint-Pétersbourg, fait placer le malade sur un drap plié en double, et tenu à chaque extrémité par un homme robuste ; le malade est ainsi plongé dans l'eau et retiré aussitôt.

Considéré comme moyen hygiénique et thérapeutique, l'immersion dans l'eau froide jouissait d'une grande faveur chez les peuples anciens; elle est encore employée dans certaines contrées.

L'immersion à la mer peut offrir quelques avantages spéciaux quand on veut agir fortement sur le moral des malades. La vue imposante de cette vaste étendue d'eau, de ses mouvements, la crainte du danger que l'on peut courir, frappent vivement l'imagination.

On trouve dans la thèse de M. Monnoyer, soutenue à la faculté de médecine de Montpellier, le 10 février 1848, le fait suivant, relatif à une aliénation mentale guérie par ce moyen :

Une marchande de modes aliénée fut plongée tous

les jours dans la mer à la marée montante ; elle était soutenue de manière à lui faire craindre à chaque instant d'être submergée par les flots qui la soulevaient. Après un mois, la guérison fut complète.

CHAPITRE IV.

Des bains d'eau de mer chauffée.

—

D'après l'étude que nous avons déjà faite de l'action physiologique des bains d'eau de mer chauffée, nous sommes en droit de conclure que non seulement on devra s'en servir comme moyen de transition à l'usage des bains froids, et toutes les fois que des conditions atmosphériques empêcheront certains baigneurs de pratiquer la mer, mais que l'on devra encore les administrer exclusivement, selon les préceptes de Gaudet :

1° Aux enfants, n'ayant pas atteint leur deuxième année, qui toussent ; qui, par suite de faiblesse native ou morbide, n'ont aucun caractère de réaction cutanée, et se présentent avec un teint blafard, des chairs flasques et des membres grêles ;

2° Aux vieillards, surtout à ceux qui sont très-affaiblis par le progrès de l'âge, par une grave affection chronique, et à ceux qui sont aux prises avec un rhumatisme musculaire. Comme on le sait, les gens âgés ne sont pas fortifiés par les bains de mer à la lame ; car ils ne réagissent pas suffisamment contre l'impression de froid que ces bains produisent. Les eaux salines chaudes les tonifient, au contraire, parce qu'elles leur laissent la somme entière de chaleur animale, qui, une fois perdue chez eux, ne peut être réparée qu'avec difficulté ;

3° Aux individus qui, effrayés, au plus haut degré, des bains de lame, ne peuvent se décider à les tenter : tel est le cas de quelques jeunes chlorotiques, de quelques femmes dispepsiques, très-affaiblies au moral et au physique ;

4° A ceux qui reçoivent des premiers bains froids une impression telle que l'on est obligé de leur en prescrire la suspension ;

5° A ceux pour qui l'on redoute les effets de cette impression, eu égard à leur constitution ou à la nature de leur maladie. Les individus suprêmement impressionnables et tourmentés par les variétés de la névropathie, les jeunes femmes enceintes, les jeunes filles, faibles et non menstruées, sont dans cette catégorie.

La température des bains chauds doit être ordinairement de 30 à 34 degrés centigrades ; les vieillards peuvent la porter de 32 à 35° c., tout en employant certaines précautions, telles que celle de maintenir sur la tête, soit une éponge, soit des linges imbibés d'eau froide, pour éviter le raptus du sang vers cette partie.

Si l'on prend les bains chauds comme moyen transitoire aux bains froids, on doit en abaisser la température jusqu'à ce qu'elle soit de 22 à 25° c., et, dans ce cas, on la réduira même à 20° c., s'il est possible, quelques minutes avant la sortie du bain.

La durée des bains chauds se fixe progressivement depuis vingt minutes jusqu'à demi-heure et même trois quarts d'heure chez les grandes personnes, et depuis un quart d'heure jusqu'à demi-heure chez les enfants.

Il est rare que l'on puisse prendre sans accident des bains chauds d'une heure et plus, pendant plusieurs jours de suite; et cela est vrai pour tous les âges.

La température de la mer et l'état de l'atmosphère subissent, parfois, des variations assez rapides et assez prononcées. De telles variations, indifférentes au plus grand nombre des baigneurs, sont pour quelques-uns les causes de sensations pénibles et nuisibles à la fois; il convient de faire revenir ces personnes aux bains chauffés, et de les diriger, pour reprendre ou cesser les bains froids, en ayant égard à la température de la mer et à l'état de l'atmosphère.

Beaucoup de personnes à peau excitable, soit par suite d'affection plus ou moins intense de cet organe, soit à cause de leur idiosyncrasie, etc., ne peuvent presque pas mieux supporter les bains chauds que les bains à la lame. Alors, il est nécessaire de mitiger les bains chauds; pour cela, on y ajoute des substances anodines et émollientes, capables d'émousser l'action de l'eau de mer et d'en diminuer l'énergie ; ou bien on les coupe seulement avec de l'eau douce, dans la proportion d'un quart ou de la moitié.

Les substances émollientes sont l'amidon, à la dose d'un kilogramme pour un grand bain, le son frais à la dose de deux ou trois kilogrammes , ou enfin la gélatine en plus ou moins grande quantité, selon que l'on veut plus ou moins affaiblir les effets de l'eau de mer.

Nous répéterons ici ce que nous avons dit pour les bains froids : les linges servant à s'essuyer après le bain doivent être secs et non pas très-chauds. Il ne faut jamais s'essuyer à fond, pour ne pas trop exactement débarrasser la peau des principes excitants que l'eau y aura déposés, et dont il importe de ne point interrompre ni arrêter l'absorption et l'action stimulante.

CHAPITRE V.

Des douches d'eau de mer à diverses températures.

La douche consiste dans une colonne d'eau d'un diamètre variable, dont le jet frappe certaines parties du corps, avec une vitesse, une force dues à la hauteur du réservoir d'où descend le liquide.

Les douches embrassent de larges surfaces ou se bornent à une partie bien limitée. On en fait varier le volume, la force et la vitesse ; on leur donne une direction verticale, oblique, latérale, etc., etc.

Les effets d'une douche sont plus ou moins puissants, plus ou moins généraux, selon son étendue, sa durée, sa température et les circonstances que nous venons d'indiquer.

La douche ordinaire agit par sa température, et surtout par la percussion, bien plus que par sa composition même. Quand elle est chaude, la stimulation et l'expansion de la peau surviennent rapidement. Quand elle est froide, la réaction s'établit plus tard : elle est vive en raison du choc du liquide.

Quand elle frappe une petite surface, elle détermine de la chaleur, de la rougeur, un travail fluxionnaire, l'exaltation de la vitalité ; elle est résolutive et dérivative.

Si elle atteint successivement le corps tout entier, elle y produit une excitation générale, vive et rapide, et appelle les fluides et les forces à la peau, dont alors les fonctions s'exécutent avec plus d'énergie. Aussi, sous l'influence d'une douche froide, les baigneurs se sentent-ils bientôt réchauffés, ce qui les engage souvent à en prolonger la durée, mais de là résultent parfois des accidents.

Pendant que l'on prend la douche, il faut éviter les variations de température, les courants d'air. Si le corps entier y est soumis, le malade doit placer les mains au-dessus de la tête, pour la garantir, de manière que le liquide frappe d'abord le col, le dos, puis successivement toutes les parties.

Si l'on est très-impressionnable, on frottera avec de l'eau la poitrine et l'épigastre ; des frictions sèches sur les diverses régions faciliteront la réaction, amèneront plus promptement la chaleur.

Les personnes faibles, délicates, seront soumises d'abord à la douche chaude, puis à la douche écossaise, alternativement chaude et froide.

Si l'on veut user de toutes les ressources que les douches peuvent offrir, on aura des tuyaux de calibres variés, prenant l'eau à des hauteurs différentes ; des douches à jets multiples, en nappe, en arrosoir, etc., etc.

Comme moyen local , les douches servent à combattre toutes les maladies caractérisées par l'atonie ,
la faiblesse , une circulation , une nutrition , une
mobilité languissantes. On peut également s'en servir
lorsque l'on veut amener une fluxion extérieure , soit
pour la rétablir quand elle a été diminuée ou suppri-
mée, soit pour dissiper une congestion interne connue.

En général, elles sont utiles dans toutes les affections dont l'élément principal est l'atonie des fonctions; dans tous les cas où l'on veut stimuler la peau
et y appeler l'activité vitale , etc.

Ces propositions nous donnent lieu de citer quelques lignes de Gaudet et un mémoire de Louis
Fleury :

« Les douches (1) d'eau de mer ont été appliquées
avec succès marqué sur les articulations engorgées
et indolentes par suite d'hydarthrose et d'anciennes
entorses; sur la colonne vertébrale et les membres
d'individus frappés de paraplégie , d'hémiplégie , de
rhumatisme musculo-fibreux, de lumbago chronique ;
sur la partie postérieure et médiane du tronc, et sur
les membres abdominaux, chez les enfants et les jeunes filles qui présentaient une laxité anormale (avec
ou sans déformation) de l'appareil fibro-cartilagineux
des vertèbres, ou une faiblesse des lombes ou des
membres ; sur l'hypogastre, la région sacrée ou le

____

(1) Gaudet, p. 36.

périnée, dans les cas de blennorrhée, de profluvions seminis ; d'anaphrodysie , d'incontinence d'urine ; sur des portions du canal intestinal habituellèment dilaté par des gaz ; enfin, sur les régions hépatiques dans certaines affections du foie. »

La *Gazette des Hôpitaux,* du 21 novembre 1850, résume de la manière suivante le remarquable mémoire de M. le docteur Louis Fleury, sur l'emploi des douches froides contre le tempérament lymphatique, mémoire lu à l'Académie de médecine le 18 dudit mois :

« 1° Les douches froides excitantes doivent être placées au premier rang des médicaments appartenant à la médication reconstitutive, en raison de l'action qu'elles exercent sur la circulation capillaire, et consécutivement sur la composition du sang, sur la calorification, la nutrition et l'énervation.

» 2° Plus rapidement et plus sûrement que tous les agents hygiéniques et médicaux connus, elles modifient le tempérament lymphatique et lui substituent un tempérament sanguin acquis. Cette heureuse influence paraît avoir été attribuée à une double action : l'une s'exerçant sur la nutrition et sur la composition du sang ; l'autre sur les vaisseaux capillaires eux-mêmes, dont les propriétés vitales, propres à la contractilité, sont excitées de manière à fairé pénétrer des globules sanguins dans des vaisseaux qui auparavant ne donnaient accès qu'à du séreux.

» Neuf enfants âgés de trois ans à douze ans, offrant tous les caractères du tempérament lymphatique le plus prononcé , ont été soumis à cette médication : tous ont été notablement modifiés au bout de trois mois de traitement , et ceux qui l'ont suivi pendant deux ans ont été complètement transformés. Les douches froides ont exercé en même temps une grande influence sur le développement du corps et du système musculaire , ainsi que sur l'établissement et l'apparition de la menstruation.

» 3° Cinq jeunes filles de dix-huit à vingt-deux ans, chlorotiques depuis plusieurs années, malgré l'emploi des ferrugineux et de tous les autres modificateurs hygiéniques et pharmaceutiques connus, soumises à l'action des douches froides, ont guéri, les plus longues après sept mois, d'autres après deux mois, et avec une moyenne de quatre mois de traitement.

» L'effet de la médication s'est toujours manifesté d'abord sur les appareils digestifs et musculaires, puis sur le système nerveux, enfin sur le sang et la circulation.

» 4° L'anémie hydiopathique et celle des convalescents disparaissent en raison de l'action que les douches exercent sur la nutrition et le système musculaire.

» 5° Dans les anémies symptomatiques liées à des affections de l'intérieur (Deplaces, *Engorgements,* etc.), aux névralgies anciennes, à certaines névro-

ses, à une hypertrophie du foie, de la rate, à la cachexie paludienne, à une phlegmasie chronique des
organes digestifs, les douches froides exercent une
double action curative en guérissant simultanément,
et quelquefois l'un par l'autre, les deux états pathologiques.

» 6° Dans l'anémie hémorragique, les douches, en
opérant la reconstitution du sang, combattent les
congestions organiques, diminuent et arrêtent les
hémorragies qui, après avoir produit l'anémie, sont
à leur tour favorisées par elle. »

Certainement ces résultats seraient produits bien
plus facilement et avec plus de promptitude par les
douches d'eau de mer que par celles d'eau douce,
etc.

En général, la durée des douches ne doit pas dépasser un quart d'heure à vingt minutes, et, chez les
enfants, elle doit être limitée à cinq et dix minutes;
autrement elles produisent des effets d'excitation
nocturne. Les douches se comptent ordinairement
par six, douze et dix-huit, et se prennent tous les
jours en concurrence avec les bains chauds ou froids,
ou tous les deux jours, en les alternant avec ces
bains. Leur température est relative à la nature des
bains qui les accompagnent : si elles sont associées
aux bains chauffés, leur chaleur doit être en équilibre avec la leur; si c'est aux bains froids ou frais,
elle doit être supérieure.

Administrées complètement froides, c'est-à-dire de 22° 50 à 25° c., il pourrait en résulter quelques accidents, si l'on ne surveillait pas leurs effets.

Si la douche est employée pour un état de faiblesse générale, elle doit être promenée universellement sur tout le corps, et plus particulièrement sur le trajet rachidien.

Si l'on ne veut doucher qu'une partie isolée, il sera convenable de la disposer au choc de la douche, par des frictions sèches ou humides, toujours chaudes, et même souvent par des fomentations.

L'orifice du tuyau de la douche ne doit pas être éloigné de plus de 15 centimètres de la partie qui doit la recevoir.

Si la douche doit porter sur les bras, les jambes ou quelque partie engorgée, il faut commencer par attaquer le point le plus éloigné de l'endroit affecté, approcher insensiblement et ne presque jamais frapper le mal perpendiculairement.

Les maladies articulaires doivent être surtout attaquées avec ménagement. Il faut diriger le projectile aqueux tout à l'entour, et même de biais, rarement d'aplomb; il ne s'agit pas d'emporter le mal d'assaut, il faut y produire une douce chaleur, il faut faciliter le travail médicateur.

La douche ascendante, spécialement consacrée à pénétrer dans le rectum, a servi à vaincre quelques-unes de ces constipations opiniâtres qui s'accompagnent de malaises plus ou moins considérables. Ce dernier mode d'administration de l'eau de mer exige quelques précautions particulières, relatives à la quantité de liquide que l'on peut introduire dans le rectum, et relatives aussi à la force de la colonne hydraulique. Cette quantité et cette force ne doivent pas dépasser certaines limites.

On pratique également avec l'eau de mer des injections pures ou mitigées avec un liquide mucilagineux, lorsque les parties sont le siége de quelque travail phlogistique.

Enfin, l'eau de mer administrée en lavement, et gardée quelques instants, est un excellent évacuant des voies intestinales.

CHAPITRE VI.

Des affusions d'eau de mer.

Les affusions consistent dans les opérations par lesquelles on verse, sur le corps entier ou sur une de ses parties, un certain nombre de seaux d'eau de mer à diverses températures. La capacité des vases varie; le liquide s'échappe en nappe, et sans secousse.

Les affusions se pratiquent le plus souvent sur la tête nue, ou recouverte d'un bonnet de taffetas ciré; quelquefois sur le rachis, les lombes, l'abdomen, les articulations. Elles sont ordinairement froides; on laisse la tête découverte dans certaines céphalées, et dans les congestions de cette partie.

Le premier effet est un saisissement général, une sensation très-vive de froid, qui sont d'autant plus marqués, que les affusions s'administrent avant le bain, et sur une surface plus étendue; la réaction se montre ensuite. Employées à propos et avec précaution, elles agissent en calmant les spasmes, arrêtant la concentration des forces, la congestion, l'irritation sanguine et nerveuse des organes splanchniques, en attirant cette irritation au dehors, en ranimant l'ac-

9

tion de certains muscles, relevant le ton des parties, dissipant les engorgements articulaires, etc.

L'impression qu'elles causent est encore très-vive
quand on les administre après le bain. Leurs effets
ont beaucoup de rapport avec ceux des immersions ;
mais elles produisent, lorsqu'elles sont assez nombreuses, un plus grand ébranlement dans l'organisme.

Quand elles sont générales, on peut en obtenir
des résultats presque analogues à ceux des bains
entiers.

Quand elles sont locales, elles préviennent ou
combattent les congestions que les bains entiers amènent dans certains organes. Elles fixent, sur une
partie déterminée, la stimulation, l'augmentation de
ton, le travail nutritif ou résolutif, la sédation nerveuse.

Le plus souvent, en les associant aux bains, on en
obtient d'éminents services, dans tous les cas où la
tête, la face, le rachis se congestionnent facilement,
dans les céphalées, les hémicranies, l'histérie, l'hypocondrie, des rhumatismes articulaires, quelques
paralysies, des engorgements abdominaux ou pelviens sans phlegmasie, le rachitisme, etc., etc.

Il est des sujets qui, pendant ou après chaque
bain, ou quand ils en ont pris plusieurs, éprouvent de la céphalalgie, des étourdissements, de la
chaleur à la tête ; leurs yeux s'injectent, leur carac-

tère devient plus irascible, leur sommeil est troublé, ils aperçoivent des étincelles, etc. Souvent ces phénomènes sont prévenus par des affusions sur la tête.

Les affusions doivent être employées seules dans quelques cas. Il est des malades qui ne les supportent pas; mais le nombre en est très-petit.

CHAPITRE VII.

**Des lotions, demi-bains, bains de siége, manuluves, pédiluves
et applications locales d'eau de mer à diverses températures.**

Tous ces moyens employés, dans les médications
hydrothérapiques, sont trop négligés dans les thermes
maritimes. Ils peuvent, dans certains cas, rendre de
très-grands services. Leurs effets avec l'eau de mer
sont bien plus prononcés qu'avec l'eau douce.

Les lotions sont pratiquées une ou plusieurs fois
sur tout le corps, ou sur une partie, à l'aide d'une
éponge ; elles préparent à l'usage des bains. Depuis
plusieurs années, nous les employons, dans ce dernier but, chez les enfants ; nous les avons même ajoutées aux bains, et cela avec le plus grand succès.
Nous faisons, en conséquence, laver tout le corps avec
une éponge mouillée dans l'eau de mer, à une température de plus en plus froide.

Le demi-bain est froid, frais ou chaud, etc. La
partie du corps placée hors de l'eau est couverte,
pour la soustraire à l'action directe du froid. Celui-ci
est très-marqué d'abord, si la température est basse ;
la réaction s'établit ensuite vivement, surtout lors-

qu'elle est aidée par des frictions. Les demi-bains excitent beaucoup la vitalité le long des parties inférieures, ils y appellent le sang, un travail fluxionnaire,
et déplacent ainsi les congestions céphaliques. On
peut donc les employer avec avantage dans ces congestions et dans les affections des organes génito-
urinaires, des extrémités inférieures. Aussi les con-
seillons-nous avec la plus grande confiance et avec
succès chez les personnes âgées, chez celles, surtout,
qui sont plus ou moins hémiplégiques, etc., etc.

Les mêmes remarques s'appliquent aux bains de
siége, aux manuluves, aux pédiluves. Les bains de
siége aident beaucoup l'action des bains froids entiers
dans les aménorrhées et chez les jeunes personnes
chlorotiques, etc.; ils sont prescrits avec avantage
dans les métrorrhagies par faiblesse, l'inertie des
organes génito-urinaires, les profluvions seminis,
l'incontinence d'urine, etc., etc.

Quand l'eau de ces bains de siége est chaude, la
stimulation se manifeste sur-le-champ; mais elle est
moins persistante, moins profonde, moins tonique et
moins révulsive. Quand, au contraire, le liquide est
frais ou froid, l'exaltation arrive plus tard avec la
réaction; elle est plus vitale, plus étendue, et, par
suite, beaucoup plus durable, beaucoup plus fortifiante. On doit donc, s'il n'y a pas de contre-indication, employer l'eau de mer froide de préférence à
l'eau chaude.

Par les pédiluves froids, on est presque certain de donner aux pieds une bonne température habituelle chez des sujets qui les avaient constamment froids.

La réaction, après tous ces bains locaux, doit être aidée par l'exercice, par les frictions, et les autres pratiques qui excitent la circulation et la caloricité.

Les lotions, les applications topiques d'eau de mer, fomentations, cataplasmes, sont indiqués comme ayant une action tonique, résolutive, spéciale même, dans certaines lésions atoniques, scrophuleuses, et telles que des engorgements ganglionnaires, certaines tumeurs blanches, des ulcères, des fistules, des lésions de nature scrophuleuse, des engorgements viscéraux.

Les collyres, les injections faites avec ce liquide peuvent devenir très-utiles dans l'inflammation des glandes de Méibomius, dans certaines ophtalmies, dans divers écoulements par le nez, l'oreille, le vagin. Il faut avoir grand soin que l'eau de mer employée dans ces cas soit bien claire, bien limpide : l'oubli de cette précaution peut empêcher l'effet que l'on attend de l'usage de ce moyen, et amener même certains accidents. Nous avons vu, en 1850, une dame, qui depuis quelque temps se faisait, en se baignant à la lame, des injections dans le vagin, obligée de suspendre et les bains et les injections d'après notre conseil, par suite d'une forte irritation locale. Lui ayant prescrit des injections tièdes émollientes, nous acquîmes, presque sur-le-champ, la certitude que cette aggravation de son état provenait simplement des petites particules sablonneuses, contenues dans l'eau des injections qu'elle faisait en se baignant ; car au bout de deux jours elle était mieux, et, ayant repris ses bains et ses injections d'eau de mer, avec la précaution indiquée ci-dessus, elle en obtint l'effet désiré. Même conseil s'adresse aux personnes atteintes d'ophtalmies, et qui se lavent les yeux lorsqu'elles sont à la mer, un peu sur le bord et pendant qu'il y a de la lame.

Les médecins de Montpellier associent depuis longtemps ces moyens à l'usage de l'eau de mer en bains et à l'intérieur. Nous l'avons vu faire maintes fois par M. Delpech, et il y a quarante ans, en 1811, par le professeur Fages, alors chirurgien en chef de l'hôpital Saint-Eloi, à Montpellier. Entre autres cas, nous nous rappelons, quoique ce fût notre première année d'étude, d'avoir vu M. Fages guérir ainsi une tumeur blanche de l'articulation tibio-tarsienne avec fistules, etc. On recouvrait les parties malades de cataplasmes froids, arrosés d'eau de mer ; les altérations étaient si graves, qu'il avait été question de pratiquer l'amputation. M. Fages faisait remarquer aux nombreux élèves qui suivaient sa visite cette belle guérison, de même que celle d'ulcères écrouelleux que portaient, autour du col, un jeune homme et deux enfants du département de l'Aveyron, chez qui il avait associé l'eau de mer à l'intérieur, à son application locale avec des plumasseaux de charpie imbibés de cette eau et renouvelés plusieurs fois par jour. Quelques-uns des malades allaient eux-mêmes chercher leur provision d'eau à la mer, distante de sept à huit kilomètres de Montpellier.

Les hydrothérapistes ont recours, dans certaines affections abdominales, à l'application d'une ceinture que l'on garde continuellement mouillée. Dans les circonstances où elle est indiquée, on pourrait substituer avec avantage l'eau de mer à l'eau froide.

CHAPITRE VIII.

Des bains de sable de mer.

—

« L'arénation (1) ou le bain de sable est d'un usage
vulgaire sur les plages maritimes du bassin d'Arcachon et de tous les thermes qui se trouvent sur le littoral du golfe de Gascogne et sur celui de la Méditerranée ; mais cet usage n'est pas réglé. Ce moyen
deviendrait une ressource thérapeutique très-impor-
tante, s'il était utilisé par la science ; entre les mains
de l'empirisme, ses avantages restent bornés.

» Il est rare, dit le docteur Hameau, de la Teste,
qu'on ait recours à ces bains sans succès. On conçoit
combien ils doivent être énergiques, en réfléchissant

(1) Nous transcrivons ici textuellement la *Note* sur l'*arénation*, insé-
rée dans le *Journal des Eaux minérales* du docteur Cazeaux (p. 475),
par le docteur L. Marchant, à qui l'on doit un ouvrage très-remarquable,
publié en juillet 1832, sous le titre : *Recherches sur l'action thérapeutique des eaux minérales*. Depuis la publication de ce travail, parmi les
auteurs qui ont écrit sur la même matière, presque tous ont profité des
idées de M. Marchant, beaucoup sans le nommer. Sans doute, ces derniers, pour justifier un pareil oubli, pourront dire : La vérité est une,
elle préexiste, comme le soleil elle luit pour tout le monde ; mais nous
ajouterons : Honneur et gloire à celui qui, le premier, en la dévoilant, a
su la formuler et en enrichir la science.

que la vive action qui les caractérise provient de ce
que l'arène, dont on se sert, reste imprégnée de tous
les sels de la mer, et que les feux du soleil l'animent
du principe le plus actif de la nature. Cette chaleur
solaire pénètre le corps et le fait ruisseler de sueur;
et cette abondante transpiration détrempe à son tour
et dissout en partie les sels contenus dans le sable,
d'où il suit une sorte d'imbibition cutanée qui ajoute
à la surexcitation engendrée par la haute température du bain. On constate encore là les effets de la
médication révulsive.

» Ces bains conviennent aux personnes d'un tempérament lymphatique, prédisposées ou atteintes du
vice scrophuleux, et dans les cas de contraction musculaire. Le rhumatisme chronique, surtout, résiste
peu à leur action. Quinze bains suffisent pour la guérison, mais il n'en faut pas moins de six. Cette courte
durée atteste de l'énergie du remède. Il en est donc ici
comme de l'emploi des eaux minérales dites *fortes*,
qui opèrent en peu de jours les cures qu'on attend.

» Mais, pour que les effets médicamenteurs se produisent, il convient que les choses soient mises dans
une certaine condition : le sable dans lequel se creuse
la fosse destinée à servir en quelque sorte de baignoire, doit être visité par la mer de temps en temps.
S'il était lavé trop souvent par l'eau salée, il ne serait pas bon ; s'il ne l'était pas du tout, il serait privé
de sel comme celui qui forme les dunes, et il man-

querait quelque chose à son action. Dans ces deux cas, le bain est inefficace. Pourquoi cela ? C'est à examiner.... L'essentiel est donc que les fosses soient pratiquées une heure ou une demie-heure avant le bain ; car il faut que le sable soit bien séché et fortement chauffé par le soleil. Ainsi préparée, on entre dans la fosse, dans la plus complète nudité ; et alors on vous couvre tout le corps petit à petit d'un pouce ou de deux pouces de sable environ, pour rester exposé à l'ardeur du soleil tout le temps qu'on peut le supporter, ayant soin seulement de s'abriter la tête au moyen d'un parasol ou de quelques branches de feuillage. D'autres fois ces fosses sont disposées de manière à garantir le malade du vent, et comme il est très-variable sur cette plage du bassin d'Arcachon, on a la précaution de creuser des fosses dans des directions opposées : alors on choisit celle qui est la mieux abritée. On prend aussi des bains partiels ; mais on a fait l'observation qu'ils offrent peu d'avantages lorsqu'on a à agir sur une douleur ou maladie locale ; il est encore préférable de prendre un bain général. Plus l'excitation est étendue, et plus elle est efficace.

» Pendant ce bain, on sent le pouls s'élever et les artères battre fortement ; tout le corps rougit, la figure s'anime, une sueur abondante s'échappe de tous les pores, et la couche de sable en rapport avec la peau ne tarde pas à se convertir en une croûte aré-

nacée d'un demi-pouce d'épaisseur. Ce bain ne doit
pas durer plus d'un quart d'heure ; si cette durée se
prolonge un peu trop, il en résulte une faiblesse quelquefois dangereuse ; on a vu les forces s'atténuer jusqu'à la défaillance. Le malade ne peut donc sortir de
ce bain qu'extrêmement allangui ; il doit se mettre
au lit et y rester jusqu'à la cessation de la sueur, et
prendre un *consommé* et *même un peu de vin généreux.* Comme on le voit, il faut être pourvu d'un certain degré de force pour supporter les effets d'une
pareille étuve, et cependant n'en pas trop avoir, pour
ne pas être exposé à des congestions sanguines.
Aussi, les individus jeunes et d'une constitution pléthorique ne sont soumis à l'usage de ces bains, qu'ils
n'y soient préparés par un régime et des moyens débilitants. »

M. Marchant termine cette note par l'observation
suivante :

« M. M..., des environs de Bordeaux, âgé de 25
ans, d'un tempérament lymphatique entaché de scrophules, était porteur d'un rhumatisme articulaire qui
affectait les pieds et les genoux. Cette maladie durait depuis dix mois, lorsqu'on vint me consulter en
août 1840. Le malade était décidé d'aller aux eaux
des Pyrénées. Prenant en considération sa position de
fortune, qui ne pouvait lui permettre de faire les frais
nécessaires, je lui conseillai d'aller à Royan et d'y
prendre les bains de sable. Il se conforma à mes

conseils ; dès le troisième bain , il se vit presque entièrement guéri, et il ne lui en fallut que sept pour compléter sa guérison. Ce malade n'éprouva d'autre phénomène médicateur qu'une très-abondante transpiration, mais point de fièvre, point de céphalalgie ; il revint avec un grand accroissement de force. Les tumeurs scrophuleuses qu'il portait au cou s'étaient considérablement améliorées. »

Nous-même avons vu le fils d'un négociant des Chartrons, M. G..., en 1840, après un rhumatisme général qui l'avait tenu au lit plusieurs mois, arriver à Royan, ne pouvant presque pas mettre un pied devant l'autre, par suite de l'engorgement de toutes les articulations des extrémités infirmées. Il fut complètement guéri après le cinquième ou le sixième bain de sable.

Nous nous bornons à cette seule observation de notre pratique, bien que, presque tous les ans, nous en constations de semblables. Nos idées sur les effets et l'usage des bains de sable de mer s'accordent, de tout point, avec celles que le docteur Marchant a si bien exprimées dans la note transcrite ci-dessus.

CHAPITRE IX.

Hygiène des baigneurs.

Considérations générales sur les agents hygiéniques.

Si l'eau de mer, convenablement employée, dispose, dans certains cas, l'organisme d'une manière
favorable à l'accomplissement de ses fonctions et
au rétablissement de celles qui ont été plus ou moins
altérées dans leurs évolutions, il faut savoir encore
mettre en harmonie avec ce même organisme le
milieu et les circonstances extérieures au sein desquelles il se trouve. Ainsi, les actes nutritifs ayant
acquis plus d'activité, on doit donner à l'estomac,
sans le fatiguer, des aliments plus abondants et bien
choisis, afin qu'il puisse les élaborer et réparer ses
pertes. Une réaction large et régulière, et désirée,
tend-elle à s'établir, il importe de l'aider, de la développer par un exercice approprié, etc., etc. Ce
n'est pas assez, dit Hippocrate, que le médecin fasse
ce qui convient ; il doit, de plus, faire concourir à
son but le malade, les personnes qui l'environnent,
les agents extérieurs, etc.

Les anciens, et Galien en particulier, avaient déjà signalé les transformations merveilleuses, physiques et morales, que l'on pouvait faire subir à l'homme par le secours de l'hygiène. Ces données ont eu, de la part des modernes, des applications, des perfectionnements nombreux qui ne sont, sans nul doute, que le prélude de ceux que l'on obtiendra encore.

On a embrassé ainsi le monde vivant tout entier. Dans le règne végétal, sur lequel notre action est la plus étendue, on a modifié, de différentes manières et à différents degrés, les eaux, les terrains, l'air, la température, et par ces ressources de l'art on a créé, pour chaque espèce de plantes, de nombreuses variétés douées des propriétés les plus diverses.

Les animaux domestiques ont subi des influences analogues : c'est ce que l'on voit en étudiant les races, qui se distinguent par les différences les plus marquées dans leurs qualités physiques et leurs instincts. Parmi les oiseaux de basse-cour, il en est chez lesquels on obtient une prédominance graisseuse énorme, générale ou partielle ; il en est d'autres (*les coqs de combat*) dont les muscles, surtout, sont bien développés. Chez les quadrupèdes, les cornes disparaissent, elles s'atrophient. Les chairs deviennent grasses, tendres, délicates ; ailleurs elles se chargent de fibrine, de principes fortement animalisés ; dans quelques cas, c'est la sécrétion laiteuse qui est sollicitée. Les expériences de Bakewell et d'autres agriculteurs, anglais, allemands, français, les recherches physiologiques et chimiques, trop peu nombreuses encore, de quelques savants, ont montré qu'en fournissant avec abondance certains matériaux à des animaux placés dans des conditions convenables pour leur assimilation, on pouvait atrophier ou hypertrophier tel système, tel organe, augmenter ou diminuer tel fluide, lui enlever ou lui rendre tel élément, etc.

C'est ainsi que l'on a vu des troupeaux entiers devenir rachitiques, que l'on a fait naître, chez des lapins, des tubercules dans tous les órganes.

En avançant dans cette direction, on parviendra à compléter les données imparfaites encore que nous possédons sur la pathogénie et la thérapeutique de l'aménie, de la chlorose, du scorbut, du diabetès, du rachitisme, des scrophules, et l'on obtiendra de nouvelles notions sur une foule de maladies. Il faudra seulement ne pas exagérer ce qu'il y a de chimique dans les actes constitutifs de ces affections. Pour qu'elles s'établissent, il faut que la désassimilation vitale de certains matériaux s'opère ; pour leur guérison, il faut que l'assimilation des matériaux s'effectue.

Les anciens d'abord, les Anglais ensuite, ont appliqué ces idées à l'art de former les athlètes, les boxeurs, les coureurs, les jockeys, les sauteurs, les jongleurs, dont les articulations ont une flexibilité extrême.

Les athlètes, les boxeurs et les coureurs sont soumis à la pratique de *l'entraînement*. Cette pratique développe en eux des qualités très-différentes : les premiers doivent acquérir une grande force musculaire ; les seconds doivent diminuer de poids et obtenir une grande puissance de respiration, et, pour cela, on commence par provoquer chez eux l'absorption de la graisse et le superflu du liquide qui abreuve le tissu cellulaire. Chez le boxeur, on remplace ces éléments par de la fibrine musculaire ; son régime est surtout nourrissant, tandis que celui du coureur est plutôt stimulant. Après *son entraînement*, qui est rapide, le coureur perd souvent dix à douze kilogrammes, et cependant il est plus fort qu'auparavant.

Le boxeur fait usage d'une alimentation très-nutritive qui contient, sous un très-petit volume, beaucoup de matériaux réparateurs. Un exercice graduel, bien dirigé, excite l'appétit, facilite les digestions, appelle le travail d'assimilation spécialement sur les muscles, qui alors deviennent volumineux, durs, saillants, élastiques et contractiles ; l'abdomen s'efface, la poitrine se développe, la respiration est ample et profonde ; la peau est dense, lisse, débarrassée de toute éruption, de toutes écailles épidermoïdes ; elle est tellement diaphane, que si l'on place les mains

10

devant une bougie allumée, les doigts se montrent
avec une teinte rosée. L'air, la boisson, les influences morales viennent aussi concourir aux résultats.

Les considérations précédentes, auxquelles on
pourrait en joindre une foule d'autres, montrent tout
ce que l'on doit attendre des moyens hygiéniques.
Par eux, on modifie l'organisme et les organes ; on
les débarrasse de certains principes ; on en ajoute ;
on les appelle plus spécialement sur certaines parties solides ou liquides. Ainsi, l'on augmente ou l'on
diminue les globules du sang, sa plasticité ; on remplace par de la fibrine la graisse interposée dans un
muscle ; on développe tels membres plutôt que tels
autres, les extenseurs de préférence aux fléchisseurs,
ce qui est précieux dans le traitement des difformités ; on favorise la consolidation des os ramollis,
tandis que l'on diminue l'œdème, l'engorgement de
certains organes, etc. Tout le monde connaît les effets remarquables obtenus par le *cura famis*.

Nous n'entrerons pas dans les détails immenses
que réclamerait cet important sujet ; le médecin doit
l'avoir profondément médité. Il faut qu'il accommode
*l'air, les aliments, les vêtements, l'exercice, le repos,
les influences morales*, etc., aux besoins, pour ainsi
dire, de chaque baigneur, surtout de ceux qui ont des
affections graves ; il doit surveiller chaque fonction,
afin de la maintenir ou de la ramener à son état phy-

siologique. En conséquence, nous recommandons les préceptes suivants :

§ Ier. — *On doit choisir, de préférence à toute autre, une localité où l'air atmosphérique ne risque pas d'être infecté, dans certaines circonstances, par des miasmes plus ou moins délétères ; où l'on soit presque certain qu'il sera, chaque jour, rafraîchi par une bonne brise de mer, celle du sud-ouest principalement, etc.*

Nous avons exposé ci-dessus, dans le chapitre VI de la première partie, les principales considérations qui se rapportent à ce point essentiel de l'hygiène des baigneurs.

§ II. — *Les aliments et les boissons doivent être essentiellement analeptiques et fortifiants, surtout dans les affections où la faiblesse domine.* Tout en leur conservant ce caractère général, on leur fera subir quelques modifications suivant qu'il s'agira d'hémorragies passives, d'accumulation de sérosité, de chlorose, de leucorrhée, de scrophules, de rachitisme, selon surtout l'état des fonctions digestives.

On portera une attention particulière au régime des baigneurs atteints de névroses, d'hypocondrie, d'histérie, de gastralgies ; car dans ces maladies on observe une foule d'éléments variés, une grande mobilité dans les symptômes. On doit fortifier sans

exciter, en ayant égard aux dispositions diverses et
souvent bizarres de l'estomac. Les maladies cutanées, celles des voies aériennes, des organes gastriques, etc., forment des groupes qui réclament aussi
des soins spéciaux.

A ce sujet, nous allons donner quelques conseils
déjà émis, en 1846, dans notre *Avis au Baigneur* :

Il y a, en matière d'alimentation, une violation qui
est fréquente chez les baigneurs : elle consiste à satisfaire complètement la somme d'appétit née, les premiers jours, sous l'influence des bains de mer ; de
là, des cas nombreux d'indigestion. Les bains de
mer, unis à l'air des côtes, augmentent l'appétit,
sans doute, mais n'activent pas souvent, dans la
même proportion, la force digestive. Si celle-ci est
dépassée par la masse d'aliments ingérés, il s'ensuit
alors des coliques, des diarrhées, etc., etc.

Nous ne prétendons pas fixer le nombre des repas
et la quantité d'aliments ; puisque tout cela doit se
trouver dans des rapports convenables avec la maladie, les forces digestives et l'âge des individus ;
mais nous dirons que le régime le plus convenable et
le meilleur est celui que la modération conseille, et
qui produit, après chaque repas, un sentiment de liberté, de bien-être intérieur. Une nourriture puisée
en général dans les substances végétales et animales,
et principalement le poisson, sera toujours suivie de
cet effet, surtout si l'on en retranche avec soin les

ragoûts épicés, les liqueurs spiritueuses, etc. Quant
à la boisson habituelle, l'eau, quelque pure qu'elle
soit, n'est pas toujours assez tonique pour la saison
des bains de mer ; elle entretient un certain état de
mollesse; elle débilite les organes digestifs, et tend
à favoriser les sueurs, cause incessante de faiblesse.
On évitera ces inconvénients en ajoutant à l'eau un
peu de bon vin. Cette dernière précaution deviendra
surtout indispensable si la seule eau, dont on puisse
faire usage près de la mer, est tirée de puits, de ca-
naux, de fontaines ou de réservoirs sujets à fournir
une eau plus ou moins saumâtre, et, par suite, pesante
à l'estomac, etc. L'eau pluviale, recueillie dans des
citernes profondes et bien maçonnées, serait beaucoup meilleure que celle des puits ou réservoirs ac-
cessibles à l'eau de mer par infiltration souterraine. Si
l'on n'aimait pas le vin, on pourrait le remplacer par
quelque peu de liqueur aromatique plus ou moins
alcoolique, une très-légère infusion de thé, etc., etc.,
etc.

§ III. — *Les vêtements seront appropriés aux be-*
soins des baigneurs et aux circonstances dans les-
quelles ces baigneurs se trouvent placés ; ils seront
assez chauds pour faciliter la réaction, pour mettre
les individus à l'abri des influences atmosphériques,
tant qu'ils ne seront pas capables d'y résister ou qu'ils
ne seront pas encore assez aguerris contre les fré-

quentes et brusques variations atmosphériques qui
ont lieu sur les bords de la mer. Aussi « les vêtements les meilleurs à porter (dit Lecœur, t. 2, pag. 24)
sont-ils, en général, des tissus de laine, ayant une
finesse et une épaisseur variables selon le degré de
chaleur que l'on veut obtenir et conserver sur le
corps. Il n'est personne qui ne sache que certains
tissus de laine, par la ténuité de leur trame, peuvent
rivaliser avec les étoffes de fil et de coton, ne sont ni
plus lourds, ni plus fatigants à porter que ces dernières, et pourtant ont la propriété de mieux retenir le
calorique du corps, en raison de leur faible conduc-
tibilité.

» Le vêtement en étoffe de laine a, sur les autres,
la propriété, contrairement à l'idée généralement
admise, de sécher plus vite s'il vient à être mouillé
ou seulement humecté par l'eau. »

Comme il est facile de le concevoir, on doit être
plus ou moins rigoureux sous ces divers rapports,
selon que l'on s'éloigne ou que l'on se rapproche du
Midi. Il ne faut pas oublier que M. le docteur Lecœur écrit pour les côtes de Normandie.

§ IV. — *Les excrétions seront exactement sur-
veillées,* dans le but de les activer quand elles sont in-
suffisantes, et de les diminuer si elles offrent trop
d'abondance ; ainsi l'on aura à combattre la constipation, le dévoiement, etc., etc.

§ V. — *L'exercice de tout le corps et de ses diverses parties est généralement très-utile;* nous en avons déjà parlé plusieurs fois. On aura soin de le mettre en rapport avec la force des sujets, leur état maladif; on lui donnera souvent une direction toute spéciale dans diverses affections, quand on voudra fortifier certains organes, guérir certaines difformités, etc. Lorsque l'exercice actif de la marche sera trop pénible ou trop fatigant, on le remplacera par une gestation douce, celle de l'âne, par exemple; puis on se fera porter en voiture, et l'on pourra ensuite essayer du plaisir de l'équitation. On a encore les promenades en bateau; mais il faut bien faire attention qu'ici on doit redouter des impressions et un ballottement plus ou moins fort, qui peuvent produire le mal de mer avec tous ses inconvénients; on se souviendra que les mouvements spasmodiques du diaphragme, dans les efforts de vomissement, peuvent devenir la cause prochaine d'accidents assez graves dans divers cas, l'état de grossesse, par exemple.

On doit toujours éviter de pousser l'exercice jusqu'à la fatigue.

Enfin, des circonstances particulières peuvent commander au baigneur le repos général ou partiel, qu'il lui importe de savoir observer.

La facilité de satisfaire convenablement à ces cinq premiers préceptes d'hygiène, est-elle certaine, dans

toutes les localités où l'on va prendre les bains de
mer? Dans toutes peut-on se procurer une nourriture
excellente et suffisamment variée?.... Combien y en
a-t-il où l'eau potable est médiocre, si ce n'est mauvaise ; où les vins froids et toniques sont peu abondants, et à des prix élevés ; où l'on ne peut se livrer à
un exercice approprié et salutaire que sous des conditions pénibles , et même dangereuses ! Lorsque le
baigneur ne voit autour de lui , en été , que des terres dépouillées et du sable brûlant , lorsqu'il ne peut
trouver que loin de son logement une douce fraîcheur et un ombrage agréable , il préfère , s'il est
faible , malade , doué de peu d'énergie , se condam-
ner au repos , se livrer à la pratique funeste de la
sieste , surtout après les repas , et renoncer ainsi
forcément à l'une des parties les plus importantes de
son traitement , l'*exercice*. S'il a plus de force , de
santé , de courage ; il lutte pendant quelque temps
contre les obstacles qui l'environnent , il en subit les
ennuis, les inconvénients, les dangers ; il est exposé
alors aux céphalalgies, à des espèces d'érysipèles
plus ou moins intenses , et à tant d'autres affections
que produisent l'action trop vive et surtout la ré-
verbération des rayons solaires ; il est affaibli par
des sueurs trop abondantes , et finit souvent par être
obligé de renoncer entièrement aux bienfaits de
l'exercice. Nous avons été témoin de nombreux accidents ; quelquefois très-graves , occasionnés par

quelques-unes de ces causes. Quant aux sueurs, si elles sont utiles dans quelques cas, elles sont souvent nuisibles en affaiblissant l'organisme, en enlevant à la peau ce ton, cette action que lui donnent les bains de mer, et qui constitue un de leurs principaux avantages.

§ VI. — *Personne, sans doute, ne contestera l'influence heureuse que le physique exerce sur le moral, et vice versâ.* Aussi, dès que les fonctions organiques s'exécutent d'une manière plus énergique et plus régulière, dès que les bienfaits du présent, comme nous l'avons dit, viennent se joindre aux promesses de l'avenir, si des baigneurs peuvent se borner aux plaisirs de la solitude et du calme, se contenter du spectacle imposant de la mer, beaucoup d'autres ont besoin de distractions plus vives : les mélancoliques, certains hypocondriaques, etc., se trouvent dans ce dernier cas ; chez quelques-uns même, le séjour sur les plages nues et arides, ou rendues tristes par la monotonie de leur aspect, amène une mélancolie profonde ; un sentiment de chagrin et d'ennui, un véritable *spleen*, que rien ne peut dissiper, si ce n'est le changement de lieu d'habitation et quelqufois une continuité de voyages.

« J'ai observé ces effets (dit Lecœur, t. 2, p. 100), chez quelques sujets doués d'une sensibilité surexquise, d'une surexcitation nerveuse, immodérée.

Ils sont en petit nombre, il est vrai, mais le fait est qu'il en existe....

» Rien ne ressemble plus à la nostalgie, quant à ses résultats, que les phénomènes qui se développent chez ces individus sous l'influence du calme, et de ce qu'ils appellent la monotonie de la nouvelle vie à laquelle ils ne peuvent se faire....

» Quoi qu'il en soit, si, après avoir lutté quelque temps, ces personnes sentent l'ennui augmenter ou faiblement diminuer ; si elles éprouvent cette angoisse morale, précurseur presque inévitable de l'atonie intellectuelle, plus dangereuse peut-être que celle du corps, et qui souvent n'en est aussi que le prélude, ce sera pour elles l'indice positif du besoin de se diriger vers des lieux dont l'aspect moins sévère et l'air plus corrigé soumettent leur être tout entier à des influences plus compatibles avec l'organisation que leur a départie la nature. »

Heureux les thermes maritimes qui peuvent répondre à de telles exigences ! Royan ne le cède à aucun autre, sous ce rapport. On y trouve, en effet, les ressources les plus précieuses quant au régime ; les vivres y affluent de tous côtés ; les vins que Bordeaux y envoie sont les plus favorables à la santé des personnes qui se portent bien, et les mieux indiqués dans les maladies qu'on y traite ; l'eau potable y est très-bonne. On y rencontre des distractions, des amusements variés qui viennent, pour ainsi dire, chercher

le baigneur, sans qu'il ait besoin de les poursuivre.
On peut, sans fatigue, passer sa journée entière dans
de vastes et beaux jardins, animés par la présence
de nombreux promeneurs qui se livrent alternativement à la marche et au repos. On peut, si l'on veut,
s'élever sur des collines couvertes d'arbres et de verdure, entrecoupées de jolis vallons et liées à des plateaux fertiles ; on peut faire de l'exercice à cheval et
en voiture, ou en bateau ; respirer l'air de la mer,
celui des côtes, de la plaine et des hauteurs qui la
dominent. Dès que vous vous écartez du rivage, vous
êtes au milieu d'une végétation riche, d'arbres élevés,
plus ou moins serrés, plus ou moins touffus, qui
modèrent la chaleur du soleil et vous dérobent à
son action directe ou réfléchie, sans vous priver
d'air.

Avant de clore ce chapitre, empruntons à l'auteur
de *Royan et ses bains de mer* (1) quelques détails qui
viennent confirmer ce que nous venons de dire sur
cette localité.

Après avoir décrit Royan, parlé de ses rues, de
ses places, de son port, et de toutes les ressources
qu'offre cette petite ville aux étrangers, quant aux
logements, aux vivres, etc., l'auteur arrive à l'éta-

(1) Ouvrage qui a été publié à Bordeaux en 1850, par M. L... de B...,
et dont nous avons fait des extraits, pages 66, 67, 69 et 96 ci-dessus.

blissement des bains, et voici comment il en trace le tableau :

« *L'Etablissement-Casino de Royan* est un l ieu à part, spécial ; dédié à toutes sortes de distractions, formé pour occuper les loisirs d'une population qui n'a rien à faire.

» Le vaste terrain qu'il occupe est un parallélogramme situé entre la rue du Fort et le bord de la mer.

» Les bâtiments qui viennent d'être construits comprennent des salons de danse, de musique, de jeu, de lecture, de restaurant, des galeries, des promenoirs.

» Trois façades bien apparentes décorent cet ensemble : l'une regarde la principale entrée, la seconde les jardins, et la troisième la rue du Fort.

» La façade principale est un corps engagé entre deux pavillons surmontés d'un premier étage. On y monte par un perron de neuf marches qui occupe toute la façade ; huit colonnes, dont deux engagées, ouvrent accès au péristyle. L'exécution de ces bâtiments est architecturale et très-bien ornementée.

» Rien n'a été épargné pour qu'à l'intérieur un luxe de décors de bon goût régnât partout. Les plaisirs ne se plaisent en un lieu que lorsqu'ils sont entourés du prestige du beau : on a eu soin de pourvoir largement à ce sentiment.

» A partir des bâtiments jusqu'au-dessus des bords de la mer, règnent les jardins, composés de longues allées entourées de massifs latéraux, d'arbustes et de fleurs, de ronds-points, de kiosques et de parterres habilement semés.

» La principale grande allée va directement de l'entrée de l'établissement à un hémicycle de verdure à gradins qui domine la mer ; mais, en passant, arrêtons-nous à moitié chemin. En ce lieu remarquez cet élégant bâtiment : c'est là où se prennent les bains chauds d'eau de mer, d'eau douce, les douches, etc., avec leurs divers salons pour hommes et pour dames, le cabinet particulier du médecin-inspecteur des bains, etc.

» Poursuivons à présent jusqu'à l'hémicycle en question :

» Voilà la mer et son immense étendue. Vous êtes assis au-dessus de ses flots, et vous apercevez à douze kilomètres devant vous, au milieu de la plaine liquide, comme un géant au milieu du désert, le *Phare de Cordouan*. A votre droite et à votre gauche, les vagues se déroulent capricieusement et emportent souvent des légions de voiles, autour desquelles se jouent les hirondelles de mer. De l'autre côté du détroit, à votre gauche, un autre phare tout récent, situé au pied des dunes, semble indiquer l'emplacement qu'occupa Noviogamus, cette ville que dévora la mer dans un jour de fureur, en l'an 680 de notre ère. Après, s'étend une immense forêt de pins, à travers laquelle s'allongent, à perte

de vue, des dunes inondées de lumière et qui ne
mènent à rien. Sur la droite, au-dessus des rochers,
quelques troupeaux, escortés de quelques chevaux,
légers éclaireurs qui galopent et butinent les plantes
marines, la crinière au vent, les naseaux en feu,
comme si Neptune les menaçait de son trident. Il y
a, dans ce tableau, de la vie et du silence, du mouvement et du repos, de la douceur et de la tristesse : c'est comme le cœur de l'homme qui garde
la mélancolie de ses pensées, même au milieu de
l'agitation de ses plaisirs !....

» En revenant au Casino, prenez le côté extrême
et latéral de la grande allée, vous rencontrerez un tir
au pistolet, et, dans les jardins, un gymnase destiné
aux enfants. On sait combien l'exercice gymnastique
est favorable au développement des facultés physiques de l'enfance; il rend adroit, il enhardit, et met
à même de se garer de bien des dangers ou de leur
échapper. La direction des exercices gymnastiques
est confiée au plus habile professeur en ce genre
que possède Bordeaux, M. Bertini. »

L'auteur que nous citons énumère ensuite tous les
agréments dont les étrangers jouissent à Royan, et
il termine par *Une journée au Casino :*

« Dès six heures du matin, et même plus tôt, les bains
chauds sont occupés; on vient y puiser de l'élasticité
musculaire, de l'appétit, ou y réconforter sa santé.

» Peu à peu les allées des vastes jardins se peu-

plent ; on les parcourt pour y respirer l'air embaumé
du matin : ce sont ordinairement d'intrépides cita-
dines, de courageuses Parisiennes qui se livrent à
ces excursions matinales ; rentrées dans leurs villes
à l'époque des bals et des soirées d'hiver, elles auront assez le temps de sacrifier au dieu du sommeil,
de dix à onze heures du matin.

» A sept heures, les mamans, que l'intérêt de
leurs enfants tient toujours éveillées, viennent les
conduire au gymnase ; ils vont s'y exercer : croyez-
le bien, à la fin de la saison, leur force sera devenue
triple de ce qu'elle était en commençant.

» A huit-heures, les battants des salons de lecture sont ouverts. En attendant l'arrivée du cour-
rier quotidien, les amateurs de journaux s'emparent
de ceux de la veille ; ils les commentent de nouveau,
devisent politique, fonds publics, accommodent chacun de ces sujets à leur guise, suivant leurs intérêts,
leurs passions, ou en faisant de ces utopies comme
on en fait tant de nos jours, au grand détriment
des esprits rationnels.

» Si l'heure de la marée appelle au bain, vous voyez
passer les sylphides de Fonsillon, toujours soigneuses
de revêtir un élégant négligé pour ne pas faire peur ;
elles traversent les jardins pour aller se retremper
dans l'onde amère, afin que, le soir venu, Therpsicore
les retrouve parmi les plus empressées et les plus ar-
dentes à la fêter.

» Mais les cloches des *hôtels de Bordeaux, d'Or-
léans* et *tutti quanti* tintent. Il est dix heures. Hâtez-
vous de vous rendre dans vos hôtels. La table d'hôte
du déjeûner va être servie. Ne perdez pas de vue
les préceptes de Boileau et de Brillat–Savarin ; et
si, d'ailleurs, vous êtes un habitué, l'expérience
vous dira, assez haut, que le pandemonium où la sole
grimace à côté de la côtelette, où le *beafstœack* jure
de se trouver voisin de la mayonnaise, où toutes ces
autres incohérences culinaires sont là pêle–mêle,
va bientôt être ravagé, dévasté au grand préjudice
de votre estomac, obligé de se remplir, si vous n'ar-
rivez pas, de débris qui ne sont habituellement rien
moins que ragoûtants.

» L'oubli de l'heure du repas, à table d'hôte, est
presque un suicide ; aussi, croyez-nous, si vous êtes
sujet à ces sortes de distractions, ne sortez pas du
Casino, recourez à son restaurant : là, point de
foule, vous êtes seul ou avec quelques amis ; la cui-
sine, les vins, vous pouvez tout savourer à votre aise.

» A midi, les hôtels, les restaurants restent seuls.
Sous la tente du jardin du Casino s'agglomère la
foule des oisifs, qui vient y prendre le café ; on y
jouit doublement de ces douceurs gastriques qui suivent les repas. Au milieu d'arbustes odorants, de
fleurs toujours nouvelles, de femmes en toilette du
matin, le temps s'écoule si délicieusement, que l'on
voudrait pouvoir le fixer.

» Trois heures venues, si le moment ne ramène pas les baigneuses au sein d'Amphytrite, jusqu'à cinq, le chef de musique, avec ses accompagnateurs, et parfois des amateurs vous feront passer ces deux heures, aux doux accords d'une enivrante harmonie, avant-coureur de celle qui, le soir, vous galvanisera bien autrement encore.

» Au milieu de ces songes, de ces rêveries, vous êtes éveillé par la cloche de cinq heures : c'est celle du dîner. Gens de table d'hôte, accourez ! Rappelez-vous nos avis sur le déjeûner ; il en est de même pour le dîner.

» Déjà la journée est fort avancée. Jusqu'à demain on n'aura plus à s'occuper des exigences matérielles du corps ; il faut se livrer aux combinaisons de la toilette. Les dames n'y manqueront pas ! N'est-ce pas là pour les femmes la question principale, sans pareille ?... Elles savent qu'en entrant dans un salon, pas une étoffe, pas un pli, pas une fleur, pas un bijou n'échappera aux yeux intéressés à établir des comparaisons, et c'est pour elles un triomphe si flatteur d'entendre dire : Tout est parfait en elle !... Aucune négligence ne saurait lui être reprochée.

» Un autre soin occupe les dames mères. Au Casino, les salons sont livrés aux enfants, dès six heures, jusqu'à huit ou neuf heures. Le luxe de nos jours a étendu son empire jusque sur l'âge le plus tendre, et les mamans luttent aussi bien de coquetterie pour

11

ces petits êtres, qui leur sont si chers, que pour elles mêmes.

» Aussi quelles ne seront pas leurs jouissances, quand le piano et l'orchestre qui l'accompagne mettront la jeune génération en mouvement ! Des torrents d'amour inondent toujours le cœur d'une mère.

» L'heure de la retraite a pourtant sonné ; ce moment si impatiemment attendu vient de remplacer par des adultes, et par des personnes d'un âge un peu plus avancé, la petite population que le sommeil réclamait. Jusqu'à dix heures, onze heures au plus, généralement, les pères joueront le whist, les mamans surveilleront, la jeunesse s'exaltera, bercée d'accords enivrans, et demain ce sera à recommencer. Trouvez-nous une vie qui vaille celle-là. »

Si, malgré tout ce que nous avons dit plus haut, quelqu'un est tenté de critiquer ce luxe d'établissements, etc., etc., s'il ne conçoit pas l'utilité de ces réunions de baigneurs , il n'aura plus aucun doute à cet égard , nous l'espérons, lorsqu'il aura pris connaissance du passage suivant , extrait d'un beau travail publié sur ce sujet , dès 1811 , par J.-A. Vogler (1) :

« C'est assurément un défaut essentiel dans un endroit d'eaux minérales que l'absence de ces distractions , qui sont un besoin pour quiconque a reçu

____

(1) *Recherches sur l'usage des eaux minérales en général, et sur celles d'Ems en particulier.*

les bienfaits de l'éducation. Elles forment un auxiliaire essentiel du traitement ; elles sont même souvent les seules et uniques qui soient nécessaires. Rien n'entrave tant une guérison que l'ennui. « *Le* » *métier d'oisif*, dit Rabener, *est le plus difficile de* » *tous, pour quiconque n'y a pas été accoutumé dès* » *l'enfance.* »

» Pour peu que l'on veuille songer aux hypocondres, aux malades de l'âme et autres, qui affluent dans les bains, on reconnaîtra facilement combien il est nécessaire de multiplier, autant que possible, dans ces endroits, les moyens de distraction. Il ne suffit pas que la nature y soit belle, les environs magnifiques ; il faut encore *une société agréable, gaie, et des facilités pour s'y joindre,* afin surtout qu'on puisse remplir les heures et les jours où le grand air est interdit. *Les occasions de se livrer à des jeux, à des exercices appropriés du corps et de l'esprit, d'entendre de la musique,* sont autant de bienfaits pour le plus grand nombre de malades. »

Ajoutons les judicieuses réflexions que M. le docteur *Ed. Carrière* a écrites dans l'*Union médicale* du 10 mai 1851 (1) :

« Quand le malade va prendre, à une distance considérable du lieu de ses habitudes, les eaux qui lui sont prescrites, il se trouve, sous quelque rapport,

______

(1) *Des conditions complexes de la médication par les eaux minérales.*

dans les conditions de l'Anglais qui va respirer l'atmosphère de Pise et du golfe de Naples. Il subit, au point de vue de la différence des influences, une transition vive, violente même, qui produit des effets dans l'organisation. En supposant que la distance soit faible entre le lieu que le malade quitte et celui où il va, la différence n'en est pas moins grande relativement au milieu lui-même.

» La clientèle ordinaire des eaux minérales se compose des habitants des grandes villes et de la partie de la population qui vit de luxe et de plaisirs. Eh bien ! ce sont ces malades, dont l'existence se passe dans les murs d'un salon et dans les atmosphères suffocantes des salles de bal ou de spectacle, qui vont respirer, à pleins poumons, l'air pur et agité des pays montagneux. Aux atmosphères lourdes et insalubres succèdent, pour eux, les atmosphères subtiles que ne vicie aucun gaz malfaisant. Le défaut d'exercice, ou l'exercice facile des trottoirs des grandes villes et du parquet des maisons, est remplacé par de longues marches sur un terrain inégal et raboteux, en plein champ, et sous l'action prolongée des feux solaires. Ces influences ne sont pas les seules qui exercent leur action. D'autres viennent par les yeux charmés ou surpris de spectacles bien différents de ceux dont on peut jouir dans les villes populeuses. Ce qui résulte de toutes ces impressions doit avoir une certaine force ; et c'est précisément lorsque l'effet s'opère, ou qu'il est en train de s'opérer, que celui qui suit la médication par les eaux commence à se produire. Nous voici évidemment en face d'une résultante commune, d'un effet complexe, et non pas d'un effet isolé. Ne faut-il pas y voir deux choses bien importantes en thérapeutique hydrologique : l'une, l'explication de l'effet général produit par les eaux, et qu'on peut le plus souvent séparer de l'effet chimique ; l'autre, l'explication de l'efficacité des eaux minérales prises à la source , tandis que leur action est faible ou nulle quand elles sont prises loin ?

» Si l'on admet l'action des *circumfusa,* qui ne comportent pas seulement les effets physiques, mais aussi les changements produits dans les idées par le changement des impressions, il faudra admettre qu'ils modifient ou corroborent l'action des eaux. C'est dans ce concours d'influences indirectes qu'il faut chercher, en effet, la cause de l'espèce de révolution organique qui se produit sur le malade. Nous n'indiquons pas, assurément, une voie nouvelle : on a songé à cet ordre d'influences depuis bien longtemps ; mais on l'a fait sans en tenir suffisamment compte. Ces erreurs de logique sont assez nombreuses en médecine. On signale une cause, on admet une catégorie d'effets, et on passe : mieux vaut les méconnaître que de ne pas leur donner la place qu'il importe de leur faire occuper....... »

TROISIÈME PARTIE.

DE L'EAU DE MER
A L'EXTÉRIEUR ET A L'INTÉRIEUR,
ET DE L'ATMOSPHÈRE MARITIME,
SOUS LES RAPPORTS DE L'HYGIÈNE ET DE LA PROPHYLAXIE,
ET SOUS CELUI DE LA THÉRAPEUTIQUE.

CHAPITRE PREMIER.

Des bains de mer et de l'atmosphère maritime, sous le rapport hygiénique et prophylactique.

Si l'on réfléchit un instant aux effets physiologiques des bains de mer, on concevra sur-le-champ leur importance comme moyen hygiénique et prophylactique, surtout lorsqu'ils peuvent être pris à la lame.

En effet : 1° Ils augmentent l'énergie, la régula-

rité de cette puissance vitale qui gouverne l'organisme, veille à son développement, à son accroissement, à son entretien, et réagit contre les causes
morbifiques. Ils la mettent donc dans des conditions
convenables pour assurer et conserver une bonne
constitution, et pour résister aux agents pathogé-
niques ;

2° Ils activent toutes les fonctions (*digestion, circulation, respiration, nutrition, calorification, mus-
culation*), et resserrent les liens harmoniques qui les
unissent ;

3° Par eux, les organes, les tissus prennent plus
de ton, plus de consistance, de volume, et s'assimi-
lent des matériaux mieux élaborés ; les fluides participent à ces changements favorables ;

4° Ils ont de plus une influence particulière sur la
peau, enveloppe si importante par ses fonctions et
par ses sympathies aussi nombreuses que variées.
En associant les bains de mer à quelques bains d'eau
douce et aux frictions, on maintient cet organe dans
un état de propreté parfaite ; on le débarrasse des
éruptions, des squammes, des follicules qui s'en dé-
tachent ; on lui donne du poli, de la fermeté, de la
souplesse et de la transparence ; sa vascularité, son
action exhalante et absorbante s'accroissent ; elle
contribue largement à la résistance que l'économie
oppose aux variations de température.

Hufeland a fait, sur l'organe cutané, d'utiles réflexions, dont nous allons présenter un résumé : « Notre peau, dit-il, est l'organe du toucher, le plus étendu de nos sens, de celui qui multiplie le plus nos rapports avec les corps ambiants, et, en particulier, avec l'atmosphère. Le plus ou moins de dispositions aux maladies dépend beaucoup de cet organe. Les sujets chez lesquels il est trop sensible, trop délicat, frappé d'atonie, éprouvent, du moindre changement de temps, du plus petit courant d'air, des influences fâcheuses qui les transforment, à la longue, en vrais baromètres, et donnent naissance à une foule d'infirmités et même à des maladies.

» Plus elle est active et perméable, plus l'homme est à l'abri des congestions et des diverses maladies des poumons, du canal intestinal et dès autres viscères du bas-ventre ; moins il est exposé aux fièvres gastriques, bilieuses, muqueuses, à l'hypocondrie, à la goutte, aux affections catarrhales, rhumatismales, etc. Une des causes qui contribuent à rendre ces maladies si communes parmi nous, c'est que nous avons perdu l'habitude d'entretenir notre peau dans un état continuel de propreté et de vigueur par l'usage des bains.

» Il ne faut pas oublier que la peau est le principal théâtre des crises, c'est-à-dire des mouvements que la force médicatrice de la nature excite dans les maladies ; de sorte qu'un homme chez lequel elle est bien perméable et douée d'une grande activité, peut compter sur une guérison plus facile et plus complète, souvent même sans le secours de la médecine, lorsqu'il vient à être malade.

» Personne ne disconviendra qu'un organe aussi important ne soit une des colonnes de la vie et de la santé ; aussi conçoit-on avec peine qu'on s'en occupe si peu chez les peuples modernes, même chez ceux qui sont très-éclairés. Ainsi , on en laisse presque fermer les pores par la sueur et la malpropreté ; les vêtements trop chauds , les lits de plume , les fourrures l'affaiblissent et la relâchent ; le mauvais air des appartements renfermés et la vie sédentaire la paralysent. Je crois donc pouvoir avancer, sans exagération, qu'elle est à moitié obstruée et privée d'action sur la plupart des hommes, etc. »

Voici ce que disait Tissot, en 1746 (dans son *Avis au peuple sur sa santé*, p. 414) :

« Les enfants élevés au chaud sont souvent enrhumés, faibles, pâles, languissants, bouffis, tristes, tombent dans la nouûre, la consomption, toutes sortes de langueurs, et meurent dans l'enfance, ou vivent misérables , etc.; ceux qu'on élève à l'eau froide et au grand air sont l'opposé.

» Je crois devoir ajouter que l'enfance n'est pas la seule période de la vie dans laquelle les bains froids soient utiles. Je les ai employés avec un succès marqué pour les personnes de tout âge, même pour les septuagénaires. Il y a deux espèces de maladies, plus fréquentes, il est vrai, à la ville qu'à la campagne, dans lesquelles ils réussissent très-bien. C'est dans la faiblesse des nerfs, et quand la transpiration se fait mal, qu'on craint l'air, qu'on est fluxionnaire, faible, languissant. Le bain froid établit la transpiration, redonne de la force aux nerfs, et dissipe par là tous les engorgements que ces deux causes occasionnent dans l'économie. Mais autant les bains froids sont utiles, autant l'usage habituel des bains chauds est pernicieux ; ceux-ci disposent à l'apoplexie, à l'hydropisie, à l'hypocondriasie, et l'on voit les villes où l'usage en est fréquent, désolées par toutes ces maladies. »

Ce que nous venons de rappeler au sujet des bains froids d'eau douce, s'applique bien mieux aux bains froids d'eau de mer. Nous y joindrons les considérations suivantes, extraites de notes prises, il y a plus de trente ans, pendant nos études à la faculté de médecine de Montpellier ; idées qui non seulement n'ont pas vieilli, mais qui, au contraire, renaissent ici avec plus de force qu'en aucune occasion. Combien on a raison de dire que la vérité est de tous les temps, de tous les lieux, et qu'elle ne périt jamais !

1° Parmi les conditions dynamiques, propres à l'organisme vivant, qui permettent le mieux de prévenir, de faire avorter et de guérir aisément les diverses maladies , on doit placer en première ligne une puissance vitale, énergique , une réaction facile et régulière , une grande tendance aux mouvements expansifs qui déplacent les actes morbides , et les portent du centre à la circonférence, c'est-à-dire vers les muqueuses inférieures , et surtout vers la peau ; enfin l'activité de cette dernière.

Les maladies sont graves lorsqu'elles se concentrent avec ténacité sur les organes intérieurs ; elles perdent souvent ce caractère en se portant au-dehors : ainsi , les fièvres éruptives n'inspirent pas de craintes lorsque les mouvements expansifs se font bien, qu'il n'y a pas de fluxion intérieure, que la peau reste le théâtre de toutes les scènes morbides qui doivent s'y montrer successivement. Quand l'organe cutané fonctionne bien , les catarrhes ne sont pas communs, on les étouffe sans peine au début; on les guérit rapidement quand ils ont été négligés, en obtenant la diaphorèse, c'est-à-dire le mouvement expansif qui se dirige spécialement vers la peau.

Les médecins observateurs avaient reconnu, dans tous les temps, l'importance des crises ; or, celles-ci consistent dans des actes de ce genre. On observe, alors, tantôt un mouvement vers la pituitaire, les muqueuses vaginales ou rectales, qui amènent un épistaxis, un flux menstruel ou hémorrhoïdal; tantôt un travail vers le tube digestif, les reins, la peau, le tissu cellulaire superficiel, et, bientôt après, des selles, de la diurèse, des éruptions, des abcès critiques; dès-lors tous les symptômes graves diminuent ou disparaissent, etc.

Mais, pour constater les crises, il faut savoir les attendre, et suivre le plus souvent, en observateur patient et intelligent, le précepte d'Hippocrate : *Quò natura vergit eò tendum est.*

Ce n'est pas trop le fait de nos jours : ici, comme en tout, c'est à qui arrivera le plus vite, au risque de se casser le cou ; et puis n'avons-nous pas les exigences des malades, etc., etc....?

2° Les ressources de l'art médical, nous disait le professeur Lafabrie dans sa clinique, sont très-bornées s'il n'est point aidé par la nature, c'est-à-dire par les forces de l'organisme vivant. Il faut que ce dernier soit un instrument docile, qui obéisse à la direction qu'on lui imprime. Le médecin est heureux quand il peut obtenir des réactions, des élaborations convenables, et appeler les mouvements à l'extérieur. La théorie des révulsifs, des dérivatifs, dès attractifs de tous genres, des exutoires, est fondée sur ces principes. On débarrasse des organes importants, en fixant, sur la peau, le travail qui se passait dans les parties profondes.

3° L'organe cutané, par sa richesse vasculaire et nerveuse, par ses fonctions sensitives et sécrétoires, par ses sympathies générales et spéciales, exerce, sur l'organisme entier, la plus grande influence ; aussi les modifications qu'il subit retentissent au loin, et son état est un guide essentiel pour juger celui de toute l'économie. Ainsi, le froid à la tête ou aux extrémités inférieures produit des coriza, des dévoiements ; la suppression d'un exanthème, de la sueur des pieds, amène diverses affections graves ; les sédatifs, les émollients, les toniques appliqués déterminent d'abord des effets locaux qui s'étendent ensuite plus ou moins. Toutes les affections aiguës, et surtout les chroniques, laissent sur cet organe un cachet spécial.

4° Si l'on étudie avec attention les différences qui se présentent chez les divers sujets, relativement au nombre et à la gravité de leurs maladies, suivant leur âge, leur constitution, etc. , etc. , on reconnaîtra que les conditions dynamiques, précédemment indiquées, occupent le premier rang.

C'est par l'intermédiaire de la peau qu'agissent les bains d'eau simple, d'eau de mer, d'eaux minérales. Cette action est le point de départ, la source de toutes les autres ; c'est elle qui les domine.

Maintenant, on comprendra sans peine l'importance des bains de mer au point de vue de l'hygiène, de la prophylaxie, de la thérapeutique même, puisque leur emploi méthodique met l'organisme dans les conditions les plus favorables pour résister aux causes morbifiques, et pour triompher même des maladies, quand elles sont développées.

5° Hufeland a rappelé, dans son résumé, combien il importe d'entretenir la peau dans un état convenable de ton, d'activité, de perméabilité ; il a vanté, pour cela, les bains en général. Les bains de mer ont des avantages incontestables sous ce point de vue. Bien des personnes ne peuvent supporter des bains tièdes d'eau douce, à cause de l'affaiblissement qu'ils produisent sur elles ; aussi manqueraient-elles complètement leur but, si elles ne prenaient que de ces derniers. Au contraire, les bains de mer chauffés leur donneront du ton à l'organisme, à la peau, et la nettoieront très-bien. « *Aqua maris tepida longè præstat, quoniàm magis deterget,* » dit Russel. On peut leur associer, d'ailleurs, de temps en temps, quelques bains tièdes d'eau douce, savonneux ou simples.

Les personnes qui se trouvent bien des bains froids, s'en trouveront encore mieux si elles peuvent les prendre à la mer. Elles y joindront aussi, quand on le jugera convenable, quelques bains tièdes ordinaires, utiles pour assouplir la peau et lui donner plus de perméabilité.

6° Le bain froid en général, et plus encore le bain

de lame, est utile aux enfants sains et bien portants.
On peut, quand les circonstances le permettent,
leur en faire commencer l'usage, à l'âge de 6 à 8 ans,
et le continuer jusqu'à 20 ans. C'est ainsi que l'on parvient à leur assurer un développement large et facile,
une évolution régulière aux époques de la dentition,
de la puberté chez les hommes, et de la menstruation
chez les femmes. La prédisposition lymphatique et
nerveuse, observée ordinairement à ces époques, est
efficacement combattue et effacée par le développement du système sanguin et musculaire, résultat de
l'action des bains de mer.

7° L'usage des bains de mer est surtout favorable
aux jeunes filles : il prévient chez elles l'aménorrhée,
la chlorose, les effets fâcheux de la vie sédentaire,
de la mauvaise éducation physique, des habitudes
du grand monde, de l'habitation des villes populeuses. Dans les classes élevées de la société,
les femmes sont soumises à une foule d'influences,
qui affaiblissent l'économie tout en exaltant la sensibilité, et qui les rendent très-impressionnables au
physique comme au moral. D'un autre côté, les ca-
prices de la mode leur imposent la nécessité de se
découvrir, à certaines époques, les bras, la poitrine,
les épaules, de s'exposer à des variations de température, funestes à un organisme qui n'a point appris
à y résister : de là, des catarrhes, des névralgies,

des rhumatismes, la phthisie, des inflammations, des névroses, des leucorrhées, et une foule de maladies aiguës et chroniques, qui font, parmi elles, de si nombreuses victimes. L'usage extérieur de l'eau de mer froide serait un excellent préservatif de ces affections, en luttant directement contre ces influences, en rendant au corps la force qu'elles lui enlèvent.

8° Pour les enfants lymphatiques, scrophuleux, pour ceux qui sont naturellement faibles ou qui ont été débilités par une croissance rapide, par de mauvaises habitudes, des maladies antécédentes ; pour ceux qui sont maigres, languissants, excitables, et chez qui un système nerveux trop prédominant exerce une action vicieuse sur des muscles peu développés, les bains de mer deviennent une médication des plus importantes. Soumis, dans les thermes maritimes, à un traitement régulier par l'air, l'eau, le régime, etc., ils peuvent subir, dans un certain laps de temps, quelquefois assez court, une transformation complète. La peau perd sa teinte plus ou moins étiolée et maladive, elle devient transparente, d'une teinte rosée, plus uniforme, surtout à la face qui alors s'arrondit, perd sa bouffissure, prend plus d'animation ; les lèvres, les ailes du nez s'amincissent ; les yeux ont plus d'éclat, les muscles, plus de saillie et plus de force, etc., etc.

Quant à l'administration de ces bains, nous engageons nos lecteurs à se rappeler ce que nous avons dit, dans la deuxième partie, sur les précautions à prendre dans les diverses conditions où les sujets peuvent se trouver.

9° Les bains de lame sont également avantageux aux adultes, comme moyen hygiénique, lorsqu'il n'existe pas de contre-indication particulière ; mais leur action n'est point aussi puissante que chez les enfants. La constitution des adultes étant toute formée, leur développement étant complet, ils ne peuvent subir une transformation vitale et organique aussi profonde. Cependant on observe chez eux, dans bien des cas, plusieurs des heureuses modifications déjà signalées.

10° Les vieillards débilités, mais n'offrant ni lésion organique, ni contre-indication grave, peuvent, jusqu'à un certain point, retremper, dans l'eau de mer, leur constitution chancelante ; diminuer leur susceptibilité pour les variations de température, et attirer à la peau le travail de désassimilation, de décomposition, d'élimination, qui est si actif à cet âge, et si funeste, quand il se passe sur une muqueuse (celle des voies respiratoires, par exemple).

Cependant, en règle générale, chez les personnes avancées en âge, comme chez les femmes délicates, on doit prendre les mêmes précautions que chez les enfants.

Il est inutile de dire qu'il ne faut négliger , pour les baigneurs, aucun des autres secours que l'hygiène nous fournit, et dont nous avons déjà parlé amplement dans le chapitre IX de la seconde partie.

Nous devons d'autant plus insister , dans l'intérêt de la santé publique , sur l'utilité des bains de mer, que nous avons pu suivre et observer , pendant plus de vingt ans, le développement d'un grand nombre de sujets délicats et lymphatiques , placés dans des conditions analogues , mais dont les uns avaient été soumis, dans leur enfance, à l'emploi hygiénique des bains de mer , tandis que ce puissant moyen avait été négligé pour les autres ; or, nous nous sommes assuré que les premiers de ces sujets ont acquis, presque tous , une constitution vigoureuse. Ainsi , les garçons ont pu , sans inconvénient , embrasser des carrières souvent pénibles ; les jeunes filles ont franchi heureusement la période menstruelle, elles sont devenues, sans danger, mères et nourrices. Tandis que le contraire est arrivé chez ceux de l'autre catégorie : la plupart ne se sont jamais relevés de leur faiblesse primitive ; les jeunes filles , surtout, se sont peu fortifiées ; elles ont éprouvé, durant la menstruation et la grossesse , des accidents que l'action tonique des bains de mer aurait pu prévenir : aussi ont-elles été obligées, en général, de renoncer à l'allaitement, afin de ménager leurs forces, et de modifier, par le choix de bonnes nourrices, la constitution de leurs enfants, etc.

De l'atmosphère maritime sous le rapport hygiénique et prophylactique.

Nous avons exposé, dans le chapitre VI de la première partie (p. 50 à 74), les effets physiologiques de l'atmosphère maritime et des brises, qui donnent *aux bains de mer* un cachet de spécialité dont nul indice ne se montre, ni dans les thermes d'eaux salines, ni dans aucun des autres thermes minéraux. Nous avons présenté des considérations et plusieurs observations tendant à établir ce principe (énoncé, p. 64), que cette atmosphère a un mode d'action analogue à celui des bains de mer, dont il est toujours un auxiliaire puissant, et qu'il peut remplacer, avec avantage, lorsque ces bains ne sauraient être employés par suite d'une trop grande faiblesse, ou d'une trop forte excitabilité (Voir p. 51 et 54). Nous avons complété sommairement le tableau des bons effets que l'on doit retirer du séjour et des promenades sur les bords de la mer. Nous avons dit (p. 68) que, si l'atmosphère maritime a ses indications, elle a aussi ses contre-indications qui peuvent tenir, soit à des circonstances locales, soit à certaines conditions individuelles et maladives des sujets.

Plusieurs fois nous avons appelé l'attention des baigneurs sur les variations atmosphériques , dont il faut savoir se méfier sur le littoral de la mer, comme partout ailleurs , bien que sur ce littoral elles soient moins dangereuses, et presque toujours inoffensives, après quelque temps d'habitation de la plage. Nous avons recommandé un exercice approprié, en conseillant d'éviter surtout la fatigue.

Depuis longtemps nous nous sommes préoccupé de ces deux objets (*les variations atmosphériques et l'exercice*), et particulièrement du premier, qui impose au médecin l'obligation de se livrer à l'étude spéciale des influences de l'air, jusqu'ici demeurées sans explications irréfragables, si ce n'est celles de M. Pravaz , qui nous semblent avoir toute chance d'exactitude.

Nous avons entendu les récits des courses journalières, longues et rapides que les baigneurs aiment à faire dans les Pyrénées ; nous avons lu et médité les divers ouvrages qui traitent des eaux minérales, et dont très-peu renferment des détails d'hygiène relatifs à cet intéressant sujet.

A la suite de ces récits et de ces lectures , nous avons été frappé des accidents et des dangers auxquels les personnes plus ou moins valétudinaires, et même celles qui jouissent d'une santé parfaite, s'exposent quelquefois dans certaines localités thermales, et plus encore pendant leurs promenades ou excursions (*per montes et valles*) qui , pour nous , signifient : *irruptions effrénées, à travers de profondes vallées et de hautes montagnes* (1). Nous lisons les passages suivants dans l'ouvrage du docteur Marchant, déjà cité par nous (p. 137 ci-dessus) :

« Comme on n'attribue pas exclusivement à l'emploi des eaux tous les succès curatifs , mais bien souvent aussi à des circonstances atmosphériques, on notera avec soin *l'élévation des lieux relativement au niveau de la mer : cette circonstance est, après les bains, la*

(1) Loin de nous, assurément, la pensée de porter la moindre atteinte à la coutume *d'aller aux eaux*, coutume si ancienne, si bien justifiée par la puissance médicatrice des eaux minérales. Nous voyons , au contraire, avec un vif plaisir, que cette coutume, fondée sur des faits authentiques, tend de plus en plus à reprendre la grande faveur dont elle jouissait dans des temps reculés ; nos vœux et nos efforts sont, depuis nombre d'années, dirigés vers les moyens de multiplier et de vulgariser l'usage des bains de tous genres ; nous cherchons aussi à provoquer les études et les observations qui peuvent fournir de nouvelles connaissances sur les avantages et les inconvénients des divers thermes, soit minéraux, soit maritimes. C'est dans ce double but que nous nous proposons de signaler à l'attention des lecteurs les progrès que l'art de guérir est appelé à faire depuis les belles expériences et les écrits de MM. les docteurs Junod et Pravaz, et de M. Tabarié, physicien distingué, sur *l'emploi médical de l'air comprimé* ou *sur la médication pneumatique.* Les résultats de ces expériences sont encore peu répandus même parmi les praticiens, bien qu'ils aient commencé à être rendus publics, il y a quinze à seize ans (Rapports faits par des commissions de l'Académie des sciences, — séances des 24 août 1835 et du 27 août 1837). M. Junod est l'inventeur des appareils pneumatiques servant aux opérations hémospasiques, et des bains d'air comprimé que M. Pravaz emploie isolément ou concurremment avec divers moyens *organo-plastiques.*

plus influente sur la santé, toutes les autres, comme celles qui tiennent de l'hygiène, du régime, des distractions, etc., pouvant se trouver partout (p. 119). (1)

» Le degré d'agitation de l'atmosphère a l'influence la plus marquée sur l'étendue avec laquelle la poitrine se dilate.... Des états nerveux, une toux courte et sèche, une irrégularité grave dans les fonctions digestives, des maux de tête passagers , etc., disparaissent dans une atmosphère plus vaste et agitée (p. 484)..., **A Barèges, Saint-Sauveur, Bagnères de Bigorre, de Luchon , Bonnes, Cauterets, etc. (2)**, *la pression atmosphérique, et la quantité de vapeur aqueuse comprise dans l'air, se trouvent dans des proportions qui conviennent à des organes pulmonaires très-irritables , etc...L'influence de l'air atmosphérique est donc incontestable* (p. 485 et 486).

» Mais l'atmosphère des montagnes n'a pas toujours cette *légèreté*, cette pureté , cette fraîcheur qui va si bien à des *valétudinaires;* elle est quel-

----

(1) C'était cela que nous avions toujours pensé avec M. Marchant et beaucoup d'autres confrères; notre opinion est modifiée maintenant; bientôt on verra pourquoi.....

(2) L'élévation de ces thermes au-dessus de la mer est de 313 toises (610 mètres) pour Bagnères de Luchon; de 290 toises (567 mètres) pour Bagnères de Bigorre; de 652 toises (1,269 mètres) pour Barèges ; de 400 toises (770 mètres) pour Saint-Sauveur; de 490 toises (960 mètres) pour Cauterets; de 400 toises (770 mètres) pour les Eaux-Bonnes; et probablement de 400 toises (770 mètres) pour les Eaux-Chaudes. (Marchant, p. 135, 147, 160, 168, 175, 188, 193.)

quefois perturbée par des *orages;* les pics les plus
élevés sont autant de pointes qui attirent le fluide
électrique : on dit alors que l'air est lourd, etc. Dans
cet état,… *le système nerveux est lui-même dans une
sorte de turgescence , les poumons fonctionnent péni-
blement, toutes les douleurs s'exaspèrent ou se renouvellent, le malaise devient quelquefois insupportable,
la circulation marche rapidement , le pouls s'accélère,
la tête s'échauffe et devient douloureuse; comme une conséquence de* CETTE EXALTATION *de la vie, il survient des
hémorragies, des apoplexies, et des accès nerveux; les
inflammations des plaies se ravivent, etc.* (p. 486).»

M. Marchant ne voit donc, dans l'action de l'atmosphère des montagnes, qu'une puissance plus ou moins
excitante , augmentant même à l'époque des grandes
perturbations qui amènent les orages , etc. Aussi dit-
il encore, p. 487, dans les conseils qu'il donne aux
baigneurs malades : « *C'est déjà trop de l'excitation
qui provient de l'atmosphère; on doit se garder de la
tripler par les effets de l'eau minérale.* »

Examinons maintenant les principaux effets que
l'homme éprouve lorsqu'il commence à sentir ce que
les physiciens désignent sous le nom de *mal des montagnes,* et rapportons les propres expressions de M. de
Saussure sur les sensations qu'il ressentit en exécu-
tant, avec le docteur Paccard de Chamouni , sa première ascension du Mont-Blanc , élevé de 4,811
mètres au-dessus du niveau de la mer :

« A 12,000 pieds (3,898 mètres), des hommes robustes n'avaient pas soulevé cinq à six pelletées de neige, qu'ils se trouvaient dans l'impossibilité de remuer..... Un d'eux se trouva mal, et passa la nuit dans les angoisses les plus pénibles..... Près de la cime, M. de Saussure ne pouvait faire quinze à seize pas, sans prendre haleine ; en même temps il éprouvait un commencement de défaillance qui le forçait à s'asseoir. Tous ses guides, proportion gardée de leurs forces, étaient dans le même état.... La fatigue qui résulte de la *rareté* de l'air est insurmontable.... Sur une haute montagne, on est quelquefois fatigué à tel point que, pour éviter le danger le plus imminent, on ne ferait pas, à la lettre, quatre pas de plus, et peut-être pas un seul ; CAR, *si l'on persiste à faire des efforts, on est saisi par des palpitations et des battements si forts, si rapides dans toutes les artères, que l'on tomberait en défaillance en continuant à monter* (1). »

Arrivés sur le col du géant, à 3,436 mètres au-dessus de la mer, M. de Saussure et ses compagnons éprouvèrent *une excitation* nerveuse *qui les rendait irritables, impatients.* Au sommet de la montagne, tous eurent *une fièvre* caractérisée par la fréquence du pouls : — *avidité pour l'eau froide,*

____

(1) Mêmes phénomènes observés, dans leur ascension sur le Mont-Blanc, par Maria-Paradis de Chamouni et Mlle d'Angeville. Cette dernière éprouva une sorte d'agonie par le besoin excessif de dormir.

dégoût pour les liqueurs alcooliques et les aliments,
le tout, même après deux ou trois heures de repos (1).

Nous le demandons : entre l'exposé de M. Marchant, sur des effets à prévoir, et la relation de M. de Saussure, sur des effets observés, n'y a-t-il pas une analogie complète? Même ordre d'effets, se manifestant dans des circonstances presque semblables, et sous l'influence des mêmes causes, mais à des degrés différents, et toujours en proportion de l'intensité de ces causes.

S'il est physiquement démontré que ces phénomènes de débilitation, et non de *l'excitation, base des raisonnements de M. Marchant,* sont dus à la raréfaction de l'air atmosphérique et à la basse tem-

(1) Dans une ascension pareille, exécutée en 1844 par MM. Martins, Bravais et Lepileur, phénomènes identiques aux précédents, sauf quelques variétés individuelles (Pravaz, p. 63) : *fatigue, vertiges, appétit presque nul, dégoût pour la viande, étouffements avec sensations nauséeuses, malaise général, soif, sciatique violente et passagère, besoin de sommeil, frissons, vomissements, battements dans les carotides, palpitations,* etc., etc. Les guides, malgré leur habitude d'un air raréfié, n'ont pas été exempts de symptômes assez graves : *accablement, somnolence,* etc. Plusieurs des imitateurs du capitaine anglais Sherwil et du docteur Clarke furent frappés de folie après avoir atteint la cime du Mont-Blanc.

M. Atkins, qui fit une excursion semblable, en 1837, rendit le sang par le nez pendant trois jours; il perdit la peau du visage; il fut plus d'une semaine sans pouvoir remuer les membres. Un de ses guides faillit perdre la vue; l'autre la perdit réellement, et ne la recouvra qu'avec peine, etc., etc. (Pravaz, p. 61 et 62.)

pérature, qui se font de plus en plus sentir à mesure que l'on s'élève sur les montagnes , ne voit-on pas s'anéantir toutes les explications que jusqu'à ce jour nous avions, nous-même, trouvées fort rationnelles, comme nous l'avons annoncé (note 1re, p. 183)?

Tout doute et toute incertitude cesseront , lorsque l'on aura analysé les résultats des intéressantes recherches de M. Pravaz, sur les effets physiologiques inverses que produisent, dans nos organes, la raréfaction et la compression de l'air atmosphérique.

En effet, voici comment s'exprime ce savant et habile orthopédiste , dans le chapitre IV de son *Essai sur l'emploi médical de l'air comprimé* (p. 57) :

« Dans les conditions ordinaires, où la raréfaction de l'air peut influencer les fonctions de la vie chez l'homme, les symptômes qu'il éprouve se rapportent à ces modifications principales ;

» 1° *La respiration est mécaniquement restreinte dans son étendue, par le défaut d'élasticité de l'atmosphère, qui presse l'intérieur des poumons, et qui produit seule le développement , quand le thorax se dilate par l'effet des muscles inspirateurs.*

» 2° *Cette fonction est insuffisante pour l'hématose, parce que l'oxigène ou le principe vivifiant du sang est en trop faible quantité absolue dans le volume d'air qu'introduit chaque mouvement d'inspiration, outre que le défaut de pression rend la dissolution de ce gaz dans le sang moins abondante.*

» 3° *La circulation artérielle est accélérée par
suite de la précipitation des mouvements respiratoires
que détermine l'instinct de la conservation ; tandis
que la circulation capillaire se ralentit , parce que
l'appel du sang veineux dans les cavités droites du
cœur est devenue moins énergique par la constriction exercée sur la périphérie de nos organes* (1). »

(1) Le même auteur, après avoir relaté les phénomènes éprouvés par
M. de Saussure, plusieurs autres physiciens, des naturalistes, des médecins et des touristes, qui ont gravi le Mont-Blanc et autres sommités
des Alpes, les hautes montagnes d'Asie et d'Amérique, beaucoup plus
élevées que celles d'Europe (p. 58 à 74), mentionne les voyages aérostatiques dans lesquels M. Gay-Lussac d'abord, et Mme Blanchard ensuite, ont atteint des hauteurs encore plus considérables, et ont subi de
très-vives influences du froid et de l'air raréfié. Il fait remarquer
(p. 74 à 77) la *tolérance que l'homme présente pour ces influences qui
varient selon les individualités ;* il cite des observations relatives aux
animaux (p. 67 à 73), observations qui prouvent que les émotions causées
par l'aspect des dangers ne peuvent pas être comptées pour beaucoup
dans ces influences, puisque les animaux, qui n'ont pas conscience de
ces dangers, subissent des perturbations physiologiques semblables à
celles de l'homme.

M. Pravaz explique (p. 78 à 80) comment l'*assuétude finit par amener
la tolérance* de l'organisme à la diminution de la pression ordinaire de
l'atmosphère.—Mais il fait observer que si, *dans l'air raréfié, les fonctions de la vie peuvent se rapprocher jusqu'à un certain point de leur
état normal, la vitalité elle-même n'en semble pas moins radicalement
affaiblie...* Ainsi, dit-il (p. 78), les religieux du Saint-Bernard ne prolongent guère leur existence au-delà de dix ans sur cette haute montagne, où les retient une charité héroïque. (D'après Pictet, l'hospice-
couvent de ces religieux est l'habitation la plus élevée de l'Ancien-Monde;
il est à 2,450 mètres au-dessus du niveau de la mer.)

Si les habitants des Andes (dans les villes comme Bogota, Micuipampa,

Après avoir expliqué les symptômes du *mal des montagnes*, M. Pravaz passe à l'examen des *effets physiologiques*, qui doivent être et sont, en réalité, *inverses de ceux de la raréfaction de l'air combinée avec l'action du froid*, et qui ont été observés dans l'air, comprimé ou condensé, soit naturellement comme dans les mines profondes, soit artificiellement comme dans la cloche à plongeur, et d'autres appareils ayant une application industrielle ou médicale. Pour l'objet que nous avons en vue, les deux propositions suivantes nous paraissent résumer assez bien ce que M. Pravaz a écrit sur ces derniers effets :

1° L'accroissement de la pression atmosphérique tend à favoriser le retour du sang vers le centre circulatoire, en même temps que la condensation de

Quito, Potosi, etc., qui sont à 2,600 mètres, 3,000 mètres et 4,000 mètres de hauteur) supportent mieux l'influence de la raréfaction de l'air, cette circonstance s'explique par la température plus élevée des points culminants du globe, à altitudes égales, dans des contrées voisines de l'équateur.

La coïncidence de la raréfaction de l'air avec l'abaissement de la température donne à M. Pravaz le moyen de faire comprendre pourquoi, *d'une part, c'est vers la limite inférieure des neiges perpétuelles que commence à se manifester le mal des montagnes, et, de l'autre, comment on peut atteindre, dans le voisinage de l'équateur et du tropique, sans incommodité notable, des altitudes bien supérieures à celles où des symptômes pénibles ont déjà lieu dans nos climats.* On sait, effectivement, qu'entre l'équateur et la latitude de 45°, la limite inférieure des neiges perpétuelles s'abaisse graduellement de 4,800 mètres à 2,550 mètres; elle est donc plus élevée sur les Cordillières (en Amérique) et l'Hymalaya (en Asie), que sur les montagnes d'Europe.

l'air, lorsqu'elle n'est pas compliquée d'autres circonstances, est parfaitement tolérée par l'organisme.

2° Si, dans l'air raréfié des lieux très-élevés (où la quantité d'oxigène est moindre), l'usage des substances azotées et des liqueurs spiritueuses est mal supporté, si mêmes ces substances sont parfois repoussées avec dégoût et deviennent nuisibles, si enfin l'appétit est nul ; dans l'air très-condensé de la cloche à plongeur, par exemple, la consommation d'aliments est non seulement plus considérable que dans l'air respiré à la surface de la terre, mais c'est même un besoin impérieux, et ces aliments doivent être choisis parmi ceux qui contiennent, sous un volume donné, plus d'azote et de carbone, *conséquence d'une plus grande absorption d'oxigène, qui rend la métamorphose des tissus plus rapide, et active ainsi la rénovation organique.* Les observations du docteur Colladon, qui est descendu dans la cloche à plongeur, confirment ce dernier fait : « Les hommes qui y travaillent, dit-il, sont, en général, forts, robustes et d'une bonne santé. Leur vie pénible exige trois repas solides par jour ; ils ne font point excès de liqueurs spiritueuses ; il leur est cependant nécessaire d'en prendre une certaine quantité ; mais il faudrait que la dose fût bien forte pour avoir un mauvais effet sur eux. »

Nous aurions beaucoup de plaisir à détailler l'in-

génieuse installation de l'appareil à bain d'air comprimé qui fonctionne, depuis 1837, à Lyon, dans l'insti-
tut orthopédique et pneumatique de M. Pravaz, et dont
l'invention est due à M. Junod (comme le reconnaît
M. Pravaz , p. 105 , et comme nous le savions nous-
même dès 1834); nous aimerions à mentionner ici
les sensations ordinairement agréables et jamais pénibles que les personnes éprouvent sous l'action de
cet appareil ; mais cela nous entraînerait trop loin de
notre sujet principal. Nous engageons les lecteurs à
méditer l'ouvrage même de M. Pravaz : ils y ver-
ront combien l'emploi de l'air comprimé peut recevoir d'heureuses applications dans le traitement d'affections de nature diverse , notamment de celles où
la faiblesse , soit native , soit occasionnelle, est un
des éléments qui prédominent; dans celles enfin où il
faut activer les principales fonctions nutritives et éliminatrices (*paralysies, scrophules, phthisie au premier et deuxième degré, rachitisme, engorgements,
surdité,* etc., etc.).

D'après ce qui précède, on voit que les conditions
de l'air , plus ou moins appropriées à l'économie animale , sont réglées par une loi de la nature. Cette loi
n'est pas encore complètement connue, bien s'en faut;
mais on pourrait s'en faire une idée en se la repré-
sentant par une grande échelle, dont les deux degrés
extrêmes seraient occupés, l'un par l'air raréfié et froid
des régions supérieures du globe et de l'atmosphère ,

l'autre par l'air condensé ou comprimé dans la profondeur des mines, la cloche à plongeur et dans l'appareil
pneumato-médical. « Au sommet de cette échelle (1),
la respiration devient courte, haletante; les mouvements musculaires sont difficiles; la circulation artérielle s'accélère, tandis que la circulation veineuse languit, ce qui amène des hémorragies diverses, et la
stase du sang dans le système de la veine-porte, stase
manifestée par des coliques, des nausées, des vomissements, etc. (2) — Au bas de l'échelle, au contraire,
la respiration devient plus facile, plus étendue, les
efforts musculaires ont plus d'énergie ; les fonctions
nutritives et éliminatrices s'exercent avec plus d'activité ; le rhythme du pouls reste stationnaire, ou
même se ralentit (Pravaz, p. 365). »

Entre les deux degrés extrêmes que nous venons
de spécifier, se trouvent les couches d'air où les fonctions de la vie, sans être compromises comme dans le
vide de la machine pneumatique, sont plus ou moins
enrayées par la raréfaction de l'atmosphère, ainsi que
nous en avons donné une preuve dans la note relative à la courte existence des religieux du Saint-Bernard (note, p. 188).

(1) La grandeur de cette échelle doit varier avec les climats, ou plutôt
les latitudes, puisqu'elle dépend de la hauteur à laquelle commence la
limite inférieure des neiges perpétuelles, comme nous l'avons déjà dit
(note, p. 189).

(2) « Les faits observés récemment par MM. Barral et Bixio, dans leurs

Nous trouvons d'autres indications de ces principes dans Tourtelle : « *L'air de la mer, et surtout celui des montagnes non trop élevées,* est salutaire aux personnes d'une constitution pituiteuse, dont la fibre est molle, inerte, etc. » (Voir ci-dessus, p. 63, et aux p. 271, 234 et 235 du tome 1er de Tourtelle.) « L'air le plus salubre est celui qui n'est ni trop pesant, ni trop léger ; son excès de pesanteur et sa rareté sont également nuisibles, etc.... En 1768 et 1770, le mercure se soutint longtemps à une grande hauteur, et il régna des pneumonies épidémiques et meurtrières, etc.... Duhamel a remarqué qu'au mois de décembre 1747, les morts subites furent très-fréquentes ; le baromètre avait baissé dans ce mois de plus d'un pouce en moins de deux jours, ce qui dut nécessairement amener de très-grands changements dans les corps, puisque la variation d'un pouce dans le baromètre fait une différence de plus de 1,000 livres dans le poids de l'air (1). »

Les citations précédentes font suffisamment ressortir les avantages de l'habitation des vallées et des

ascensions aérostatiques, semblent une exception à ce phénomène ; mais peut-être cette anomalie s'explique-t-elle par l'abaissement considérable de la température (—37°) dans la couche atmosphérique où ils sont parvenus, abaissement qui agissait en sens contraire de l'altitude, relativement à la densité de l'air. » (PRAVAZ, p. 365.)

(1) On a calculé que la pression de l'air, sur toute la surface du corps d'un homme de moyenne grandeur, dépasse 33,000 livres, ou environ 16,000 kil. (*Précis de physique* de M. Biot, 2e édit., t. 1er, p. 185.)

montagnes d'une hauteur moyenne au-dessus de la
mer, et il en est de même pour les localités maritimes. Ces citations font pareillement comprendre les inconvénients du séjour, plus ou moins prolongé, et
des excursions dans les hautes montagnes pour une
certaine classe d'individus (les personnes faibles et
valétudinaires), inconvénients dont la cause principale est la légèreté de l'air raréfié.

Nous reconnaîtrons avec M. le docteur Marchant
que la plupart des établissements thermaux des
Pyrénées, dont l'élévation moyenne est, cependant,
de près de 400 toises au-dessus de la mer, sont favorablement situés, en ce que la pression atmosphérique et la quantité de vapeur aqueuse contenue dans
l'air se trouvent dans des proportions qui conviennent
à certains états morbides ; mais aujourd'hui nous
ne saurions plus admettre la manière dont ce fait a
été expliqué par M. Marchant et d'autres auteurs,
qui paraissaient croire que, jusqu'à un certain point,
l'élévation des thermes au-dessus de la mer était d'autant plus importante pour la santé, qu'elle était plus
considérable ; car cette proposition est opposée aux
connaissances nouvellement acquises sur les effets de
la pression atmosphérique, et aux inductions que fournit, d'ailleurs, l'examen comparatif des thermes pyrénéens, au seul point de vue de leur plus ou moins
grande élévation. En effet, si Bagnères de Bigorre,
dans la vallée de l'Adour, à 290 toises au-dessus de

la mer, est justement classé parmi les résidences les
plus favorables à la santé, ne sait-on pas que Barèges,
dans la vallée de Bastan, au sein des Hautes-Pyré-
nées, à 652 toises au-dessus de la mer, est un des
thermes minéraux le moins heureusement partagés
sous le rapport du climat et de la végétation? « C'est
peut-être, de toutes les vallées, la plus triste, la
plus sauvage, et certainement la plus exposée à toutes les vicissitudes du temps et de la destruction.
Le professeur Alibert, dans son *Précis historique
sur les Eaux minérales*, fait de ce lieu, de ce désert, un tableau si vrai, qu'il n'y a rien moins que
l'espoir d'obtenir un soulagement aux maux qu'on
éprouve, qui puisse faire l'obligation d'y aller vivre
pendant quelques semaines. » (Marchant, p. 160.)
Aussi Barèges n'est-il pas habitable toute l'année, et
n'est-il fréquenté que, pendant peu de mois, par des
malades que les hautes vertus de ses eaux y appellent : ceux-ci, étant soumis à la direction des médecins, s'aventurent très-rarement dans des excursions sur des lieux plus élevés ; c'est bien assez
pour eux de supporter les effets de la raréfaction
de l'air à une hauteur de 1,270 mètres environ au-
dessus de la mer. Car la différence entre cette
hauteur et celle de la limite inférieure des neiges
perpétuelles (1) est seulement d'environ 1,100 mè-

____

(1) D'après Ramond, cette limite est à 1,200 toises ou 2,338 mètres.

tres, et, suivant tous les observateurs, le mal des montagnes commence à se manifester ordinairement à
cette limite. Dès-lors, il est évident que, dans nos latitudes, Barèges est, pour ainsi dire, le point culmi-
nant des couches atmosphériques habitables, au-dessus
du niveau de la mer. Les thermes maritimes, au contraire, se trouvent dans les parties les plus basses de
ces couches habitables, et présentent les avantages que
nous avons énoncés (p. 17 et 81) pour la respiration, l'hématose, et les fonctions nutritives et assimilatrices ; de plus, la température et la pression de
l'atmosphère n'y subissant que des changements
très-peu prononcés durant la saison estivale, les baigneurs à la mer n'ont pas à redouter les fâcheux effets du climat variable et orageux des montagnes.

A l'appui de ce que nous venons de dire, nous men-
tionnerons des faits, observés par nous à Royan ; faits
dont nous avons été bien souvent préoccupé, et que
nous croyons pouvoir expliquer, maintenant, par les
bonnes et heureuses conditions atmosphériques des
habitations voisines de la mer :

Pendant six années, de 1843 à 1848, depuis le
commencement de juillet jusqu'en septembre, les
salons du *Casino*, moins vastes qu'ils ne le sont
aujourd'hui, étaient encombrés tous les soirs par
une foule d'enfants et de jeunes personnes, qui se
livraient au plaisir de la danse avec l'ardeur de
leur âge ; on passait, en sortant de ces salons,

d'un milieu où la chaleur était presque toujours excessive, dans les jardins, où il faisait parfois très-frais. Il nous paraissait impossible que, malgré toutes les précautions nécessaires, et souvent négligées, il ne survînt de graves accidents. Cependant et sauf quelques rhumes, nous n'avons pas eu à soigner, pendant tout ce laps de temps, une seule affection aiguë de poitrine.

En outre, dans l'année 1850, plusieurs enfants et quelques grandes personnes, parmi les baigneurs de Royan, ayant eu la rougeole, nous avons pu les laisser sortir et s'exposer au grand air, même le soir, bien plus tôt que nous n'aurions osé le faire à Bordeaux ; et nous n'avons pas eu lieu de nous en repentir.

Cette innocuité de l'air, dans de pareilles circonstances, n'est-elle pas l'effet complexe de la pression atmosphérique au niveau de la mer et de l'action tonique développée dans tous les organes par les bains et l'habitation de la plage?

Ajoutons une *observation* sur les influences de l'air raréfié et de l'air condensé.

Mme ***, âgée de soixante ans, habitait depuis longtemps une ville d'Écosse assez élevée. Elle fut prise, il y a cinq ou six ans, de violents maux de gorge, s'accompagnant d'étouffements et de quelques crachements de sang : elle s'en délivra par un séjour de deux années sur les bords de la mer ; de retour en Écosse, les mêmes accidents se renouvellent, et ,

comme elle souffre de quelques douleurs rhumatismales, on l'engage à venir en France , pour aller
prendre les bains thermaux des Pyrénées.

Arrivée en 1850 à Bordeaux , où une de ses filles
est mariée, elle y reste deux mois, se portant très-bien.
En juillet, elle se rend à Cauterets, où elle demeure,
un mois entier, confinée dans ses appartements, avec
les mêmes accidents qu'elle éprouvait en Écosse.
Elle part dans le mois d'août pour l'Italie ; elle passe
tout l'hiver à Naples, jouissant de la meilleure santé,
et d'où elle a écrit plusieurs fois qu'elle ne s'est
jamais mieux portée.

N'est-ce pas un exemple frappant des effets que
peut produire l'action alternative de l'air raréfié des
montagnes et de l'air condensé du littoral de la
mer ?

Quelle doit être la conclusion des développements
qui précèdent ? La voici :

Non seulement l'importance hygiénique et prophylactique de l'atmosphère maritime se manifeste
dans les diverses circonstances que nous venons de
mentionner en dernier lieu , comme elle s'était manifestée dans les *observations* antérieures (p. 55 à
64 ci-dessus) ; mais, de plus, elle se traduit en des
effets physiologiques semblables à ceux que M. Pravaz explique dans son *Essai sur l'emploi médical de
l'air comprimé*. Ce sont les effets de la pression at-

mosphérique , agissant *mécaniquement* sur l'organe respiratoire, et à la fois sur toute l'économie ; on les a même observés sur les végétaux : mais nous ne sachions pas que la cause en ait été démontrée, nulle part, d'une manière aussi satisfaisante que dans l'ouvrage précité de M. Pravaz , et nous avons admis cette démonstration, comme n'ayant encore été contestée par personne.

La plus grande analogie existe entre ces mêmes effets et ceux que nous ont présentés les bains de mer froids, et même les bains d'eau de mer chauffée. Dès-lors nous avons pu dire (p. 17) que, *sous l'influence du froid et de la pression extérieure, la respiration est plus active,* etc.; et ensuite (p. 50 à 64), nous avons pu *attribuer aux thermes maritimes un caractère de spécialité (une atmosphère médicamenteuse) qui ne se rencontre pas dans les thermes d'eaux minérales, presque tous éloignés de la mer.*

Nous croyons également être resté dans le vrai, en disant (p. 50 et 51) : « *L'air que l'on respire sur les bords de la mer est plus dense, plus chargé d'oxigène* (1); *donc, il exerce sur le corps une plus grande*

(1) En employant cette expression : *air plus chargé d'oxigène,* et l'épithète : *oxigéné,* qui se reproduit très-souvent dans le cours de notre travail, nous n'avons fait que nous conformer à un usage admis par la plupart des auteurs. « On sait que l'air atmosphérique n'est point une

pression et lui fournit une quantité plus considérable d'un élément important. »

Ces généralités , et les *observations* qui les confirment, suffisaient pour faire apprécier *les effets physiologiques des bains de mer et de l'atmosphère maritime;* mais nous avons jugé utile de justifier l'énoncé de ces effets par les propositions que nous avait fournies l'étude de l'écrit de M. Pravaz , et qui se sont naturellement représentées à notre esprit,

substance homogène; que partout et dans tous les instants, sur 100 parties, il en contient 79 de gaz *azote* et 21 de gaz *oxigène* , et que, sur 1,000 parties, il en comprend seulement 3 ou 4 d'acide carbonique. On a soumis à des analyses très-précises cet air , pris dans toutes les saisons, dans les climats les plus lointains, sur les plus hautes montagnes, et à des hauteurs plus grandes encore; on a trouvé constamment la même proportion des deux gaz azote et oxigène (Laplace , *Exposition du système du monde,* 5° édit., p. 95). Mais l'air est compressible et élastique; ses couches superposées se compriment en vertu de leur propre poids, et leur densité (ou la quantité de molécules d'azote et d'oxigène qu'elles renferment et auxquelles se mêlent d'autres gaz, de la vapeur d'eau, etc.) varie, toutes choses égales d'ailleurs, proportionnellement à la pression, mesurée au moyen du baromètre. Cette densité des couches d'air dépend de la manière dont leur force élastique, ou leur ressort, augmente à mesure que les couches se compriment; l'énergie de ce ressort est modifiée par le froid, la chaleur, la nature des gaz et des vapeurs mêlés à l'air, et par la variation de la pesanteur, de sorte que les conditions d'équilibre des couches atmosphériques sont très-difficiles à fixer, et ne peuvent être établies que d'une manière approximative, à l'aide du baromètre et du thermomètre, en ayant égard à la latitude des stations, etc. Mais ici il suffit de considérer que la densité des couches inférieures de l'atmosphère surpasse de beaucoup celle des couches supérieures; qu'elle diminue assez rapidement à mesure qu'on s'élève, puisqu'à 6,000 mètres de hauteur, la colonne barométrique est déjà réduite de moitié, et qu'à treize

lorsque nous avons examiné l'influence de l'atmosphère maritime, au double point de vue de l'hygiène
et de la prophylaxie. Nous avons voulu, d'ailleurs,
tenir complètement la promesse de la note (p. 183),
annonçant que le lecteur verrait pourquoi nous avions
changé d'avis sur l'explication, que l'on donne ordinairement, des influences de l'air plus pur, plus
léger, plus frais des montagnes. Tels sont les motifs
des détails (peut-être un peu trop longs) que ren-

lieues environ, l'air n'a plus qu'un millième de la densité qu'il présente
au niveau de la mer. Cela posé, et sachant que si, à une température
constante, on soumet une même masse d'air sec à des pressions diverses, les volumes qu'elle occupe successivement sont réciproques à ces
pressions, on verra que deux litres d'air pris à la hauteur de 6,000 mètres, où le baromètre marque 0^m 55^c à 0^m 58^c, équivalent à un seul litre
de même substance et de même température, au niveau de la mer où le
baromètre marque 0^m 76^c.

Par conséquent, *dire que l'air d'une région est plus dense que
celui d'une autre, c'est dire que, sous un volume donné, il contient
plus d'oxigène ou de gaz vivifiant ; il en est ainsi de l'air comprimé, naturellement ou artificiellement, comparé à de l'air dilaté ou
raréfié, dans des lieux terrestres, dont les parallèles soient également
distants de l'équateur.* Cette dernière considération, celle de la
latitude, ne sera d'une grande importance que dans les cas où elle
devra beaucoup influer sur les résultats, puisque la *pesanteur* aux
pôles de la terre surpasse seulement d'un 230e la *pesanteur* à l'équateur.
(Laplace, *loc. cit.*, p. 249.) L'élévation au-dessus de la mer, la température et les vapeurs ou autres fluides aériformes sont les causes
qui ont le plus d'influence sur la *densité de l'air.* — Si ordinairement la descente du baromètre est un pronostic de la *pluie*, de même
que son mouvement de hausse annonce le *beau temps*, il faut se sou-
venir que le premier de ces pronostics est plus sûr que le second.
(P. 302, t. 1er, Biot, déjà cité.)

ferme le présent chapitre, et que nous allons terminer après quelques réflexions touchant :

1° L'exercice auquel les baigneurs peuvent se livrer sur les côtes maritimes ;

2° La situation et l'appropriation des établissements consacrés aux bains de mer.

Les promenades à pied, à cheval ou en voiture (1),
les excursions sur mer, la pêche en bateau ou en
chaloupe, la chasse, etc., sont des exercices utiles
et plus ou moins indispensables pour les baigneurs
qui fréquentent les thermes maritimes. Dans ces
exercices, où la modération doit toujours présider,
il ne s'agit pas de se prémunir contre les fatigues,
les dangers et les accidents des courses faites dans les
montagnes : car, en n'abusant pas de l'exercice, en
s'éloignant peu du littoral proprement dit, on reste
continuellement soumis à l'air, dont les propriétés,
favorables à la santé, viennent d'être prouvées assez
longuement, et d'une manière assez péremptoire; on
est également sous l'action du soleil, si bienfaisante,
si salutaire pour certaines constitutions, lorsque surtout elle est, de temps en temps, affaiblie par une
douce brise du large.

(1) Sur les plages sablonneuses, sur les plateaux des falaises, à travers des dunes boisées et entrecoupées de terres arables, et jusqu'à une
certaine distance dans l'intérieur du pays...«Il y a, dit très-bien M. Auber (p. 199), *des sentiers et des routes pour tous les goûts ; pour ceux
qui aiment à rêver dans la solitude, et pour ceux qui ont besoin d'un
panorama accidenté et tourmenté,* etc. »

La température de l'air maritime dans la saison estivale, principalement sur les côtes méridionales et occidentales de France (sur la Méditerranée et une partie du golfe de Gascogne), est, pour ainsi dire, uniforme, comparativement à celle de l'air des montagnes ; elle ne subit pas les brusques et fréquentes variations, que produisent les vents de nord et de nord-est sur les rives de la Manche, et les orages sur les localités voisines des points culminants du globe. Aussi n'a-t-on pas besoin, sur ces côtes méridionales et occidentales, de prendre autant de précautions que l'indiquent M. Marchant pour les thermes pyrénéens (1) et M. Edouard Auber, qui voudrait *que le manteau fût en quelque sorte l'uniforme obligé, aussi bien pour les grandes personnes que pour les enfants* (p. 187 du GUIDE MÉDICAL ET HYGIÉNIQUE DU BAIGNEUR A LA MER) (2). L'usage du manteau peut être une

(1) « A la suite des pluies d'orages, à l'époque où les journées diminuent beaucoup, encore qu'elles soient chauffées par un soleil brûlant, les matinées et les soirées sont fraîches et humides. Cette humidité froide de l'air est grande, surtout si les vallées sont profondes, comme le sont quelques-unes de la chaîne pyrénéenne ; ce serait être, dans ce cas, d'une grande imprévoyance que de s'exposer à éprouver du froid. On conçoit tout ce qu'il y aurait de dangereux : l'excitation minérale pourrait être contrariée d'une manière funeste, On aura donc soin de *se vêtir chaudement*, de prendre les vêtements d'hiver, et d'adopter les gilets de flanelle sur la peau, ou de les reprendre si l'on a eu des raisons pour les quitter. » (P. 487 de l'ouvrage que nous avons cité très-souvent, notamment p. 157 ci-dessus.)

(2) En lisant cet ouvrage, publié à Paris en 1851, nous avons noté, à la page 79, le passage suivant : « *Il est à peu près reçu aux bains de mer*

chose excellente ; elle est même une nécessité sur les rives de la Manche. On le conçoit aisément : car c'est là *qu'il faut éviter, avec beaucoup de soin, d'exposer les enfants aux courants froids des vents d'est et de nord-est, dont l'action âpre et desséchante exerce sur toute l'économie une modification profonde et très-préjudiciable, surtout au début.* »

Cette dernière phrase est de M. Auber lui-même (voir p. 186 de son livre précité) ; elle confirme la distinction que nous avons faite entre les plages du Nord et celles de l'Occident (p. 95 ci-dessus), en parlant des diverses manières de prendre les bains à la lame. Mais, nous le dirons sans cesse, les précautions contre le froid ont beaucoup moins d'importance, dans

de ne pas se baigner pendant la canicule ,...... parce qu'à cette époque de l'année les rayons du soleil nous frappent verticalement, et que , par ce fait même, ils occasionnent souvent des congestions du cerveau, des inflammations , etc.... Nous ferons remarquer cependant, à ce sujet, qu'en raison même des différents degrés de longitude et de latitude , l'époque de l'année où le soleil est le plus brûlant n'est pas toujours, pour toutes les contrées du globe, celle où il est en conjonction avec l'ardente canicule ; ce qui vient, par conséquent, faire exception à la loi d'observation des habitants de certaines contrées , etc. »

Le lecteur reste ainsi impressionné du danger qu'il peut y avoir de se baigner pendant la canicule, qui dure du 24 juillet au 23 août ; nous nous faisons un devoir de détruire cette impression, parce qu'elle nous semble plus nuisible que profitable aux baigneurs :

M. Auber fixe la saison des bains du 15 juin à la fin de septembre (p. 4), en ajoutant qu'il n'est pas rare de voir des personnes se baigner encore au 15 octobre, et même au-delà. S'il est à peu près d'accord sur ce point avec M. Gaudet, celui-ci a émis une opinion toute différente sur la plupart des thermes maritimes du golfe de Gascogne, notamment aux Sables d'Olonne, à Royan, au bassin d'Arcachon, Biaritz, etc ; ce qui s'explique par l'innocuité des brises de terre et de mer sur ces points du littoral de l'Océan, et par l'expérience que les baigneurs ont faite de pouvoir y porter, sans inconvénient, des vêtements légers, même le soir et le matin, moyennant les plus simples précautions ; aussi leur suffit-il de ne pas rester longtemps immobiles sur le rivage, quand ils sentent les premières atteintes du froid ou d'une fraîcheur trop vive, etc.... Sur ce point, les conseils de M. Auber sont analogues à ceux que M. Gaudet a consignés dans son bel ouvrage (1),

les bains pris à la mer pendant la canicule. (Voir, à ce sujet, un article, longuement motivé, de son ouvrage, p. 43 à 50.) En effet, M. Gaudet dit que « la plupart des médecins jugeant que les bains de mer n'ont tous leurs avantages qu'à l'époque des grandes chaleurs, pendant les *jours caniculaires* de l'été, ont l'habitude de les conseiller à leurs malades depuis le 15 juillet jusqu'au 1.ᵉʳ septembre, rarement au-delà. » Ensuite, M. Gaudet établit, lui-même, que *pendant ces jours caniculaires l'eau parvient à son plus haut degré de température, et que cette condition rend alors les bains éminemment convenables aux enfants et aux personnes débilitées.* Nous partageons complètement cette dernière opinion, et nous espérons qu'elle prévaudra sur celle qui est énoncée dans l'ouvrage de M. Auber, et qui n'est point admise dans les thermes des golfes de Lyon et de Gascogne, pas plus qu'elle n'est reçue à Dieppe, ni dans beaucoup d'autres localités. — A Royan, la saison des bains dure du 1ᵉʳ juin au 1ᵉʳ octobre, et c'est dans les mois de juillet et d'août que l'on s'y baigne le plus, sans qu'il en soit résulté aucun inconvénient depuis un temps immémorial.

(1) *Recherches sur l'usage et les effets hygiéniques et thérapeutiques*

p. 61 , 62, 63 , où il veut, avec raison , prémunir les baigneurs imprudents contre les pernicieux effets de *ces vents occidentaux et septentrionaux,* de *ces brises froides et humides* qui frappent , quelquefois, avec violence la plage de Dieppe , même dans les plus beaux jours de l'année. On ne trouvera donc pas étonnant qu'il recommande *la flanelle sur la peau, des vêtements plus chauds pour le soir et le matin que pour la journée,* et surtout *l'exercice continu de la marche* quand on veut *prendre le frais* ou se promener après le coucher du soleil, ou à des heures matinales , etc.

Ces conseils , dont la plupart sont donnés aussi par M. le docteur Le Cœur (1), s'appliquent principalement aux côtes de Normandie, comme nous l'avons fait remarquer (ci-dessus, p. 150). On doit s'en préoccuper plus ou moins, suivant l'exposition des plages, etc. Ils méritent l'attention des baigneurs, particulièrement en ce que l'exercice y est presque toujours signalé comme une des meilleures ressources de l'hygiène et comme agissant dans le même sens que les bains et l'air vif de la mer. L'exercice est, en effet, une des branches les plus fécondes de l'hygiène; il est même indispensable, inséparable de la vie : mais

des bains de mer, par M. A.-M. Gaudet, médecin-inspecteur des bains de Dieppe, 3ᵉ édit., 1844. C'est cette édition que nous avons toujours consultée dans le cours du présent travail.

(1) *Guide médical et hygiénique du baigneur,* t. 2, p. 25.

pour qu'il ne devienne pas nuisible en certaines circonstances, il faut que l'on sache en régler l'usage; ne pas s'y livrer avec trop d'ardeur, ni d'une manière trop soutenue, ni dans des conditions désavantageuses ; il faut qu'il soit sagement combiné avec le repos, et convenablement approprié à l'état des individus.

Si nulle part, mieux que près de la mer, on n'est à même de bien utiliser l'exercice comme moyen hygiénique, les lieux affectés aux bains de mer doivent être, pour cela , dans des conditions spéciales de situation, d'exposition et d'appropriation.

Il ne suffit pas que la nature ait beaucoup fait pour la plupart des thermes maritimes, il faut que la main de l'homme y ajoute ce *confort* devenu un besoin impérieux de la civilisation. Sous ce rapport, la France a été devancée par l'Allemagne et l'Angleterre, comme elle l'avait été dans l'étude des bains de mer. Aussi M. Gaudet disait-il, encore, avec raison, en 1844 (p. XIV de l'introduction de son ouvrage) : « Ce n'est pas sans étonnement qu'on voit la France, avec le vaste développement de ses côtes maritimes, rester inactive, en face de ce mouvement qui portait les esprits vers l'étude et la pratique des bains de mer, en Angleterre , depuis le milieu du dernier siècle ; en Allemagne, depuis la fin de la même période séculaire. Si nous avons été si longtemps à suivre ces deux pays dans la voie où ils sont entrés, il faut le déplorer pour le bien de l'humanité et pour les progrès de la science, etc. »

Rien ne manque, en effet, dans les thermes minéraux et maritimes de l'Angleterre et de l'Allemagne, pour ce qui concerne les moyens de satisfaire aux plus capricieuses exigences, par la réunion des agréments les plus contraires, *la société et la solitude, la montagne et la plaine, la ville et la campagne.* Aussi, dans ces superbes établissements, le médecin a-t-il l'immense avantage de pouvoir élever graduellement pour certains malades (les hypocondriaques, les femmes à accidents nerveux protéiformes, etc.), la mesure de l'exercice et de la distraction, puisqu'à côté des joyeuses compagnies, dont l'activité fatiguerait plus ou moins ces organisations affaiblies, il lui est facile de faire trouver la solitude, une belle nature, des forêts vertes et montagneuses, etc., etc.

Sous ce point de vue, la France a bien des progrès à faire encore dans les thermes en général, et principalement dans les thermes maritimes.

Parmi ces derniers, les uns appartiennent à des villes plus ou moins populeuses, plus ou moins commerçantes, où la saison des bains passe presque inaperçue, où les baigneurs ne peuvent rompre leurs habitudes, échanger une existence d'occupations sérieuses, de travail, et parfois de soucis, contre le mouvement, la liberté, la quiétude, le repos, l'exercice, et les distractions, tout cela dans des limites sagement déterminées (1).

D'autres localités maritimes présentent, soit des grèves abruptes et caillouteuses, soit des plages tout à fait plates, arides et sablonneuses, plus ou moins boisées, garnies de maisons et de chalets élégants et commodes, il est vrai, mais quelquefois trop peu agglomérés pour faciliter des réunions fréquentes et journalières. Sur ces dernières plages, les baigneurs se trouvent dans un isolement presque complet; cet isolement ne convient pas à tout le monde, et prive, de plus, le médecin d'une variété suffisante d'agents hygiéniques qu'il pourrait harmoniser avec l'état de ses malades, et l'empêche de mettre à profit certains agréments, pour seconder les traitements, dans de justes proportions.

Enfin, il est des bains de mer où l'on ne souffre ni de l'isolement, ni des autres inconvénients dont nous venons de parler; mais ils n'ont pas encore tout le *confort* désirable. Cependant, les progrès qu'ils

______

(1) « Dans toute l'Allemagne, on sait parfaitement que les malades qui se trouvent bien de leur séjour à Grœffenberg, doivent l'attribuer aux conditions dans lesquelles ils sont placés, bien plus qu'à l'eau, qui n'a joué qu'un rôle secondaire. Aussi, *dans les établissements hydriatiques de Vienne, les mêmes malades, suivant le même traitement qu'à Grœffenberg, obtiennent très-peu de résultats, parce qu'ils habitent une brillante capitale, au lieu de vivre dans un pays de montagnes d'où Priesznitz bannit, avec soin, toutes les séductions des villes.* » (P. 62 des *Recherches historiques et critiques sur l'hydrothérapie*, par le professeur A.-L. Boyer. Paris, 1843.)

14

ont déjà faits, nous permettent d'en espérer de nouveaux; la vogue, toujours croissante, qu'ils méritent, ne tardera pas à y introduire les diverses améliorations que les baigneurs sont en droit d'exiger. Ainsi, le temps n'est pas éloigné où les thermes maritimes de France cesseront d'être inférieurs aux établissements analogues des bords du Rhin et des îles britanniques. Alors, les personnes bien portantes, comme les valétudinaires et les malades, les fréquenteront, avec d'autant plus d'empressement et de plaisir, qu'elles auront la certitude d'y trouver la santé, sans crainte de la compromettre.

Nous avons souvent employé l'expression : *valétudinaires,* particulièrement lorsque nous avons comparé l'atmosphère des montagnes à celle des côtes maritimes. Par cette expression, nous avons toujours entendu désigner les personnes qui, allant aux eaux uniquement pour raffermir leur santé plus ou moins affaiblie, et n'ayant à combattre aucune cause morbifique particulière, n'ont besoin que de cette *action excitante,* commune, d'après M. Marchant et d'autres auteurs, à toutes les eaux thermales ou non thermales, action que possèdent au plus haut degré *tous les éléments constitutifs des bains de mer.*

Il n'est jamais entré dans notre pensée de parler des personnes malades, qui doivent demander à la spécialité, reconnue, de telle ou telle eau minérale, plus ou moinst hermale, sulfureuse, alcaline ou autre , la guérison de leurs maux , ou au moins leur soulagement.

Sans prétendre ériger l'eau de mer en panacée , nous dirons qu'indépendamment des affections déjà assez nombreuses contre lesquelles on l'emploie avec succès, comme on le verra plus loin, on peut en tirer un grand parti pour consolider , dans bien des cas, des guérisons obtenues par d'autres moyens thermaux. Cette proposition n'est pas le résultat d'une confiance exagérée dans cet agent thérapeutique, encore moins une hypothèse ; c'est une réalité dont nous avons acquis la preuve par notre expérience , et que nous appuierons du fait suivant :

Cette *médication secondaire ou de convalescence ,* si nous pouvons nous exprimer ainsi, est mise depuis longtemps en pratique par le médecin qui , dans les Pyrénées , voit le plus d'affections graves de poitrine. Nous voulons parler de M. le docteur Daralde, médecin-inspecteur des Eaux-Bonnes, lesquelles eaux jouissent, dans le traitement des affections pulmonaires, d'une puissance curative incontestable et incontestée.

Ce médecin, si justement apprécié dans sa spécialité , prescrit très-souvent aux malades qui partent des Eaux-Bonnes, de séjourner quelque temps sur les bords de la mer ; il envoie même certains malades y passer l'intervalle compris entre deux saisons d'eaux de la même année (1).

En rapprochant ce dernier fait des expériences et observations de M. Pravaz, sur l'emploi médical de l'air comprimé, n'est-on pas conduit à penser que l'atmosphère maritime agit sur ces malades déjà traités aux Eaux-Bonnes, non seulement par sa pureté, sa température, ses divers éléments chimiques, mais encore par une pression ou force élastique d'une intensité convenable pour leurs organes pulmonaires?

Quant à nous, nous avons la conviction de l'importance de cette force élastique; nous y voyons la cause de ces effets physiologiques, dont tout le monde éprouve le sentiment, sans pouvoir se les bien expliquer, et même en les exprimant dans un langage usité, à la vérité, mais qui mainte fois n'est qu'une

---

(1) Il désigne, pour cela, une plage bien exposée et n'offrant pas les dangers que M. Le Cœur signale, ainsi qu'il suit, pour certaines plages des côtes de la Manche :

« Le baigneur devra choisir, autant que possible, la plage sur laquelle il ira prendre ses bains, *abritée du souffle si pernicieux des vents directs de l'est et du nord-est...* Ces vents, en effet, arrivent dans nos latitudes (côtes de la Manche), directement des vastes savannes et des steppes glacés de la Sibérie et des pays du Nord. Pour parvenir jusqu'à nous, ils n'ont eu que peu ou même pas de mers à traverser; aussi, leur aridité n'étant tempérée par rien, sont-ils secs, brûlants; dessèchent-ils l'épiderme; enlèvent brusquement à la peau une partie de ses fluides perspiratoires; modifient, le plus souvent, sans qu'on sache trop de quelle manière, toutes les fonctions électro-vitales; déterminent un état de malaise et de souffrances vagues; et sont-ils, en somme, de tous, les plus préjudiciables à la santé, etc... » (Le Cœur, déjà cité, t. 2, p. 19.)

illusion des sens , ou le défaut de connaissance des faits réels, ou l'apparence prise pour la réalité. Ainsi, de même que l'on dit, souvent, *le mouvement diurne des astres autour de la terre* , soit que l'on sache ou que l'on ignore la rotation de la terre sur son axe , de même on dit, à l'approche des orages , que *le temps ou l'air est lourd;* et, cependant, on observe que, dans ces temps variables, le baromètre, en baissant, indique une diminution de la pression atmosphérique; preuve évidente que l'air est devenu moins riche en force élastique. De plus , on peut vérifier que, dans la plupart de ces cas, l'air devient *moins dense,* ou moins comprimé, et par conséquent plus léger : donc, alors, on a tort de dire qu'il est *plus lourd* (1).

(1) « La raréfaction de l'air , opérée artificiellement par la machine pneumatique, a montré qu'au-delà d'un certain degré, la vie des animaux s'éteignait promptement dans un milieu dont les principes constituants, moins condensés, conservaient, d'ailleurs, leur proportion normale. On a conclu , de là, qu'une diminution , comparativement légère , de la pression atmosphérique ordinaire devait allanguir toutes les fonctions de la vie. — Cela est vrai , en général , lorsque cet abaissement est rapide, et alterne avec des oscillations en sens contraire, dont la fréquence ne permet pas à l'organisme de coordonner ses fonctions à chaque modification du milieu où nous vivons; car la plénitude de la vie est parfaitement compatible avec une atmosphère constamment et notamment plus rare que celle qui presse le niveau des mers. » (Pravaz, *loc. cit.,* p. 20.) Cette dernière proposition est prouvée par l'existence de la nombreuse population qui habite les plateaux élevés des Andes; mais il est à remarquer que, d'après les expériences de la cloche à plongeur , comparées à celles des ascensions terrestres et aérostatiques, l'air condensé est

M. Pravaz (p. 333), en parlant d'un asthme spasmodique guéri par son appareil pneumato-médical,
rapporte *qu'une course à cheval prévenait quelquefois
les paroxysmes de suffocation*, etc., et (p. 356) il
donne une observation, qui lui fait dire *que l'accroissement de l'intensité de la respiration semble particulièrement favorable au traitement de la coqueluche :*
« M. le docteur Blache, médecin distingué de Paris,
a constaté qu'un de ses propres enfants, atteint
de coqueluche, se trouvait constamment bien du jeu
de l'escarpolette, surtout quand les mouvements
étaient très-rapides ; et qu'au moment de la plus
grande violence de sa coqueluche, la toux n'avait
point lieu, tout le temps que durait cet amusement,
qui, dans certains cas, paraissait faire avorter une
quinte imminente. Le jeu de l'escarpolette, dans ce
cas de coqueluche, et la course rapide à cheval dans
le cas de l'asthme spasmodique, agissaient sans doute
de la même manière, c'est-à-dire en augmentant le
conflit de l'atmosphère avec les organes respiratoires. »

plutôt favorable que nuisible à l'économie, dans nos climats d'Europe,
même lorsqu'il atteint une force élastique égale au poids de deux atmosphères et plus. D'où nous concluons que la raréfaction de l'air est la
cause principale de ce malaise (*diminutif, infiniment petit, du mal des
montagnes*), que nous ressentons dans les temps orageux, et qui arrive
avec l'abaissement du baromètre. Or, la raréfaction de l'air implique ordinairement une diminution de densité et non pas une augmentation :
donc, le plus souvent, ce malaise ne doit pas être attribué à un accroissement de la pesanteur de l'air,

Les considérations et les divers exemples par lesquels M. Pravaz explique et prouve (ch. XV, p. 351)
l'efficacité du bain d'air comprimé, pour éliminer les
principes délétères introduits du dehors, ou engendrés au dedans, par quelques vices de la rénovation
organique (p. 351 à 363), nous font vivement désirer que ce physiologiste, aussi habile praticien que
profond observateur, veuille bien comprendre, dans
ses nouvelles recherches, l'influence de l'atmosphère
maritime ; il a fait entrevoir cette influence dans la
proposition que nous rapporterons au commencement du chap. II ci-après, p. 224. Certes, il lui sera
très-facile de répandre une vive lumière sur cette question délicate, dont nous avons à peine ébauché l'examen.

Enfin , qu'il nous soit permis d'émettre le vœu
que nos confrères, chacun dans la sphère de sa spécialité et de sa position , appréciant la haute portée des
recherches de ce genre , se déterminent à faire des
expériences sur les effets physiologiques et combinés
de la pression, de la densité et de la température atmosphériques, dans l'emploi de diverses médications.

Peut-être ces expériences conduiront-elles à de précieuses découvertes sur les ressources que ces agents
physiques et mécaniques nous semblent offrir dans
l'hygiène, la prophylaxie, et les médications destinées à combattre non seulement les affections individuelles , mais encore les épidémies, ces fléaux

humanitaires qui , jusqu'à ce jour , ont le plus souvent émoussé toutes les armes de l'art de guérir.

Peut-être ces mêmes expériences fourniront-elles
des explications rigoureuses de faits singuliers, bien
connus et encore inexpliqués, tels que (par exemple) ceux qui sont constatés, pour les eaux minérales
de Barèges, par M. le docteur Marchant (1) ; et, pour
celles de Vichy, par M. le docteur Durand-Fardel (2).

(1) *Loc. cit.*, p. 164 et 165. « Il est constant que les malades qui se
baignent dans les *piscines*, y guérissent mieux et plus vite qu'on ne guérit
dans les chambres particulières des bains, etc. On conçoit qu'une atmosphère chargée de cette chaleur (26°) et d'une épaisse vapeur sulfureuse,
qui ne peut, en aucun cas, être renouvelée entièrement, est très-apte à
favoriser la puissance curative des eaux. Cette remarque s'applique
identiquement aux chambres à douches, etc. » — « On a observé que les
guérisons étaient plus lentes dans les cabinets de nouvelle construction que
dans les anciens, et cela parce qu'on suppose que dans ceux-ci la vapeur se trouve suspendue plus favorablement pour le bien des malades
que dans ceux-là où la voûte est construite différemment, et que la
forme élégante qu'ils ont est moins propice, parce qu'elle est plus élevée. »

Ces passages indiquent des faits, mais ne les expliquent en aucune
manière. Quant à nous, nous croyons y apercevoir des effets dont les
causes sont chimiques, physiques et mécaniques, savoir : les principes
minéralisateurs, la température, la densité, et surtout la *pression* ou
la force élastique du milieu gazeux ou aériforme dans lequel s'exécutent
les fonctions de l'économie.

(2) *Des Eaux de Vichy*, par le docteur Durand-Fardel, médecin-inspecteur des sources d'Hauterive, à Vichy (ouvrage publié en 1851) :
« Les bains de piscine ont des effets bien différents des bains de baignoire. Le volume considérable du liquide où les malades sont plongés,
la quantité des principes minéralisateurs qui se renouvellent sans cesse
autour d'eux, la mobilité de l'eau et les mouvements qu'ils peuvent y

Selon nous, il né faudra pas perdre de vue que, dans les observations à faire, il serait curieux, et même nécessaire, de consulter simultanément le thermomètre et, soit le baromètre, soit le manomètre, en ayant soin de constater surtout la densité du milieu ambiant, densité qui n'est pas toujours proportionnelle à la hauteur barométrique. En effet, comme le dit M. Pravaz, p. 85, au sujet de l'air des mines profondes : « L'air des couches inférieures, acquérant plus de ressort par son échauffement, peut faire équilibre, *avec une moindre densité,* au poids augmenté de la colonne atmosphérique, et dès-lors la quantité d'oxigène qu'il contient, sous un volume donné, n'est pas proportionnelle à la pression barométrique. » — Il nous semble rationnel d'attribuer aux influences de ces agents météoriques les faits singuliers qui se remarquent dans les *vaporarium,* les *sudatorium,* les *piscines,* les *bains russes,* etc.

exercer eux-mêmes, donnent à ces bains une efficacité bien plus grande que celle des bains de baignoire, soit que l'on recherche une simple action topique de l'eau sur la peau, ou l'absorption des principes minéralisateurs que cette eau tient en dissolution. En même temps, par une circonstance qui semble contradictoire, ces bains, beaucoup plus énergiques, sont souvent bien plus faciles à tolérer : en effet, tandis qu'on reste difficilement plus de deux heures dans une baignoire, on peut généralement rester quatre et cinq heures dans la piscine sans en ressentir de fatigue. »

N'est-ce pas encore le cas de dire qu'on pourrait, par la température, la densité et la pression du milieu aériforme, se rendre compte de ces faits dont M. Durand-Fardel ne donne aucune explication ?

CHAPITRE II.

De l'eau de mer à l'extérieur et à l'intérieur, et de l'atmosphère maritime, sous le rapport de la thérapeutique et avec leurs applications à divers états morbides.

Considérations préliminaires.

Les bains en général, les bains de mer en particulier, aidés de l'action puissante de l'air atmosphérique, et administrés, les uns et les autres, à diverses températures, ont été préconisés et employés avec succès dans une foule de maladies. Malheureusement on s'est laissé, souvent, guider dans leur administration par des idées trop exclusivement théoriques ou par un simple empirisme; on n'a pas établi, d'une manière assez précise, et leurs indications, et leurs *modus agendi*. L'action du bain ne réside point, d'une manière absolue, dans le bain lui-même ; elle dépend, surtout, de la manière dont il est accepté par l'organisme, et, par conséquent, des dispositions de ce dernier au moment où le bain est prescrit. Quant aux maladies, ce n'est pas par leur nom qu'il faut les juger, mais bien par les éléments morbides qui les constituent. Ainsi, une hémorragie, une névrose, une hydropisie, etc., peuvent reconnaître pour cause première, tantôt l'excitation, tantôt la débilité, une fois l'éréthisme, une autre fois des altérations diverses des solides et des fluides, etc.

De plus, les maladies d'une part, les bains de mer de l'autre, présentent, dans leurs effets, des éléments très-complexes qui exigent que le médecin, surtout dans plusieurs cas, ait une certaine habitude pratique; qu'il fasse une analyse profonde et sévère. On ne s'étonnera donc pas que les bains de mer échouent, qu'ils puissent même devenir nuisibles, dans certains cas analogues, en apparence du moins, à certains autres, dans lesquels leur usage aura été couronné des plus brillants succès.

Si nous voulions poser d'une manière complète et détaillée toutes les indications thérapeutiques des bains de mer, il nous faudrait entrer dans des développements qui dépasseraient de beaucoup les limites du cadre que nous nous sommes tracé pour le présent travail. Nous nous bornerons donc à mettre en relief quelques-uns des points les plus saillants de ces indications.

Ce qui doit servir de guide au praticien, c'est l'étendue, l'intensité, la durée, le mode de réaction sanguine, nerveuse, etc., de l'économie entière et de chacune de ses parties.

Ainsi, pour les *bains de mer froids* :

1° Il est des sujets sains, vigoureux, peu impressionnables, à système circulatoire périphérique bien développé, habitués au froid, qui n'éprouvent ni spasmes, ni frissons marqués, en se plongeant dans la mer, et qui y restent pendant un temps considérable sans voir apparaître des frissons secondaires. Une réaction vive s'établit et se maintient malgré la soustraction du calorique, incessamment opérée par le milieu qui les environne.

2° Il en est d'autres, en petit nombre, chez lesquels le spasme primitif, se manifestant avec la plus grande intensité vers le début, va toujours en augmentant, et ne se dissipe qu'avec beaucoup de peine, de lenteur, malgré les moyens les plus actifs pour les réchauffer, bien que le bain ou l'immersion aient été très-courts. Ils doivent renoncer aux bains froids, à moins que cet état ne soit purement passager.

3° Entre ces deux extrêmes, se placent de nombreux intermédiaires.

Nous ne reviendrons pas sur tous les phénomènes, décrits ailleurs, qui accompagnent les divers degrés de réaction, que présentent les personnes faisant usage des bains de mer. Nous dirons seulement qu'il en est chez lesquelles la réaction générale serait convenable, si elle n'était accompagnée de symptômes nerveux particuliers, de congestions vers la tête, la poitrine, le bas-ventre, etc., de toux, d'embarras gastriques intestinaux, etc. ; qu'il en est d'autres (les hypocondriaques, par exemple) qui, souvent, ne retirent point de ces bains tous les avantages que l'on pourrait en attendre, et cela, parce qu'ils en redoutent les effets, etc.

Le médecin devra peser toutes ces circonstances, (qu'il ne peut connaître le plus souvent *à priori*), pour fixer la durée du bain général ; pour lui associer, à l'instar des hydrothérapistes, l'enveloppement humide, les douches, les immersions, les affusions, les bains locaux, les applications topiques ; pour le remplacer quelquefois par ces derniers moyens ; pour y joindre certaines pratiques accessoires, diverses médications, telles que les évacuations sanguines, locales ou générales, les purgatifs, les révulsifs, les toniques. Les bains de mer chauffés, ainsi que nous l'avons dit, les bains ordinaires émollients eux-mêmes offriront, dans bien des cas, de précieuses ressources. On devra enfin, chez certains individus, agir sur le moral en combattant des craintes exagérées, leur donnant des espérances, qui seront confirmées par les succès de chaque jour et par les exemples qu'on pourra leur montrer, etc.

Quant aux effets médicateurs qu'on doit demander à l'air des côtes maritimes, nous n'y reviendrons pas, les ayant déjà fait ressortir dans le chapitre précédent ; nous ajouterons seulement ce qu'en a dit M. le docteur Pravaz : «L'observation, qui montre un certain affaiblissement des fonctions de la vie comme consécutif à l'abaissement de la pression atmosphérique, manifeste de même une exaltation de la vitalité sous l'influence de l'accroissement de cette pression , et c'est là le fondement essentiel du conseil donné à quelques malades d'habiter de préférence les bords de la mer (1). »

Art. Ier. — *Faiblesse, atonie.*

Tous les médecins reconnaissent, et nous avons suffisamment prouvé, que le bain froid, surtout le bain de mer à la lame, est un des moyens les plus efficaces pour combattre les maladies dont l'élément principal est la faiblesse. Mais la faiblesse offre des différences importantes, selon qu'elle est simple ou compliquée, directe ou indirecte, générale ou locale.

1° *Elle peut être simple,* soit qu'elle tienne à une disposition primitive ou qu'elle se rattache à des causes débilitantes, telles que le défaut d'exercice, une alimentation insuffisante ou peu réparatrice, un accroissement trop rapide, etc., etc.

2° *Elle peut succéder à divers états morbides,* suivis de convalescences longues, pénibles, qui laissent parfois quelque susceptibilité dans certains organes.

3° *Elle est indirecte* quand l'économie tombe dans un état de prolapsus, suite de l'abus des excitants; il

(1) Pravaz, p. 21, chap. II : *Observations sur le mode d'influence qu'exerce la pression atmosphérique relativement aux phénomènes chimiques et physiologiques de la respiration.*

y a souvent, alors, de l'atonie et de l'éréthisme, etc.

Dans ces diverses circonstances, les bains de mer sont fort utiles; mais, dans le deuxième et le troisième cas , il faut surveiller la stimulation qu'ils pourraient exercer sur certaines parties ou sur l'organisme tout entier.

Ici viennent, en leur place naturelle, quelques considérations spéciales relativement à l'âge et au sexe des individus, etc.

I. *Les enfants que l'on envoie aux bains de mer, comme atteints de faiblesse générale,* présentent ordinairement les phénomènes suivants : teint pâle ou plombé, paupières œdémateuses , selles mauvaises, développement incomplet au moral et au physique, peau chaude, maigreur, chairs molles et flasques, articulations relâchées, attitudes vicieuses , impressionnabilité, manque d'énergie pour le travail et même pour les jeux, appétit peu marqué ou irrégulier, digestions pénibles , poitrine étroite, palpitations , petitesse et fréquence du pouls, etc.

Chez quelques-uns on remarque une susceptibilité particulière des voies digestives, des coryza, de l'enrouement, des éruptions , un peu de déviation dans les vertèbres ou dans les membres, etc.

Quand les enfants sont trop faibles, on doit les soumettre d'abord aux bains d'eau de mer chauffée, suivis de bains à la lame courts et pas trop rappro-

chés. On aidera ces bains de tous les moyens qui favo-
risent la réaction ; sous leur influence, le pouls devient
bientôt plus ample et plus lent, l'appétit renaît, les
digestions sont faciles, la nutrition s'active, les muscles acquièrent du développement et de l'énergie, le
corps s'élance et se redresse, le teint s'éclaircit et se
colore ; l'enfant présente souvent, au moral comme au
physique, une transformation complète.

Les douches en arrosoir dirigées sur la colonne
vertébrale et les membres, l'exercice de la marche,
la gymnastique, un régime fortifiant, sont d'excellents auxiliaires des bains.

OBSERVATION 20. — Le fils de M. M..., avocat,
est âgé de sept ans ; il a un tempérament lymphatique nerveux. Chaque année, depuis quatre ans, il
passe environ deux mois sur les bords du bassin
d'Arcachon, et il offre un exemple frappant de l'action bienfaisante que les bains de mer exercent sur
ces tempéraments.

Cet enfant est né avec une organisation frêle ; son
teint est frais et rosé, sa chair blanche et un peu
molle. Jusqu'à l'âge de trois ans, il était presque sans
appétit ; l'époque des chaleurs occasionnait chez lui
des maux d'entrailles qui s'accompagnaient de fréquents accès de fièvre, et amenaient, par suite,
une grande faiblesse et un grand dépérissement.
Nous conseillâmes les bains de mer, mais nous recommandâmes, en même temps, de ne point violen-

ter l'enfant, s'il résistait pour ne pas prendre ces bains sous le choc des lames.

Pendant les deux premières années, en effet, l'enfant ne voulut point être exposé aux lames ; il se promenait seulement, nu-pieds, sur le sable brûlant de la plage ; il courait, parfois, jusqu'à mi-jambes, dans les vagues épanouies sur le rivage. Le soir, on l'épongeait avec de l'eau de mer tiède. Dès le troisième jour de ce simple traitement, tous les symptômes alarmants disparaissaient ; le teint se colorait, l'appétit et, avec lui, les forces revenaient, les yeux reprenaient leur vivacité, et la gaîté du caractère suivait les progrès de la santé.

Son père, qui observait avec sollicitude cette action du séjour sur les bords de la mer, nous dit souvent : « Mon fils va prendre, pendant deux mois, de la santé pour tout son hiver. » Effectivement, chaque année, cet enfant rapportait du bassin d'Arcachon une santé parfaite ; son appétit était excellent, ses forces décuplées, son teint légèrement bruni et coloré ; seulement, à l'approche des chaleurs suivantes, les symptômes de l'affaiblissement revenaient.

Depuis deux ans l'enfant s'est baigné à la mer, et son organisation s'est sensiblement améliorée et raffermie. Aujourd'hui, il a tout l'extérieur d'un enfant robuste. Il a eu, dans l'hiver de 1851, une fièvre éruptive ; cette fièvre n'a amené aucune conséquence fâcheuse, et a été supportée vaillamment. Ce qu'il importe aussi de remarquer, c'est que l'intelligence et le caractère de cet enfant ont passé par les mêmes phases que sa constitution. Il était doué d'une intelligence précoce, mais son caractère, d'une grande douceur, était sans énergie, et sa volonté, presque nulle; le caractère et la volonté se sont raffermis en même temps que les chairs et le tempérament. Aujourd'hui, il veut et agit résolument; il est ardent, trop ardent peut-être, au travail; il saisit et apprend avec une grande promptitude : de telle sorte qu'entre l'organisation physique améliorée et l'organisation intellectuelle, il existe maintenant une belle et complète harmonie.

OBSERVATION 21. — En octobre 1827, M. le professeur Delpech, étant venu présider le jury médical à Bordeaux, fut appelé dans une maison des Chartrons, afin de voir une jeune enfant, Mlle G..., pour laquelle il donna la consultation suivante :

« Une constitution fortement lymphatique a nui beaucoup au développement des muscles. La même source a, sans doute, donné lieu à un relâchement remarquable de presque tous les ligaments. Il s'ensuit une démarche mal assurée, des mouvements sans grâce, une légère voussûre du haut de la région dorsale de l'épine, une légère courbure au devant, avec douleur dans la région lombaire. Ces deux difformités sont très-peu de chose et nulles en elles-mêmes, mais elles sont la preuve de difformités plus fortes , plus graves qui doivent survenir, lesquelles , en l'état des choses, peuvent être prévenues facilement. Dans cette vue , nous conseillons :

» 1º Une nourriture succulente et tonique, etc.;

» 2º L'usage alternatif et soutenu, tantôt des eaux de la mer, à la dose de trois à quatre onces , d'abord le matin , ensuite deux fois par jour, tantôt des anti-scorbutiques , principalement sous la forme de sirops, d'une eau légèrement chargée de carbonate de fer ;

» 3º De la gymnastique assidue, fréquente et prolongée ;

» 4º Du séjour sur les bords de la mer, pour prendre des bains à la lame , pendant un mois ou deux, et cela plusieurs années de suite, etc., etc.... »

Nous fûmes chargé de suivre ce traitement. Malgré nos recommandations , les prescriptions ne furent pas remplies avec toute l'exactitude désirée ; aussi, vers l'époque de la saison des bains de mer 1828 , l'état de la jeune malade n'avait subi aucune amélioration. Elle était faible , pâle , sans énergie ni physique, ni morale; sa démarche était toujours sans grâce, etc.

On la conduisit à Royan en juillet 1828; elle y resta jusqu'au milieu de septembre suivant. L'activité de la nutrition donna de l'activité et du développement au système musculaire, le corps se redressa, le teint s'éclaircit et se colora.

On continua le traitement dans l'intervalle de la saison 1829 à 1830 ; l'amélioration se soutint, et, après cette seconde saison de bains, il y avait chez cette demoiselle, tant au physique qu'au moral, une transformation si complète, que sa mère et ses parents nous en exprimèrent plusieurs fois leur étonnement.

Mlle G... s'est mariée, et elle a des enfants qui sont très-forts et très-beaux.

OBSERVATION 22. — Mlle P...., de Bordeaux, dont la mère était morte phthisique, avait échappé elle-même aux suites d'une lésion, très-grave, de plusieurs des vertèbres cervicales, qui l'avait tenue alitée, pendant près de deux ans, sous la direction de plusieurs médecins ; elle était parvenue à sa dixième année, dans un état de faiblesse générale, qui alarmait beaucoup ses parents sur l'avenir de sa santé.

Prié de formuler notre opinion par écrit, nous l'exprimions, le 11 juin 1835, en ces termes :

« Plusieurs des vertèbres cervicales ont été atteintes de carie scrophuleuse ; quelques abcès autour du cou ont donné issue aux matières purulentes ; une cicatrice s'est organisée sur les os cariés ; mais pendant cette organisation, le poids de la tête entraînant, sans cesse, la portion supérieure du cou en

avant, il en est résulté l'état suivant, dans le port ,
l'attitude et les formes du corps :

» La région cervicale, au lieu d'être courbée gra-
cieusement comme dans l'état ordinaire, forme au
contraire une voussûre en arrière, ce qui fait paraî-
tre la tête tout à fait isolée en avant. Par suite, pour
les besoins de l'équilibre dans la déambulation et
dans la station, soit assise, soit droite, la courbure
de la région lombaire s'est exagérée ; elle s'est même
prolongée le long de la région dorsale, de manière
à effacer complètement la voussûre naturelle du dos.
Un autre effet est résulté de cette nouvelle disposition dans les vertèbres dorsales : l'angle des côtes
droites et gauches est devenu plus aigu, le diamètre
antéro-postérieur de la poitrine s'est rétréci, le diamètre transversal s'est allongé ; il y a, de fait, aplatisse-
ment très-prononcé de cette cavité d'avant en arrière, conformation fâcheuse par la gêne croissante
que doivent en éprouver les poumons, dans leur développement.

» De plus, l'exténuation des forces, la fonte des
muscles, l'irritabilité augmentée de tout le système
nerveux, sont de nouveaux motifs d'accidents plus
ou moins fâcheux, et d'une sorte de dépérissement
lent et continu.

» Il est possible non seulement de parer à de nouveaux malheurs, mais encore de ramener Mlle P.... à
un état satisfaisant de santé. Pour arriver à ces ré—

sultats, il faut modifier complètement la constitution de la malade, changer, pour ainsi dire, son tempérament ; mais, je me hâte de le dire, cela ne peut se faire qu'à la longue, graduellement, et en mettant, dans l'emploi des moyens nécessaires, beaucoup de persévérance.

» La première et principale indication à remplir est de fortifier le corps entier par les bains de mer, les frictions, la gymnastique et le régime, etc., etc. » Viennent ensuite des détails sur l'administration de ces divers moyens, détails que nous supprimons ici.

Nous nous contenterons d'assurer que, pendant cinq années consécutives, Mlle P.... a été conduite à Royan ; que, sous l'influence principalement de l'action des bains de mer, son tempérament s'est assez complètement transformé pour qu'elle ait pu continuer son éducation sans éprouver le moindre accident ; que la période menstruelle est arrivée et s'est régularisée parfaitement ; que son corps a pris un développement tel, qu'il était presque impossible, dès la sixième année, de s'apercevoir de sa difformité ; et qu'enfin, depuis lors, elle n'a cessé de jouir d'une santé excellente.

II. *Les adolescents des deux sexes* se trouvent, très-souvent, dans des conditions analogues. Parmi eux on remarque, surtout, les jeunes filles affaiblies par les maladies de l'enfance, de nombreux catarrhes

de la pituitaire, des bronches, une menstruation dif-
cile, une croissance rapide ; elles sont généralement
nerveuses, excitables ; les unes sont amaigries, les
autres ont de l'embonpoint, mais elles portent les traces
évidentes d'une constitution lymphatique ; les chairs
sont molles, la face pâle, les lèvres épaisses, la
glande thyroïde parfois développée. Chez quelques-
unes, l'épine dorsale est un peu déviée ; on observe
souvent de la chorée, des mouvements convulsifs, etc., etc.

Le traitement doit être le même que dans les cas
précédents. D'abord, bains chauffés pour les plus
délicates, les plus nerveuses; on en abaisse successivement la température de manière à arriver aux
immersions, puis aux bains froids, très-courts. On
excite, on entretient la réaction, on évite les variations
de température. On ne tarde pas à observer d'heureuses modifications dans la constitution, dans l'habitude
générale du corps. Peu à peu les fonctions deviennent
plus normales ; l'œdème des paupières, l'engorgement de la glande thyroïde disparaissent.

Des remarques analogues peuvent être faites chez
des jeunes gens affaiblis, et souvent surexcités, en
même temps, par une vie sédentaire et laborieuse,
par l'onanisme, des excès prématurés, des pertes
séminales, un accroissement rapide, des maladies antécédentes, etc. Les affusions, les douches, les bains
froids généralement bien supportés, calment l'éré-

thisme , rendent le sommeil , l'appétit , relèvent les forces , activent la nutrition , ramènent les fonctions génitales à leur état physiologique , etc., etc.

Dans l'observation suivante, nous rapporterons la consultation donnée par nous, le 1er octobre 1828, pour une jeune Créole, chez qui l'extension prolongée, pratiquée dans le traitement d'une déviation de la colonne vertébrale, avait réduit le système musculaire à un état de faiblesse considérable, dont les bains de mer ont triomphé complètement.

OBSERVATION 23. — « Mlle L..., qui nous fait l'honneur de nous consulter, est sortie, depuis quelque temps, d'un établissement orthopédique, où elle a été soumise, pendant près de deux années, au traitement d'une déviation de la colonne vertébrale , par les voies que l'art et l'expérience de l'habile directeur de l'établissement indiquaient , notamment par l'extension mécanique de la colonne.

» La déviation , d'après ce dont nous nous sommes assuré, a cédé, en très-grande partie, à ce traitement ; mais, soit que, d'abord, la consultante voulût ajouter plus rapidement aux succès qu'elle éprouvait de l'extension, soit que, plus tard, le système musculaire des extrémités supérieures se trouvant déjà affaibli par l'abus imprudent de ce moyen, elle préférât, par commodité, demeurer couchée ou supportée par des béquilles, elle s'abandonna presque exclusivement à l'extension, au lieu d'y associer, avec constance, les divers exercices gymnastiques qu'on lui a conseillés dans l'établissement, et qui, seuls, pouvaient servir de contre-poids à l'extension, pour maintenir l'activité et les forces du système musculaire. De là est résulté, chez la consultante, un tel état de faiblesse de ce système, que, vers les derniers jours du mois d'août 1828, époque où nous la vîmes, pour la première fois, à Royan, les muscles étaient devenus si faibles, faute d'exercice, qu'elle ne pouvait se coiffer qu'en s'appuyant sur des béquilles ; si elle se trouvait bien, ce n'était que sur son lit à extension, aussi y restait-elle jour et nuit. Avec l'approbation de notre confrère, le docteur Lalaurie, chez qui s'était fait le traitement orthopédique, nous la forçâmes à quitter l'extension et les béquilles ; nous l'engageâmes à persister dans l'usage des bains de mer. Depuis lors, il y a environ un mois, elle a pris un meilleur teint ; ses forces se sont accrues au point qu'en quittant Royan, elle pouvait faire d'assez longues promenades, sans éprouver ni fatigue, ni douleurs dans la colonne vertébrale, surtout dans la région lombaire; tandis qu'én y arrivant, elle était obligée de se faire porter au bain en chaise à porteurs, et que, même à table, pour ses repas, elle se servait d'une chaise à béquilles, etc., etc. »

Comme elle devait partir pour la Guadeloupe, immédiatement après la saison des bains, nous lui conseillâmes, afin qu'elle ne perdît pas le fruit de son traitement, d'aller passer, chaque année, trois ou quatre mois sur les bords de la mer et d'y prendre des bains.

Elle exécuta ponctuellement nos prescriptions pendant trois années, au bout desquelles elle se maria.

Elle revint en France, en 1836, très-bien portante, et mère de plusieurs enfants. Sa colonne vertébrale n'avait rien perdu de sa rectitude.

Pour corroborer l'observation que nous venons de citer, nous transcrirons la suivante (1) :

OBSERVATION 24. — «Mlle ***, âgée de 18 ans, d'un tempérament lymphatico-sanguin, d'une taille moyenne, les cheveux blonds, la peau très-blanche, d'un embonpoint médiocre, avait été traitée en 1826, dans l'établissement de MM. de Milly, d'une difformité de la taille, dont les parents avaient commencé à s'apercevoir trois ans auparavant. L'épaule droite était sensiblement plus saillante que la gauche, au-dessous de laquelle on remarquait une dépression superficielle ; la colonne épinière était courbée en deux sens dans les régions dorsale et lombaire ; la hanche droite ressortait un peu plus que la gauche ; la partie antérieure de la poitrine offrait un développement plus

(1) *Considérations générales sur l'utilité des bains de mer dans le traitement des difformités du tronc et des membres*, p. 7. Le D^r Ch. L. Mourgué, 1828.

grand à gauche qu'à droite. Le lit à extension pendant la nuit et quelques heures le jour, les béquilles dans la station, furent d'abord employés et produisirent les plus heureux effets. Au bout du premier mois, la taille s'était accrue de près d'un pouce, les forces et l'embonpoint avaient augmenté, les courbures étaient en partie redressées. Des pressions modérées sur les côtes proéminentes furent alors ajoutées aux premiers moyens. Mlle *** grandit encore de plus d'un demi-pouce, et toute difformité avait disparu vers le mois de mars 1827, époque à laquelle elle sortit de l'établissement. Cependant les parties primitivement affectées manquaient encore de la solidité et de la force nécessaires pour supporter le poids du tronc et des membres supérieurs ; et les parents de cette jeune personne l'ayant engagée inconsidérément à négliger la suite de son traitement, on s'aperçut bientôt que l'épine déviait de nouveau. Les moyens précédemment employés furent aussitôt repris, et, au milieu de juillet de la même année, la malade se rendit à Dieppe pour y prendre les bains de mer. Son attente ne fut pas trompée : peu de temps avant son départ, on put, sans inconvénient, supprimer le lit à extension et les béquilles, qu'elle avait conservées jusqu'alors ; elle jouissait de la plénitude de ses forces. Il y a aujourd'hui huit mois qu'on a renoncé à tous les moyens mécaniques, et sa taille n'a rien perdu de sa régularité. »

III. *Les femmes épuisées par un mariage préma-*
turé, des grossesses, des couches pénibles rappro-
chées, un allaitement prolongé, trouvent aussi, dans
les bains de mer, des ressources précieuses.

On observe, souvent, chez elles de l'amaigrissement, la pâleur de la peau, un cercle bleuâtre autour
des yeux, des douleurs dans le dos, les lombes, la
poitrine ; des palpitations, de la répugnance pour
l'exercice, qui amène bientôt de la fatigue ; la laxité
des parois abdominales, des symphises pubiennes ;
un appétit faible, irrégulier, des flatuosités, de la
constipation, des dysménorrhées, des écoulements
leucorrhéiques, un peu de métrorrhagie, etc. Les
bains de mer seront employés avec les précautions
indiquées pour les enfants délicats. Bains de mer
chauffés de 30 à 32° c., puis bains à la lame, d'une
à deux minutes, quand la température sera chaude et
aux meilleures heures des belles journées. Peu à
peu le bain deviendra plus long, suivant le degré de
réaction, mais sans dépasser quelques minutes. Dans
certains cas, et de temps en temps, les bains pourront être doubles. Toutes les fois que l'état de l'eau ou
de l'atmosphère inspirera quelques craintes, on remplacera les bains à la lame par des bains chauffés.

Cette médication est assez rapidement suivie de
succès chez les malades dont il s'agit. Après quelques
bains froids, l'appétit revient, les fonctions digestives se régularisent, le visage s'anime et s'épanouit,

l'embonpoint et les forces reparaissent ; les divers phénomènes morbides s'effacent successivement.

Les nouvelles accouchées doivent attendre, avant de se baigner , qu'il se soit écoulé deux ou trois mois depuis leur délivrance, et que tout symptôme d'irritation abdominale ait disparu. Elles éviteront le choc des vagues un peu fortes , dont l'action leur serait très-nuisible (1).

Les affusions sur le dos, les lombes, seront avantageuses à celles qui éprouveront des douleurs dans ces régions.

IV. Enfin , chez des *personnes d'un certain âge ,* la faiblesse et l'atonie de tout le système se manifestant, tantôt après de très-légères affections, tantôt après des maladies longues et graves , constituent l'élément dominant de leur état maladif. Dans de pareils cas , les bains de mer , modifiés selon l'état des sujets , peuvent être du plus grand secours , et faire même, parfois, des prodiges ; c'est ce dont on se convaincra par les exemples suivants :

OBSERVATION 25.— « M. de Bréville (2), chef d'escadron, commandant la gendarmerie du département du Pas-de-Calais , âgé de quarante-sept ans , était doué

(1) Voir, pour un de ces cas, l'observation rapportée ci-dessus , p. 35, et à laquelle nous pourrions en joindre une infinité d'autres.

(2) *Journal des Bains de mer*, par Ch. L. Mourgué, page 90.

d'une bonne constitution lorsqu'il commença sa carrière militaire, à l'âge de quatorze ans ; les fatigues
inséparables de cette profession n'eurent pour lui aucune suite fâcheuse jusqu'à la vingt-huitième année de
sa vie, époque à laquelle il fut atteint d'une fièvre
intermittente qui, après trois ans de durée, dégénéra
en un asthme humide. M. de Bréville se maria à qua-
rante-trois ans, et éprouva, bientôt après, une fièvre
catarrhale, dont la cause était due en partie à des
chagrins domestiques. On soumit le malade à divers
traitements ; mais la faiblesse augmentant de jour en
jour, particulièrement dans les muscles des bras et
des jambes, on commença à craindre la paralysie
générale. C'est dans cet état que M. Roussel, médecin
en chef de l'Hôtel-Dieu de Rouen, conseilla l'usage du
bain à la lame. A son arrivée à Dieppe, le malade
éprouvait, rapporte-t-on, les symptômes suivants :
« Accès de fièvre irréguliers, perte d'appétit, respiration difficile, sueurs presque continuelles, céphalalgie, *facies* apoplectique, décubitus en suppuration,
impossibilité de se coucher sur l'un ou l'autre côté,
et de se tenir debout sans secours étranger. »

» M. de Bréville prit le premier bain à la lame, soutenu par deux guides, et n'y resta que quatre minutes : il éprouva du mieux dans le courant de la
journée et les jours suivants. Les forces se rétablirent, et, après le soixantième bain, le malade se
promenait dans la ville, la canne sous le bras. »

Voici une autre observation ; M. Lecoutre de Beauvais père (habitant de Bordeaux) a bien voulu nous la donner, écrite par lui-même : ·

OBSERVATION 26. — « Après des catastrophes politiques dont les effets furent d'une longue durée , je tombai gravement malade sur la fin de 1835. Soigné pour la maladie dont j'avais été atteint , je ne commençai à devenir convalescent qu'à la fin de février 1836. Quelques beaux jours s'étant montrés dans le mois de mars, le médecin qui me voyait crut qu'une saignée pourrait hâter mon rétablissement ; je fus saigné au bras droit ; mais , quarante-huit heures après cette opération , j'étais atteint d'une phlébite énorme.

» Loin de m'avoir été salutaires , les suites de la saignée m'avaient replongé dans une nouvelle maladie bien plus dangereuse que la première. Des dépôts considérables s'étaient formés depuis l'épaule et tout le long du bras, de telle sorte que je dus subir onze opérations chirurgicales.

» Tous ceux qui me voyaient , médecins comme tous autres, me croyaient perdu. Je devins un squelette , ou plutôt un cadavre , et j'avais déjà , alors , 54 ans ; cependant la force de ma constitution triompha, je rentrai en convalescence, et, au mois de juillet 1836, je pouvais me tenir debout, tout en étant d'une faiblesse extrême.

» La saison des bains de mer se trouvant alors

dans son meilleur moment, les médecins me conseil-
lèrent de me rendre à Royan et d'y prendre des bains
de mer.

» Je suivis leur avis. J'avais encore le bras droit
tout à fait hors de service, excessivement douloureux, un travail d'ankylose se faisait au coude de
mon bras malade ; au moindre mouvement un peu
brusque, je souffrais horriblement.

» Rendu sur les lieux où je venais demander
secours à la mer, j'étais si débile, que je dus
prendre quelqu'un pour m'accompagner au bain ;
je n'aurais pu, d'ailleurs, me déshabiller ni m'habiller
seul.

» Je voulais vivre ; la mer seule, m'avait-on dit,
pouvait m'en fournir les moyens, et, pour être d'accord avec elle, je dus lui confier toute ma bonne
volonté. Je me baignai constamment pendant deux
mois ; peu à peu mes forces revenaient, mon appétit
était effrayant, mon bras se consolidait ; et quand
je revins chez moi, je pouvais recommencer à compter pour un homme ; si je n'étais pas rentré dans la
plénitude de mes forces, désormais, chaque jour,
les effets des bains de mer y ajoutaient constamment.

» Je n'ai pas été ingrat ; depuis quinze ans, chaque année, j'ai payé mon tribut à l'Amphitrite roya-
naise ; je me suis toujours bien porté ; j'ai fait de
longs voyages sans être affecté de fatigues accablan-

tes ; en un mot , les eaux de Royan , toutes les fois que je suis allé les prendre , ont produit, sur moi, l'effet d'une véritable fontaine de Jouvence. »

Art. II. — Hémorragies.

Les bons effets du bain froid et des bains de mer, dans les hémorragies passives , étaient déjà bien connus des anciens, et cette vérité a été confirmée par les travaux des modernes.

« Rien n'est plus fondé que cette proposition générale , dit le docteur Gaudet (p. 184) : Les bains de mer réussissent, le plus souvent, chez des jeunes filles et des femmes épuisées par des pertes excessives ou l'habitude d'une menstruation surabondante, pourvu que ces accidents soient liés à des phénomènes généraux ou locaux de débilité. »

« Les bains froids arrêtent tous les flux de sang, disait, de son temps, le judicieux Floyer. Depuis nombre d'années, les Allemands mettent en usage les bains de mer contre les hémorragies du système utérin, pourvu qu'elles soient de nature passive. »

Grimaud conseille aussi l'eau froide dans certaines hémorragies actives : « Il n'est pas douteux, dit-il, que l'eau froide ne soit un moyen puissamment antispasmodique ; aussi est-elle employée avec succès dans les cas où les spasmes dominent d'une manière pernicieuse. Voilà pourquoi elle est avantageuse dans

16

les hémorragies purement nerveuses. » (Grimaud,
Cours de fièvre, t. 2, p. 407.)

Prenons spécialement, pour exemple, les hémorroïdes dont les formes sont très-variées (flux, tumeurs variqueuses, érectiles, etc.).

« Tous les médecins, dit Ferro (*Sur les Bains,* en
allemand, Vienne, 1790, p. 284), reconnaissent
l'utilité de l'eau froide dans le gonflement douloureux
des hémorroïdes et dans le flux qui les accompagne. Des lavements froids, des douches froides, et,
pour empêcher les récidives, des bains froids, sont
les meilleurs moyens curateurs que l'on puisse conseiller. Nous observons très-souvent cette maladie à
Vienne, et il n'en est pas où les bains froids aient
des effets aussi prompts ; mais une grande persévérance est nécessaire pour arriver à un résultat
complet ; car il y a deux éléments à attaquer : la
congestion sanguine du bas-ventre et la faiblesse des
veines. »

Pomme (1) cite le fait suivant :

OBSERVATION 27. — « Un homme atteint d'un flux
hémorroïdal, qui avait été arrêté par une médication
rationnelle, le vit reparaître, après une violente co-
lère, avec une si grande abondance, qu'il perdait
près d'une livre de sang par jour ; il avait, de plus,
de violentes coliques, œdème de la face et des pieds.

______

(1) *Traité des Maladies nerveuses,* édit. de 1772, in-4°, p. 242.

Cela dura un mois entier ; on lui administra des bains de siége et des lavements froids, diète, fomentations humectantes, et la guérison fut complète. »

M. de Montègre (1), s'appuyant sur l'autorité d'Hildebrand et de Chaussier, et sur sa propre expérience, vante beaucoup les lavements, les douches ascendantes, les bains de siége frais, contre les hémorroïdes, surtout contre les douleurs nerveuses qui les accompagnent. « Il n'est rien, à mon avis, dit-il, qui puisse, dans ces cas, entrer en comparaison avec l'eau fraîche, en lotions et en injections. L'effet des douches ascendantes est de soulager immédiatement, en diminuant les douleurs, qui cessent, pour l'ordinaire, après deux ou trois jours... »

Il ajoute : « Les bains d'eau froide, et spécialement ceux que l'on prend dans la mer, peuvent être employés concurremment avec les autres eaux minérales, et n'ont peut-être pas moins d'efficacité dans les cas d'hémorragie passive, entretenue par un état général de langueur et de débilité (2). »

Nous aussi, nous avons eu plusieurs fois à nous

(1) Article *Hémorroïdes* du grand Dictionnaire des sciences médicales.

(2) En lisant les écrits de Ferro, de Pomme, de Buchan, etc., et les extraits que nous en donnons, il ne faut pas oublier quel était, de leur temps, l'état de la science sous le rapport des théories ; mais leurs observations n'en ont pas moins une valeur pratique qui doit être appréciée.

féliciter des lavements, des bains de siége, des bains
entiers d'eau fraîche et d'eau de mer froids, dans le
traitement des hémorroïdes, mais employés lorsque
l'excitation locale avait presque complètement disparu. M. le professeur Boyer a mis en usage avec succès, dans de pareils cas, les douches ascendantes
fraîches d'eau douce et même d'eau de mer.

C'est au médecin à diriger prudemment l'emploi
de ces divers moyens, selon l'état général du malade,
et surtout celui de l'affection locale.

Ceci est également applicable aux métrorrhagies,
aux épistaxis, mais il faut toujours prendre les précautions exigées par les rapports qui existent entre ces
fluxions et l'état général de l'économie, ou celui de
l'organe malade, etc. Pomme remarque, avec raison,
comme tous les bons praticiens, que les mêmes agents
qui arrêtent les hémorragies peuvent servir d'autres
fois à les rappeler. C'est ce que prouvent les trois
observations suivantes :

Observation 28. — Mme F...., de Bordeaux, âgée
de trente-quatre ans, d'un tempérament lymphatique,
d'une constitution assez faible, et épuisée par plusieurs grossesses et fausses couches, fut prise, dans
les derniers jours du mois de mars 1850, d'une forte
métrorrhagie qui, survenant après une suppression
d'un mois, fut considérée comme une fausse couche.

L'hémorragie continuant, et s'accompagnant de
quelques douleurs dans la matrice, qui était assez

sensible à la pression sur l'hypogastre, cependant
sans fièvre, on crut à une métrite. Diète, boissons
et cataplasmes émollients, bains généraux d'eau
tiède, etc., formèrent la base du traitement, qui
fut suivi pendant plus de trois mois. Sous l'influence de ce traitement, les forces de M^{me}F.... s'épui-
sèrent à tel point que cette dame, étant exsangue, ne
pouvait faire le moindre mouvement, ne pouvait être
changée de lit sans éprouver un évanouissement,
sans voir se renouveler un écoulement de sang séreux.

A la suite d'une consultation, les toniques à l'extérieur et à l'intérieur ayant été employés, la malade
se rétablit assez pour être transportée à Royan. Elle
quitta son lit et put monter sur le bateau à vapeur, au
commencement du mois d'août de la même année.

Dès le lendemain de son arrivée à Royan, elle
prit un bain froid très-court. Après un second bain,
la métrorrhagie se renouvela avec force; mais au
bout de deux jours de repos, elle avait presque
complètement cessé. Nous fîmes prendre quelques
bains tièdes, et Mme F... put compléter sa cure par
une quinzaine de bains froids à la lame.

Depuis son retour de Royan, il y a huit mois, elle
a été beaucoup mieux portante qu'elle ne l'avait été
depuis plus de six ans. C'est ce qu'elle nous confir-
mait, il y a quelques jours, à Bordeaux.

OBSERVATION 29. — Mme M..., des environs d'An-
goulême, mariée très-jeune, d'un tempérament lym-

phatique, d'une constitution affaiblie par de très-fortes métrorrhagies, sans lésion aucune à la matrice ni à son col., fut envoyée à Royan, pour changer d'air et tâcher d'y réparer ses forces, épuisées par ces métrorrhagies presque continuelles; car elle n'avait pas huit jours d'intervalle entre ses époques menstruelles, qui commençaient chaque fois par un écoulement sanguin très-abondant.

Après les premiers jours de son arrivée, elle vint nous consulter pour savoir si elle pourrait essayer de prendre des bains, quoiqu'elle perdît encore du sang. C'était en 1838; à cette époque nous n'avions pas d'établissement de bains chauds. Nous l'engageâmes à essayer quelques bains d'immersion. Dès le troisième jour de cet essai, l'écoulement du sang cessa. Elle prit alors des bains de une à dix minutes, et elle s'en trouva tellement bien, qu'elle resta à Royan plus d'un mois; ses menstrues arrivèrent à leur époque, elles ne durèrent que trois ou quatre jours. — Enfin, elle reprit une santé qu'elle n'avait pas eue depuis long-temps. Etant revenue à Royan, en 1839, elle nous dit qu'elle n'avait pas cessé de se bien porter, et que ses règles avaient toujours reparu, d'une manière régulière et normale, depuis qu'elle avait pris des bains de mer.

« Le fait suivant, dit Gaudet (p. 187), servira à la fois de précepte et d'exemple pour diriger l'emploi des bains de mer dans des cas pareils, et pour en faire connaître les effets spéciaux :

OBSERVATION 30. — « Une jeune personne de dix-neuf ans, d'une grande pâleur, très-constipée, ayant eu toujours ses époques irrégulières et très-abondantes, était affaiblie depuis quelque temps par une perte sanguine continue, dont un redoublement irrégulier dans sa venue servait à marquer la période cataméniale. Les bains de mer lui furent conseillés, et ses parents l'installèrent à Varangeville, joli village assez éloigné de la mer. Elle s'y baigna quelques jours pendant une demi-heure, en parcourant à pied, chaque fois, un chemin d'une demi-lieue. Ce mode vicieux n'amena aucune amélioration dans ses accidents, et y ajouta une fatigue extrême ; ce qui décida ses proches à venir à Dieppe chercher de meilleures conditions.

» Les premier et second bains, administrés avec une seule immersion, et dans une complète immobilité, furent de trois minutes ; l'écoulement sanguin diminua. Le troisième bain fut donné avec deux immersions et dura cinq minutes ; la perte de la journée fut très-légère. Au sixième bain, l'apparition du sang avait presque complètement cessé, et était remplacée par un peu d'écoulement blanc ; le sommeil et la mine s'étaient améliorés, et les selles s'étaient régularisées, etc.... Au quizième bain, un peu de leucorrhée se montra, pour tarir de jour en jour.

La saison fut de vingt-neuf bains ; et, au moment de son départ, la jeune personne avait *l'habitus* extérieur entièrement changé et vascularisé, et elle pouvait faire quelques courses assez longues, pourtant au prix de quelques douleurs à l'hypogastre.

» L'année suivante, la jeune personne revint aux bains de mer, avec des époques assez abondantes, mais régulières. Le jour de son arrivée, par le fait du voyage sans doute, elle fut prise de quelque écoulement sanguin, qui cessa de lui-même le lendemain. Elle commença la saison avec une confiance entière. Au septième jour, elle prit des bains doubles, qu'elle fit alterner avec des bains simples jusqu'à son départ ; elle se sentait déjà plus forte, et avait la conscience de sa guérison définitive.

» Après vingt-cinq bains, elle se reposa deux jours et reprit une demi-saison. Après quarante bains, elle nous quitta, très-fortifiée, très-engraissée, pourvue d'un sommeil complet, et avec une menstruation parfaite ; seulement, la marche développait un peu de douleur au bas-ventre. — Mlle... se fortifia encore, beaucoup, pendant les mois qui suivirent son second voyage, et fut mariée dans le courant de la même année.

» La disparition des flux ou périodes hémorragiques par les bains de mer a engendré, chez quelques individus, un état pléthorique particulier qui a réclamé l'emploi d'une saignée déplétive.

» Il s'est encore présenté à nous des femmes qui avaient eu des pertes abondantes, qui en avaient été affaiblies à l'excès, et qui venaient réclamer la restauration de leurs forces et la sédation des symptômes nerveux auxquels elles étaient en proie. L'action dynamique des bains de mer a conduit ces femmes, dans la plupart des cas, au but qu'elles se proposaient d'atteindre. »

ART. III. — *Affections catarrhales.*

On croit toujours, d'une manière trop absolue, que le meilleur moyen de se garantir des affections catarrhales et de s'en guérir, c'est d'éviter le froid, le grand air, de porter des vêtements bien chauds, de se couvrir la tête, de faire usage de boissons chaudes diaphorétiques, etc. Ces moyens ne sont que des palliatifs qui agissent d'une manière passagère ; ils affaiblissent l'organisme, et spécialement la peau et les muqueuses, les rendent très-impressionnables, y entretiennent des congestions, des fluxions habituelles : aussi les causes les plus légères produisent, alors, des catarrhes qui se perpétuent, passent à l'état chronique, et deviennent presque incurables. C'est surtout chez les enfants qu'il faut combattre cette prédisposition.

Bien des médecins , dans tous les temps , se sont élevés contre les préjugés qui règnent à ce sujet dans le monde. Ainsi Celse nous dit : « Rien n'est » aussi favorable à la tête que l'eau froide ; aussi » ceux qui l'ont faible doivent la soumettre, tous les » jours , en été, à un courant d'eau froide..... Ce » moyen est également utile à ceux qui sont sujets » aux maux d'yeux , aux maux de gorge , aux » fluxions, etc., etc. »

Herman Vander-Heyden suivit, sur lui-même, ce précepte de Celse , et se délivra ainsi, en six semaines, d'un coryza chronique, accompagné d'un grand mal de tête. Il cite plusieurs faits du même genre , parmi lesquels nous choisirons le suivant :

Observation 31. — Sir Toby Matews , chevalier anglais , âgé de soixante ans , était depuis plus de vingt ans incommodé par une violente douleur dans un côté de la tête , et accompagnée par un tel écoulement de pituite par le nez et par la bouche, que son mouchoir était continuellement tout mouillé. Un seigneur de ses amis, qui avait été guéri de la même maladie par le bain froid , lui conseilla de plonger, tous les jours , la tête dans l'eau froide , en laissant seulement le bout du nez dehors pour respirer, et de l'y tenir le temps nécessaire pour dire le *Pater*. Il fut promptement guéri par ce moyen. Il n'a dès-lors pas manqué un seul jour de se laver la tête de cette manière, même dans le gros de l'hiver, et il s'en est très-bien trouvé; car il se porte maintenant mieux que jamais, quoique âgé de plus de soixante-dix ans. « Je connais, ajoute l'auteur, un grand nombre d'autres malades qui ont été guéris de la même manière, au grand étonnement de leurs parents et amis. »

OBSERVATION 32. — Nous avons, nous-même, dé-livré de coryza très-fréquents, et assez forts pour produire de la fièvre pendant un ou deux jours, un de nos amis, M. Auguste G..., négociant à Bordeaux, en lui faisant laver, tous les matins, à son lever, la tête à l'eau froide.

Du reste, c'est une pratique qui devient assez gé-nérale dans le public.

Nous croyons devoir insister sur la prophylaxie et le traitement des catarrhes par le froid et l'eau froide, parce que bien des personnes étrangères à l'art de guérir ne seront convaincues de l'efficacité de ce moyen, que lorsqu'on leur aura cité, en sa fa-veur, un certain nombre d'autorités imposantes et de faits concluants.

De Monéta est un des médecins qui a employé l'eau froide avec le plus de hardiesse dans les catarrhes. Nous sommes loin d'adopter sa théorie et sa pratique d'une manière exclusive; mais cependant nous re-commandons la lecture de son opuscule intitulé : *Emploi du froid et de l'eau froide comme vrai moyen de guérir les affections catarrhales*, en allemand,

1776 ; on y trouvera des documents intéressants sur l'objet qui nous occupe.

Observation 33. — « Au début de ma pratique, dit-il ; je traitais les catarrhes par la méthode ordinaire, mais ils se prolongeaient beaucoup, et la toux persistait avec une grande tenacité ; je remarquai, alors ; que ceux qui se tenaient chaudement dans leurs chambres, s'enrhumaient et toussaient de nouveau très-fort dès qu'ils en sortaient, tandis que ceux qui passent leurs journées au froid en sont exempts. J'en conclus que le froid est le remède et non la cause de ces maladies. Bientôt après, ayant contracté, par un temps très-froid, un rhume de cerveau et de poitrine, je sortis comme d'ordinaire, et je remarquai que le rhume de cerveau me gênait à peine quand j'étais à l'air libre, tandis que le coryza et le mal de tête me reprenaient lorsque je rentrais dans mes appartements bien chauffés. Je me mis, alors, à boire de l'eau froide, à m'en laver la figure, à en aspirer par le nez, à faire peu de feu, et dans trois jours je fus guéri, tandis qu'avec le traitement ordinaire il me fallait rester enfermé pendant plusieurs semaines.

» De ce fait (et de plusieurs autres qu'il cite), je conclus, continue-t-il, que le catarrhe se montre par le passage du froid au chaud, plutôt que par celui du chaud au froid, ou par le froid seul ; qu'il dépend d'un afflux de liquides et de la faiblesse des solides et des vaisseaux, et qu'il faut le traiter par le froid et les rafraîchissants, qui combattent ces deux modes morbides. Entre autres moyens, je n'en ai pas trouvé de meilleur que le bain froid. Depuis quatorze ans j'ai mis ce moyen en usage avec le plus grand succès sur plus de cent malades, sans en observer le moindre inconvénient. »

Monéta recommandait surtout le bain de pieds froid dans les catarrhes séreux.

Dans les angines, avec ou sans gonflement des amygdales, il faisait marcher les malades, pendant quelques minutes, dans la neige, pieds-nus ; puis il prescrivait un bain de pieds froid, faisait appliquer sur le cou des fomentations froides, etc., etc. Son enthousiasme était tel, qu'il soumettait à ce traitement les vieillards, même, et les enfants à la mamelle.

Nous donnons cet extrait de Monéta, non pour qu'on y trouve une règle précise de conduite dans des cas analogues, mais du moins pour que l'on juge ce que l'on pourra attendre de l'eau de mer froide et de son action éminemment tonique, surtout au point de vue de la prophylaxie, dans l'état catarrhal, lorsqu'on administre cette eau de mer d'une manière rationnelle.

Maintenant on comprendra facilement ce que disent à ce sujet Buchan, Speed, Floyer, ce que nous dirons plus tard en parlant des catarrhes étudiés en particulier : — « Les personnes délicates qui résident dans une grande ville, rapporte Buchan, sont sujettes à une espèce de mal de gorge, caractérisé par le relâchement de la luette, par des inégalités sur la surface des amygdales, et communément par une extinction de voix ; il y a, de plus, un teint pâle, plombé et un grand accablement. J'ai vu bon nombre d'exemples des bons effets de l'air et des bains de mer dans cette maladie. » — Speed en cite deux dans son *Commentarium de aquâ marinâ,* et Floyer, plusieurs dans son *History of cold bathing.*

M. Gaudet, lorsqu'il commença à étudier l'action des bains de mer, les employa d'abord chauds chez des personnes de divers âges, atteintes de ces catarrhes pituitaires, bronches pulmonaires, d'angines ; il en faisait prendre de dix à quinze à 34° c. au maximum : « Mais, ajoute-t-il (p. 156), après nous être familiarisé avec notre moyen et l'avoir tenté à basse température, peu à peu nous fûmes surpris non seulement de ses avantages dans les dispositions habituelles aux inflammations de la gorge et du nez, mais dans les coryza et les amygdalites chroniques qui en étaient la suite. Depuis, il nous est arrivé, toujours dans ces cas, d'administrer, sans crainte ou sans inconvénient, une ou deux saisons de bains complètes. Nous avons lu plus tard l'ouvrage de Speed, et nous avons vu que ce praticien guérissait les maux de gorge par les bains de mer. »

Nous avons eu nous-même, à Royan, et M. Boyer, sur les bords de la Méditerranée, de fréquentes occasions d'employer les bains de mer pour éteindre la disposition catarrhale et guérir certains catarrhes, même bronchiques, surtout chez les enfants lymphatiques. Ce traitement demande de la circonspection et un examen scrupuleux des voies respiratoires. Il faut essayer la tolérance des sujets, et, pour cela, s'en rapporter aux sensations du malade (1), les bien analyser ; commencer, dans beaucoup de cas, par le bain chaud, puis administrer les bains à la lame, très-courts ; exciter la réaction par des frictions et l'exercice ; suspendre le bain de temps en temps ; éviter l'impression de l'air trop humide, etc., etc. L'organisme acquiert peu à peu des forces, lutte avec succès contre les impressions extérieures, et finit par supporter, à la longue, des bains à la mer d'une durée suffisante. C'est alors qu'on retire de ce moyen les plus grands avantages.

Nous ne rapporterons aucun des cas de ce genre que nous avons observés à Royan ; nous nous contenterons de dire qu'ils sont très-nombreux, et nous

---

(1) L'homme, instruit autant par le plaisir que par la douleur, a trouvé dans sa propre expérience les premiers éléments de l'hygiène et de la médecine. Vous ne trouverez aucune *mesure*, aucune *balance*, aucun *calcul* auquel vous puissiez vous en rapporter plus sûrement qu'aux *sensations* mêmes qu'éprouve le corps, a dit Hippocrate. (*Traité de la Médecine primitive*, édition de Vander-Linden, § 16.)

citerons les deux suivants, qui nous ont été fournis par le professeur L. Boyer :

OBSERVATION 34. — « Ch. L., dix ans, lymphatique, petit et peu développé pour son âge, est atteint, depuis deux ans, d'un enchiffrènement chronique, très-marqué en hiver, et qui ne se dissipe pas complètement en été ; le voile du palais, la luette, le pharynx sont secs et rouges : tuméfactions des amygdales, rhumes fréquents, voies respiratoires exemptes de toutes lésions.

» Envoyé à Cette en 1846, il prend d'abord huit bains salés, chauffés de 30 à 32° c., puis il est soumis aux bains de lame portés successivement de deux à dix minutes. Après trente bains, amélioration très-grande dans l'état local, et plus encore dans l'état général. L'hiver se passe très-bien. En 1847, seconde saison plus complète ; l'enfant a grandi ; il est plus fort, et supporte, dès le début, des bains à la mer de près d'un quart d'heure ; il en prend quarante-cinq, après lesquels toute trace de catarrhe, de tuméfaction des tonsilles a disparu ; un seul rhume léger, l'hiver suivant. Les parents, satisfaits de cet état, ont conduit de nouveau le jeune Ch... à la mer en 1848 et 1849.

OBSERVATION 35. — « M. F..., trente-six ans, coryza et angine pharyngienne depuis deux ans, s'exaspérant en hiver, toux sèche à la même époque, sans lésions des voies respiratoires, va à Cette en

1847 ; quelques bains chauffés, puis vingt bains froids de courte durée : amélioration très-prononcée ; guérison complète après deux autres saisons plus prolongées, en 1848 et 1849. »

Art. IV. — *Chlorose*.

Cette maladie se voit surtout chez les jeunes filles ; elle n'est pourtant pas très-rare chez les femmes, chez les veuves. On observe même chez les sujets de l'autre sexe, spécialement chez les jeunes gens, les phénomènes généraux qui la caractérisent. Cette affection consiste surtout dans une altération de l'hématose, de la nutrition, dans un état vicieux de l'innervation, dont les causes et les points de départ sont très-variés.

Elle se reconnaît à l'irrégularité, à la diminution, à la suppression même de l'écoulement menstruel, qui fournit, lorsqu'il existe, un sang pâle, séreux, peu riche en fibrine et en globules ; à la décoloration de la peau ; à la pâleur des lèvres, des gencives, de la langue ; à la teinte matte de la face, qui offre un fond jaune, ou jaune-verdâtre parfois ; au cercle bleuâtre, à l'œdème des paupières. La physionomie est triste, peu animée, l'appétit faible, bizarre. Il y a du dégoût pour la viande, et du désir pour prendre des végétaux, même des substances non alimentaires, telles que la craie, du plâtre, du charbon, etc. Les digestions sont difficiles, incomplètes ; les selles, liquides et très-abondantes, ou rares, ou d'une grande consistance. La nutrition languit, l'amaigrissement survient, les forces s'épuisent; on observe bientôt de la dyspnée, des étouffements, des palpitations, de l'anxiété précordiale, le souffle ou le ronflement carotidiaire, une grande faiblesse musculaire, des défaillances ; la caloricité diminue, les pieds ont de la peine à se réchauffer, le corps entier est très-sensible à l'impression du froid ; enfin surviennent des désordres nerveux très-divers (céphalées, tremblements, spasmes, etc.).

Ces symptômes, dont l'ensemble et les degrés sont loin d'être constants, se rencontrent principalement chez les jeunes filles ; ils offrent de nombreuses modifications chez les femmes ; les jeunes gens et même les adultes n'en sont pas exempts (1).

Les bains de mer sont d'une grande utilité dans cette affection, puisqu'ils relèvent le ton de tout l'organisme, qu'ils agissent d'une manière spéciale sur les fonctions nutritives, l'hématose, la menstruation,

---

(1) Les femmes sont plus exposées à la chlorose que les hommes, mais c'est à tort qu'Hoffmann prétend qu'on ne l'observe jamais chez l'homme : Cabanis, MM. Blayn, Copland, Fouquier, Desommeaux, Boche ont rencontré la chlorose chez des individus du sexe masculin. Sauvages l'a observée chez des enfants affectés de pica ; M. Boche parle aussi (*Dict. de méd. et de chir. prat.*) d'enfants qui ont présenté cette maladie. (Art. *chlorose* du *Dictionnaire des dictionnaires de médecine*, etc.)

la peau, les muqueuses ; qu'ils modifient heureusement l'état nerveux.

On administre d'abord, pendant plusieurs jours,
des bains de mer chauffés (de 30° à 35° c.); on en
abaissera progressivement la température, et l'on en
viendra aux bains à la lame de deux à trois minutes.
« La peau des personnes chlorotiques, dit Gaudet
(p. 179), est accessible, au dernier degré, à l'air qui
règne sur les bords de la mer. C'est là, sans doute, d'où
vient le sentiment de terreur qui saisit quelques-unes
d'entre elles à l'idée de recevoir un bain froid. En effet,
le premier bain froid les impressionne et les suffoque
au plus haut degré ; mais ces sensations diminuent
déjà au second, et disparaissent en grande partie
aux bains suivants. Il n'est pas rare de voir le sentiment d'oppression, qui suit la sortie du bain, persister encore pendant quelques jours. »

Après les premiers bains à la mer, la suffocation,
l'anxiété diminuent, disparaissent même, pourvu
qu'ils soient peu prolongés, que la mer ne soit pas
trop forte, que le temps soit favorable; sans cela, on
s'expose à voir survenir des accidents spasmodiques.
La réaction, presque toujours faible, sera aidée par
tous les moyens indiqués dans les généralités.

Les bains de mer modifient d'abord les fonctions
digestives, l'hématose, la nutrition, les phénomènes
nerveux; plus tard, ils agissent sur la menstruation.
Ainsi, l'appétit reparaît, les digestions se font bien,

la constipation cesse , la respiration devient libre, la
circulation se régularise, et alors il n'y a plus de palpitations, de bruits, de souffle, de stases viscérales. Le
sang, plus abondant et plus riche, se porte plus libre-
ment vers la peau, qui se vascularise ; le visage s'a-
nime, s'arrondit, prend une teinte rosée ; les forces renaissent avec la fraîcheur et l'embonpoint ; dès-lors,
plus de fatigues, plus de douleurs à la tête, à la poitrine, aux lombes ; la gaîté remplace la morosité et la
tristesse. Vers la fin de la saison, la leucorrhée, si elle
existait, disparaît ; tout annonce que le travail menstruel va arriver. Ce dernier effet ne se complète pas
immédiatement ; le plus souvent c'est dans l'intervalle d'une saison à l'autre , quelquefois ce n'est
qu'après la seconde saison. « Il est rare (dit Gaudet,
p. 180) que , dans le courant même de la saison , les
effets des bains de mer soient tels, qu'ils accélèrent,
d'emblée pour ainsi dire, la venue de l'époque menstruelle quand elle retarde, ou qu'ils la fassent reparaître quand elle est interrompue ; à plus forte raison,
qu'ils la provoquent quand elle n'a jamais existé. »

Les bains de mer seront secondés, 1° par une alimentation substantielle et un régime que l'on mettra
en rapport avec l'état des organes gastriques, 2° par
l'exercice en bateau, en voiture, à pied, à cheval ou
par quelque gymnastique : on aura soin d'insister sur
ces moyens à mesure que les forces se développeront.
On aura recours surtout aux longues promenades sur

le bord de la mer, en engageant les malades à faire
fonctionner amplement les poumons par de fortes inspirations, et cela pour qu'ils se rapprochent le plus
possible de l'action des bains d'air comprimé (1), qui
produit de si heureux effets dans la chlorose, même
dans celles où l'affection est ancienne, et où, la digestion étant pervertie, le fer, loin d'être utile, peut devenir dangereux, comme M. Trousseau l'a constaté.

Si les ferrugineux, si les médications fortifiantes,
ont été largement employés, on en suspendra
l'usage, ou l'on en diminuera la quantité. Dans le cas
contraire, on les administrera, mais à des doses plus
faibles que s'ils étaient donnés seuls. Sous l'influence
des bains, l'économie s'en emparera plus complètement; on devra s'attacher à prévenir ou à combattre
toute excitation trop vive.

(1) Pravaz (*loc. cit.*), p. 264 : « Ce sont précisément, continue le
même auteur, des cas de cette nature que j'ai eu à traiter par le bain
d'air comprimé, alors que les moyens thérapeutiques ordinaires avaient
échoué sous la direction de médecins très-habiles. Le concours de ces
hommes consciencieux, qui avaient profité des dernières recherches de
la science sur l'hématologie pathologique, m'a mis à même de vérifier par
l'expérience ce qui n'était jusque-là qu'une vue de la théorie, savoir :
l'heureuse influence qu'une respiration rendue plus étendue, plus
substantielle, peut exercer sur les maladies dans lesquelles la constitution du sang pèche essentiellement par une diminution notable du nombre des globules... » — « C'est ce qu'ont mis hors de doute pour la chlorose les expériences de MM. Andral et Garravet, tout comme les observations du docteur Marshall-Hall ne laissent aucun doute sur la part
que prend à cette altération la gêne et l'inertie de la fonction respiratoire. » (Pravaz, *loc. cit.*, p. 262.)

Les femmes adultes réagissent ordinairement plus activement que les jeunes filles chlorotiques : on pourra donc leur administrer les bains à la lame plus largement. La même proportion se remarque entre ces dernières et les hommes plus ou moins âgés.

Les observations suivantes confirment ce que nous venons d'avancer.

OBSERVATION 36.—Mlle D., âgée de vingt ans, ayant subi une croissance excessive à l'âge de quatorze ans, n'avait été menstruée qu'une ou deux fois à l'âge de dix-sept ans, époque depuis laquelle elle était en proie à tous les accidents d'un état chlorotique des plus prononcés.

Elle vint à Royan en 1850 ; une vingtaine de bains à la lame, précédés de quelques bains chauds et de promenades fréquentes et longues sur les bords de la mer, dissipèrent assez rapidement tous les phénomènes maladifs. Elle reprit de l'appétit, son teint commença à perdre sa teinte pâle et jaune ; mais ce ne fut que quelque temps après son retour à Bordeaux, qu'elle subit dans ses forces et son embonpoint une complète transformation, et que la menstruation se rétablit et se régularisa. Il y a huit mois de cela, et sa santé n'a pas chancelé un instant.

OBSERVATION 37. — Mme de F., des environs de Brives, département de la Corrèze, arriva à Royan, en 1842, avec deux demoiselles et un jeune homme, ses enfants. L'aînée, âgée de vingt ans, était très-peu menstruée, et d'une manière très-irrégulière ; elle était pâle, elle éprouvait des palpitations et des suffocations à la moindre fatigue, sans appétit aucun, etc.; elle était enfin chlorotique. Sa sœur, âgée de quinze ans, n'était pas menstruée ; elle toussait assez souvent, elle avait même craché un peu de sang, et présentait, à un moindre degré cependant, les mêmes phénomènes chlorotiques. Les ferrugineux, administrés sous toutes les formes, associés à un régime approprié, ne produisaient que des améliorations momentanées.

Le jeune homme, âgé de dix-sept ans, était, depuis plus de deux ans, soigné pour une gastrite avec complication d'une affection du cœur. Il était à la diète lactée et à l'usage de la digitale, etc., etc. On lui avait recommandé de s'abstenir des bains de mer, dans la crainte d'une surexcitation du cœur, que l'on croyait déja hypertrophié.

Ce jeune homme, voyant l'amélioration obtenue, chez ses sœurs, par les premiers bains, sentant de plus son appétit augmenter dès les premiers jours de son séjour à Royan, voulut essayer de se baigner. L'on me consulta à ce sujet.

A cette époque, nous n'avions pas de bains chauds à Royan. Nous recommandâmes la plus grande circonspection dans l'emploi des bains à la mer. Nous ne conseillâmes d'abord que quelques immersions. Après les trois ou quatre premières, voyant que non seulement ce jeune homme les supportait bien, mais que, de plus, il n'éprouvait ni palpitation, ni essoufflement lorsqu'il marchait vite, nous permîmes les bains à la mer : il n'y restait d'abord que quelques minutes, il finit par y demeurer quinze à vingt minutes, et, après le quinzième, il était complètement guéri ; il mangeait avec appétit ; il digérait parfaitement bien, faisait les plus grandes courses sans être, le moins du monde, fatigué, et il quitta Royan dans l'état de santé le plus florissant. — Les sœurs de ce jeune homme avaient éprouvé une grande amélioration dans leur santé ; mais elles eurent besoin de la saison de 1847 pour être complètement rétablies; tandis que lui put rester dans un collége pour terminer ses études , qui avaient été suspendues pendant deux années.

C'était bien certainement des phénomènes chlorotiques que présentait ce jeune homme, et, quoiqu'ils fussent plus intenses que ceux de ses sœurs, il suffit d'une simple saison de bains pour les dissiper complètement, au lieu qu'il en fallut deux pour guérir définitivement les demoiselles.

OBSERVATION 38. — La fille de M. Gustin , tenant un restaurant à Bordeaux, âgée de vingt ans, était chlorotique depuis sept à huit ans , et menstruée d'une manière très-irrégulière; n'ayant jamais voulu se soumettre à aucun traitement suivi et assez prolongé, elle n'était soulagée que momentanément par les moyens que nous mettions en usage.

En 1847, elle vint à Royan, où elle séjourna quinze jours : elle y prit une vingtaine de bains ; son état en fut sensiblement amélioré, et elle passa très-bien l'hiver suivant ; les menstrues se rétablirent et reparurent pendant cinq à six mois avec assez de régularité.

Son état ayant empiré, nous l'envoyâmes de nouveau sur les bords de la mer, en 1850, accompagnée de son père. Celui-ci, depuis une fièvre typhoïde très-grave qu'il avait eue quatre ans auparavant, avait toujours été plus ou moins souffrant ; il avait fini par perdre complètement l'appétit ; il vomissait, presque tous les matins, des matières glaireuses, et souvent, dans la journée, le peu d'aliments qu'il prenait. Il y avait eu, quelquefois, un peu de sang dans ses vomissements. Une faiblesse extrême, la pâleur du teint, tout faisait craindre une lésion organique du pylore.

Cependant, comme, une ou deux fois, des pilules de lactate de fer l'avaient un peu soulagé, nous nous étions alors demandé s'il n'y avait pas chez lui un état nerveux hystériforme.

Après deux ou trois bains chauds d'eau de mer, il en prit une douzaine de froids, dans l'espace de vingt jours qu'il resta avec sa fille à Royan. Dès le lendemain de son arrivée, les vomissements avaient cessé ; il mangeait avec plaisir et appétit, ce qui ne lui était pas arrivé depuis deux ans au moins ; et en quittant la mer, il était complètement rétabli , son teint était tout changé, etc., etc.

Sa fille était simplement soulagée ; elle avait acquis un peu d'appétit ; il n'y avait eu qu'un certain amendement dans ses symptômes chlorotiques, amendement qui ne s'est pas soutenu aussi longtemps qu'à la suite de son premier voyage à Royan, faute de persévérance.

Observation 39.— M. Ch., ingénieur des ponts-et-chaussées dans un des arrondissements du département de la Gironde , après un travail de cabinet un peu fatigant, éprouva de violents maux de tête, des palpitations qui firent croire aux médecins qui le soignaient à une affection du cœur.

Il fut mis à une diète lactée ; il fut très-souvent saigné pendant deux années, et tout cela sans succès ; son état s'aggravait au contraire.

Se trouvant, à Bordeaux, où il était venu pour affaires de service , logé dans le même hôtel que M. le professeur Bouillaud, il le consulta. Celui-ci le rassura en lui disant qu'il n'avait qu'un état hystérique. Il l'engagea à manger des viandes noires, à boire du vin, et il le mit à l'usage du lactate de fer (pastilles de Gelis et Comté). Au bout d'un mois, M. Ch. était presque complètement guéri. Cependant , pour peu qu'il cessât l'usage de ses pastilles ou qu'il s'occupât un peu trop, il éprouvait quelques-uns de ses symptômes nerveux, céphalalgies, pesanteur du côté du cœur, tristesse, etc.

Deux ans après, il vint passer une quinzaine de jours à Royan, et prit une douzaine de bains ; dès-lors les phénomènes maladifs cessèrent et ne reparurent plus.

Observation 40.—Le nommé Charles Boudin, forgeron, âgé de trente-cinq ans, établi à Bordeaux, rue du Temple, homme fort, robuste et bien constitué, se plaignit, vers le mois de mars 1846, d'une forte lassitude sans fièvre, avec anorexie ; il quitta le travail et se mit au lit.

Appelé auprès de lui, nous craignîmes, après un certain temps, vu l'insuccès des divers moyens employés, qu'il n'y eût un commencement d'aliénation mentale. Il y avait, parfois, des hallucinations très-fatigantes pendant la nuit.

Lorsque nous voulions le faire sortir, il était tout de suite fatigué, principalement lorsqu'il fallait monter des escaliers ; il était devenu très-maigre, il ne mangeait presque rien ; il était d'un accablement et d'une morosité indicibles.

Nous venions de voir les bons effets des ferrugineux sur le sujet de la précédente observation : nous fîmes prendre à M. Charles Boudin des pastilles de Gelis et Comté.

Dès le troisième jour, l'appétit commençait à se faire sentir ; le malade était déjà bien moins triste, etc.

Au bout d'un mois, après avoir consommé trois grandes boîtes de ces pastilles, il se trouvait assez bien. Nous l'envoyâmes passer dix jours sur les bords du bassin d'Arcachon ; il prit une quinzaine de bains froids, et revint à Bordeaux, parfaitement rétabli ; il reprit son travail avec autant de courage qu'il en avait avant sa maladie.

Art. V. — *OEdèmes ascites.*

Lorsque l'accumulation de la sérosité dans le tissu cellulaire, les séreuses, les synoviales, ne tient point à des lésions organiques, mais dépend d'un état de faiblesse, d'une altération dans la plasticité des fluides, de l'inertie de la peau, les bains de mer peuvent être employés avec avantage. Depuis longtemps Victoria, Baynard, Ferro, etc., ont reconnu les avantages du bain froid dans les cas de ce genre. Ainsi, Baynard cite le fait d'un Écossais atteint d'une ascite considérable, qui vit diminuer la circonférence de l'abdomen de six pouces après huit bains froids ; les urines coulèrent avec abondance ; la guérison fut complète en vingt jours.

Dans l'observation de la page 43 ci-dessus, il y avait déjà un peu de liquide dans l'abdomen, et les pieds étaient assez fortement œdématisés ; et quoique le tout fût subordonné à un état maladif de certains viscères abdominaux, la guérison complète du sujet ne se fit pas longtemps attendre.

OBSERVATION 41. — « Une jeune dame (1), née à Calcutta, où elle avait passé presque toute sa vie, vint chez Legallais (à La Teste), il y a deux ans, pour prendre les bains de mer. Cette malade, d'une extrême faiblesse, avait continuellement une forte oppression et les pieds enflés, signes qui annonçaient le commencement d'une hydropisie de poitrine. Le cas était grave, et l'opportunité du bain, difficile à juger. Cependant, ayant pris connaissance des circonstances qui avaient pu provoquer cet état, surtout du long séjour qu'elle avait fait dans un pays très-chaud, où elle avait été épuisée, je ne balançai pas à lui conseiller de se baigner. A peine eut-elle pris quelques bains, qu'elle fut soulagée. Ce mieux s'accrut jusqu'à son départ pour Bordeaux. »

M. le professeur Boyer a constaté, sur les bords de la Méditerranée, la supériorité du bain de mer dans des cas analogues, alors même qu'il existait certains engorgements viscéraux. Il nous a communiqué l'observation suivante :

OBSERVATION 42. — Une femme, âgée de vingt-quatre ans, faible et lymphatique, après deux fausses couches rapprochées, et de longs accès de fièvre intermittente, fut atteinte d'une grande tuméfaction de la rate, d'œdème aux membres inférieurs, d'une

______

(1) *Quelques Avis sur les bains de mer*, par le docteur Hameau, médecin à La Teste de Buch. Bordeaux, juin 1835.

ascite qui devint bientôt considérable. Le mauvais état des organes digestifs ne permettant pas de compter beaucoup sur les remèdes internes, M. Boyer l'envoya à Cette. Elle prit d'abord quelques bains à 30° c., puis des bains de mer froids. Une amélioration notable se manifesta, et la malade essaya les bains à la mer pendant quelques minutes seulement. Après un mois de traitement, l'œdème avait disparu, l'ascite et le gonflement de la rate avaient beaucoup diminué, le ton de l'estomac s'était relevé : la durée du bain put être alors prolongée, la réaction s'établissait plus aisément. Un mois plus tard, elle quittait Cette, parfaitement rétablie.

Les bains de mer avaient agi si favorablement sur sa constitution, qu'elle y retourna pendant deux ans (1848, 1849); son teint s'éclaircit, s'anima ; elle prit de l'embonpoint, des forces, elle se débarrassa d'une leucorrhée fatigante, et vit se régulariser ses fonctions digestives. Elle n'avait jamais joui, disait-elle, d'une aussi bonne santé. En 1850, elle devint mère sans accident.

Ce qui engagea M. Boyer à employer, dans ce cas, le bain de mer, ce fut le fait suivant qu'il avait vu dans Hahn, auteur qui employait le bain froid avec une grande hardiesse :

« Une femme grosse avait, depuis neuf semaines, un œdème des pieds et une ascite. Depuis cinq semaines, elle restait assise dans son lit, tant la gêne de la respiration était considérable. Hahn associa l'eau froide à d'autres moyens.

» La malade prit des bains de siége froids ; elle fut soumise à des immersions générales, froides aussi, qui ne duraient que deux minutes. Au bout de dix jours, l'ascite avait cédé, et bientôt la guérison fut complète. Ce traitement réussit à une nouvelle accouchée, contre un œdème des membres inférieurs. Des vieillards de soixante-dix-sept ans, dit Hahn, se sont débarrassés de la même manière d'une semblable affection. »

Malgré les faits et l'autorité de ce savant praticien, nous croyons qu'il ne faut employer ces moyens qu'avec la plus grande réserve dans des cas pareils.

Les bains de mer ont guéri parfois de légers hydrocèles de la tunique vaginale, des hydarthroses, des engorgements indolents ou douloureux des articulations sans travail phlegmasique. Dans ces derniers cas, les bains doivent être longs, nombreux, associés aux douches. On aura soin, néanmoins, de ne pas produire trop d'excitation.

Nous nous dispenserons de citer d'autres exemples de guérisons semblables, dont nous avons été témoin plusieurs fois ; ceux que nous avons rapportés nous paraissent suffire : d'ailleurs, *qui peut le plus, peut le moins.*

Art. VI. — *Tempérament lymphatique et scrophuleux, etc.*

Nous étudierons le tempérament lymphatique et les scrophules, etc., d'abord, chez les enfants, parce que c'est chez eux qu'on les rencontre le plus fréquemment, et qu'en même temps les enfants ressentent, de la manière la plus marquée, l'influence bienfaisante des bains de mer.

Nous ne donnerons pas, non plus, tous les caractères de ce tempérament ; nous nous bornerons à dire que les enfants chez lesquels il se trouve à un haut degré, et qui offrent une disposition aux scrophules, ou qui en subissent les premières atteintes, se font remarquer par un teint pâle ou rosé, une peau blanche, fine et transparente, des cheveux blonds et soyeux, les yeux bleus, brillants, délicats, s'injectant aisément, la tuméfaction des ailes du nez et des lèvres, l'éclat des dents (qui se cassent avec facilité), la langueur de l'appétit, la fréquence des indigestions, le volume de l'abdomen, la saillie et la laxité des articulations, la rondeur des formes, la mollesse des chairs et la fréquence du pouls : il n'est pas rare d'observer chez eux des éruptions sur le cuir chevelu, au pourtour des oreilles, du nez, des éphélides sur le corps entier, des inflammations chroniques des glandes de Meibonius, etc. Leur caractère est inégal, souvent triste et morose ; ils ont généralement de l'intelligence, mais peu d'activité physique.

Le tempérament lymphatique dispose beaucoup aux scrophules, à la diathèse tuberculeuse, qui portent leur action sur tout l'organisme, et spécialement sur les systèmes lymphatique et osseux. Les lésions qu'on observe le plus souvent sont :

1° Des engorgements des ganglions du cou, aigus ou chroniques, avec ou sans abcès, suivis ou non de décollement de la peau, et de trajets fistuleux : rarement les ganglions des aisselles et des aines participent à la maladie ;

2° L'engorgement des ganglions mésentériques, porté à divers degrés, et accompagné de tous les symptômes qui caractérisent le carreau (scrophules mésentériques de Sauvages et de Cullen) ;

3° Des tumeurs blanches des articulations, bornées quelquefois à l'appareil ligamenteux et aux parties extrà-articulaires, s'étendant d'autres fois à la synoviale, aux cartilages inter-articulaires, et aux surfaces osseuses elles-mêmes, qui se ramollissent, et sont envahies par des tubercules infiltrés ou en masse : il se forme souvent des trajets fistuleux qui aboutissent aux os plus ou moins altérés ;

4° Des périostides, des ostéides scrophuleuses, des tubercules dans les os, des nécroses plus ou moins étendues ;

5° Le spina-ventosa scrophuleux des enfants, avec gonflement considérable des os, maladie assez mal

étudiée, où se rencontrent souvent plusieurs des altérations que nous venons d'indiquer ;

6° La carie scrophuleuse, qui n'est, dans un grand
nombre de cas, que l'infiltration tuberculeuse des os,
accompagnée d'ostéite ou de ramollissement scrophuleux, de ramollissement gras, etc. ;

7° Le mal vertébral de Pott, avec ou sans abcès
par congestion.

Dans les lésions osseuses, on observe fréquemment des conduits fistuleux, les uns en voie de cica-
trisations plus ou moins avancées, les autres donnant
issue à du pus diversement altéré ; les bourgeons
charnus sont pâles ou injectés ; la peau et les parties molles sous-jacentes, engorgées, décollées, vio-
lacées, etc. (1) ;

8° Les maladies des yeux, spécialement des conjonctives, des blépharites, des kératites scrophuleuses,
des ulcérations et des taies de la cornée, des ulcérations scrophuleuses des diverses régions, des écoulements mucoso-purulents par l'oreille, l'anus, accompagnés d'altération fonctionnelle de ces parties.

Les enfants lymphatiques réagissent très-bien contre le bain de mer froid : aussi, quand la saison est
favorable, on peut leur faire prendre très-souvent,
dès le commencement, des bains à la mer ; on ré-

______

(1) Pour de plus amples détails, voir : *Essai sur l'anatomie pathologique du système osseux*, par M. Boyer. Montpellier, 1855.

servera les bains chauffés pour les plus jeunes et les plus délicats. On se guidera, comme nous l'avons déjà dit, pour la durée du nombre des bains froids, sur l'état particulier des individus.

Il n'est point de sujets qui ressentent d'une manière plus profonde et plus rapide l'influence de cette médication. En peu de temps, leur aspect extérieur se modifie, les tissus deviennent plus fermes, plus vasculaires; les fonctions, plus actives et plus régulières; plus tard, les légères éruptions, les blépharites, les éruptions superficielles, premiers indices de l'état scrophuleux, diminuent et disparaissent.

Les bains de mer employés pendant plusieurs années, et secondés par une bonne alimentation, l'exercice au grand air, des soins hygiéniques bien dirigés, finissent par amener une transformation complète de la constitution, et par suite celle du tempérament lymphatique. C'est ainsi que l'on est presque sûr de prévenir le développement des maladies graves auxquelles sont disposées les personnes qui présentent la diathèse scrophuleuse; celles qui appartiennent à des familles dans lesquelles on observe ces diathèses ou ces maladies. Nous pourrions citer, à ce sujet, des faits nombreux, dont nous avons été témoin; ils prouvent qu'à l'aide des moyens que nous avons indiqués, et parmi lesquels le bain de mer joue le plus grand rôle, des enfants éminemment disposés aux scrophules sont parvenus à acquérir une forte constitution et à échapper à toutes les maladies scrophuleuses qui les menaçaient, bien que leurs parents eussent été atteints d'écrouelles, de tumeurs blanches, ou qu'ils eussent même succombé à une phthisie pulmonaire.

OBSERVATION 43. — Nous nous rappelons avoir vu la famille d'un négociant de Lyon, dont l'épouse venait de succomber à la phthisie pulmonaire, aller prendre les bains de mer sur la plage de Cette, d'après les conseils de M. Delpech. Cette famille était composée de six enfants; dont l'aîné avait environ quatorze à quinze ans; ils portaient tous le cachet de la diathèse scrophuleuse sous des formes et à des degrés différents : non seulement ils en furent tous complètement délivrés, mais encore leur constitution subit une véritable transformation, après un séjour de trois mois sur les bords de la mer; et cela, pendant six ans; dans l'intervalle de chaque saison, ils continuaient leur traitement hygiénique et médical, toujours dirigé par M. Delpech.

M. Boyer nous a communiqué le fait suivant :

OBSERVATION 44. — Il fut consulté, il y a environ vingt ans, pour une fille de onze ans, atteinte d'une nécrose scrophuleuse aux os du tarse; son père avait eu au genou droit une tumeur blanche qui s'était terminée par ankylose; la mère était morte, à l'âge de vingt-huit ans, d'une phthisie scrophuleuse; il y avait aussi trois fils âgés de sept, cinq et quatre

ans , et qui offraient le type scrophuleux de la manière la plus évidente.

Les quatre enfants furent envoyés à Cette. Ils prirent les bains de mer, et reçurent, surtout au point
de vue de l'hygiène , tous les soins que leur état
pouvait réclamer. Au bout de deux ans , la jeune
fille était parfaitement guérie ; mais elle continua ,
ainsi que ses frères , à aller aux bains de mer régulièrement pendant trois autres années. Depuis , les
frères ont fait , à diverses reprises, plusieurs autres
saisons , d'une manière moins suivie : les résultats
obtenus ont été complets ; toute trace de disposition
scrophuleuse a disparu. La jeune fille est aujour-
d'hui mère de deux beaux enfants ; et ses frères ,
forts et vigoureux , n'ont présenté , depuis, aucune
tendance aux affections scrophuleuses , très-com-
munes dans leur famille.

M. Le François (Paris 1842) a remarqué qu'il
y a très-peu d'écrouelleux dans les ports de mer,
notamment parmi les garçons, qui, dès l'âge de sept
ans , se baignent à la mer et s'exercent à la natation.

« J'ai pu m'assurer, dit le docteur Monnoyer, qu'à
» Saint-Tropès les scrophuleux sont très-rares , sur-
» tout parmi les garçons, ce que j'attribue à l'habi-
» tude qu'ils ont de se baigner à la mer dès leur
» jeune âge. »

MM. Delpech et Boyer ont fait la même remarque pour Cette.

Lorsque les scrophules se sont montrées sous quelqu'une des formes déjà indiquées, on les combat avec le plus grand succès par l'eau de mer administrée à l'intérieur et à l'extérieur, en bains généraux et en topiques, etc. Si l'eau froide simple a été fort utile en ces cas, que ne doit-on pas attendre de l'usage rationnel de l'eau de mer, qui contient des principes particuliers très-puissants et dont quelques-uns ont une action immédiate sur les scrophules? Les anciens, Oribase (*Synopséos*, lib. 7, c. 29), avaient déjà vanté l'eau de mer dans ces maladies. Parmi les modernes, Russel est un des premiers qui ait publié un travail spécial sur l'emploi de l'eau marine dans les scrophules, sous le titre : *De usu aquæ marinæ in morbis glandularum.* Il la prescrivait sous toutes les formes et à diverses températures, dans les nombreuses manifestations scrophuleuses que nous avons énumérées, et de plus dans les maladies de la peau, dans certains états morbides des reins sans inflammation, sans complication de calculs, dans les engorgements du foie, etc. Il rapporte, à l'appui de ces préceptes, trente-neuf observations, dont plusieurs présentent beaucoup d'intérêt.

Les enfants scrophuleux pourront généralement prendre, en débutant, des bains à la mer de quelques minutes, et dont la durée sera augmentée progressivement jusqu'à quinze minutes et au-delà, s'ils réagissent bien et que la saison soit favorable : on pourra même arriver assez rapidement à donner deux bains par jour à certains d'entre eux, en y joignant quelques immersions ; mais pour les sujets jeunes, faibles, surtout dans les journées fraîches et humides, on prescrira des bains de mer chauffés purs, même mitigés avec de l'eau simple ou avec des liquides émollients, s'il y a trop d'érétisme général, ou trop d'irritation à la peau.

Les lotions, les applications topiques d'eau de mer sur les paupières, dans les ophtalmies chroniques ; sur le nez, les lèvres, les glandes engorgées, sur les ulcères et les trajets fistuleux ; sur les articulations atteintes de tumeurs blanches ; le choc modéré de la lame, les douches en arrosoir sur ces tumeurs, seront d'utiles auxiliaires. Russel cite plusieurs exemples de tumeurs scrophuleuses, même avec suppuration, guéries par des lotions d'eau marine. Lorsque le mal occupait les yeux, le nez, les lèvres, il faisait laver ces parties avec une éponge imbibée d'eau de mer.

Enfin, on emploiera à l'intérieur la même eau, comme médicament altérant plutôt que comme purgatif ; la dose variera, du reste, suivant la susceptibilité du malade. Nous avons déjà donné quelques préceptes à ce sujet. Il faut qu'elle lâche doucement le ventre, sans provoquer de la soif, de la fièvre, de l'irritation. Il est des sujets qui en supportent des quantités considérables sans en être incommodés; d'autres chez lesquels il faut toujours la mitiger. Il est prudent d'user de précautions à cet égard; il convient de faire prendre l'eau de mer par petites quantités, en y revenant plusieurs fois dans la journée, et ayant soin, même, d'y joindre quelque boisson mucilagineuse; le point important est de faire pénétrer les principes médicamenteux qu'elle contient, de stimuler légèrement l'estomac et les intestins. Nous avons parlé des travaux de M. Pasquier, de Fécamp, sur l'eau de mer gazeuse, p. 47 à 49 ci-dessus. Avant lui, MM. Bouillon, Lagrange et Vogel avaient conseillé de charger l'eau de mer d'acide carbonique. Avec des soins, on peut ainsi, lorsque le cas l'exige, en faire prendre pendant longtemps.

L'eau de mer, employée comme nous venons de le dire, modifie bientôt l'état général, d'abord; puis l'état local. L'appétit se réveille, les digestions et les nutritions s'activent, les forces se relèvent, l'érétisme nerveux se calme; dès-lors, le sommeil est plus long et plus tranquille; le pouls, plus développé et moins rapide; le caractère, plus égal; l'enfant recouvre sa gaîté, et se livre avec plaisir et sans fatigue aux amusements, aux jeux, aux exercices de son âge.

En même temps, l'œdème, l'empâtement du tissu cellulaire diminuent et disparaissent; les glandes se séparent en petites masses distinctes, arrondies, mobiles sous la peau ; les reliefs naturels des articulations malades se dessinent à l'extérieur ; les muscles, les tissus fibreux contractés se détendent ; les ulcères, les trajets fistuleux fournissent une suppuration plus épaisse, mieux élaborée ; les bourgeons charnus sont plus vermeils, plus consistants.

Plus tard, les séquestres se séparent et sont éliminés, les ulcères se cicatrisent, les trajets fistuleux s'oblitèrent ; les gonflements des os, des glandes superficielles et profondes cèdent complètement ; les organes rentrent alors dans leur état naturel, et les fonctions reviennent à leur état normal.

Le plus souvent ces derniers effets se montrent après une saison seulement, ou après plusieurs saisons. Dans quelques cas, il reste de la raideur dans les articulations, et même des ankyloses, si le mal était trop avancé, quand on a commencé le traitement.

Il faut surveiller l'excitation que l'on provoque, et ne pas la pousser trop loin. C'est pour ne pas s'être conformé à ce précepte, que l'on a plus d'une fois compromis les succès attachés à cette médication, ou que l'on n'en a pas bien apprécié la valeur. Ainsi, Cullen vante le bain froid, les applications d'eau froide sur les ulcères scrophuleux, comme un moyen des plus utiles contre ces affections ; mais il ajoute que l'eau de mer, dont il a fait usage pour

panser les ulcères précités, lui a paru trop irritante
en général, et pas plus avantageuse, au fond, que
l'eau commune et toutes les eaux minérales.

Ces résultats, contraires à ceux qui ont été obtenus
par une foule de praticiens éminents, à ceux qui
ont été observés par MM. Fages, Delpech, Boyer, et par
nous-même, tiennent à ce que l'on ne s'est pas fait une
idée assez exacte des affections scrophuleuses dans
leurs divers états. En effet, dans ces maladies, il y a tout
à la fois faiblesse, perversion de l'acte nutritif, avec
tendance ulcérative, destructive, et en même temps
excitabilité. Il faut combattre la faiblesse et le mode
nutritif vicieux par l'action spéciale de l'eau de mer,
il faut même exciter la vitalité, mais on ne doit pas
provoquer la phlogose. Lorsque la surface des ulcères, des trajets fistuleux est molle, blafarde, indolente, que les engorgements articulaires ou autres
ne présentent ni chaleur, ni douleur, ni rougeur,
qu'il n'y a pas de réaction générale, forte, d'état
fébrile, la stimulation spéciale produite par l'eau de
mer est utile; mais si les parties se tendent, rougissent, deviennent chaudes et douloureuses, si la fièvre
s'allume, il faut en cesser l'usage et prescrire le
repos, les émollients, les sédatifs, les anti-phlogistiques. Tous les bons observateurs sont unanimes à
cet égard. « Les bains froids, dit Pujols, de Cas-
» tres, ne conviennent pas aux scrophuleux qui se
» trouvent dans des circonstances inflammatoires, à

» ceux qui portent des embarras disposés à suppu-
» rer. » Beaumes reconnaît une espèce de scrophule,
caractérisée par une réaction trop vive, dans laquelle
les délayants sont nécessaires, du moins pendant un
certain temps. L'irritation, l'inflammation générale
et locale, la fièvre contre-indiquent l'emploi de l'eau
de mer à l'extérieur et à l'intérieur, disent Russel
et Buchan. On doit surtout user de précautions dans
l'administration des douches.

Il ne faut pas, cependant, s'arrêter trop tôt devant
un certain degré d'excitation. Avant que les ulcères,
les trajets fistuleux se cicatrisent, ils deviennent vermeils, saignent quelquefois, fournissent un pus plus
épais, souvent même plus abondant ; mais on n'observe pas sur leurs bords la rougeur, la tension, la
chaleur et la douleur qui stigmatisent une forte inflammation. L'état scrophuleux a été remplacé par
une excitation plastique salutaire. Si celle-ci fran-
chit ses limites, et que l'état phlegmasique se manifeste, le repos suffit souvent pour amener une guérison rapide.

Les effets secondaires des bains de mer sont très-
marqués chez les scrophuleux ; il n'est pas rare
d'obtenir les plus beaux résultats après que la saison est terminée, mais ordinairement l'amélioration
se continue pendant quelques mois après. Les maladies scrophuleuses qui se modifient rapidement sont,
le plus souvent, les engorgements des glandes du

cou et certaines affections des os ; les maladies des yeux, et surtout celles de la peau, sont plus rebelles.

Les enfants scrophuleux qui ont les yeux et cheveux noirs, la peau brune, le visage pâle, réagissent moins bien que les autres, et présentent, parfois, en même temps une excitation morbide spéciale : il faut, dans bien des cas, les amener progressivement à supporter les bains à la mer, qui seront courts, en insistant assez longtemps sur les bains chauffés, et souvent même en alternant ceux-ci avec des bains d'eau douce. Cette disposition particulière du tempérament scrophuleux se rencontre principalement sur les jeunes filles qui habitent les bords de la mer ; c'est aussi, peut-être, à cause de cela que les bains de mer sont peu usités parmi elles.

Tout ce que nous avons dit des enfants scrophuleux s'applique également aux sujets de quinze à vingt ans qui se trouvent dans les mêmes conditions. Les résultats sont aussi sûrs et à peu près aussi rapides.

A mesure que l'on s'éloigne de ces époques de la vie, on devient de moins en moins certain de trouver une réaction franche, une tolérance complète, une influence prompte et profonde. Il faut donc aller progressivement et bien étudier son malade avant d'en venir à une médication énergique. On peut cependant affirmer que l'eau de mer, bien employée, modifie, presque toujours, avantageusement la santé générale d'abord, puis le plus grand nombre des lésions locales, chez les adultes scrophuleux.

Nous joindrons ici quelques faits et quelques réflexions sur le sujet qui nous occupe, empruntés à la clinique de M. Delpech, et aux communications faites par ce professeur à M. Monnoyer :

Observation 45. — « M. X..., officier supérieur très-distingué, d'une constitution robuste, mais dont la femme était délicate et lymphatique, consulta M. Delpech pour sa fille aînée, qui offrait, à l'âge de cinq ans, la taille et les formes exiguës de l'enfant de deux à trois ans le plus faible. La peau, très-fine, était blanche et rosée, les cheveux blonds, les yeux tristes, le regard incertain, les membres très-grêles, le ventre volumineux et bouffi ; l'enfant était très-sujet au dévoiement et contractait, avec une facilité singulière, toutes les affections aiguës qui appartenaient au caractère épidémique des saisons. Un régime succulent et tonique fut prescrit d'abord, et permit longtemps de lutter contre ces influences ; mais, pour peu qu'il fût relâché, les rechutes se montraient. Les bains et la boisson d'eau de mer furent alors mis en usage, et produisirent des effets bien plus durables. Après deux saisons, l'enfant se développa, sa santé se consolida, et elle s'est maintenue, depuis, dans l'état le plus satisfaisant. »

« Il est très-commun, dit le même professeur,

d'observer sur des enfants en bas âge des éruptions à la face et sur d'autres parties du corps ; les boutons se multiplient, se confondent, et forment de véritables ulcérations qui durent plus ou moins longtemps, et qui existent encore à l'âge adulte. Ce symptôme a été très-souvent vaincu par les bains de mer ; il s'est quelquefois reproduit dans l'intervalle d'une saison à l'autre, surtout sous l'influence de l'hiver, mais il a cédé complètement après plusieurs saisons passées aux bains de mer. C'est principalement chez les adultes que ce symptôme est extrêmement tenace ; nous ne l'avons vu céder, d'abord, que passagèrement, mais l'usage de l'eau de mer, réitéré pendant plusieurs années, a fini par en triompher.

» Nous pourrions citer un grand nombre d'exemples propres à démontrer que les tuméfactions du mésentère, qui constituent le carreau, ont cédé à l'usage de l'eau de mer ; nous l'avons vu même réussir, quelquefois, dans des cas où certains symptômes, tels que le dévoiement et l'infiltration des membres inférieurs, annonçaient des désordres très-graves. Les engorgements scrophuleux chez les adultes résistent bien davantage ; ainsi, chez ces derniers, nous avons eu plus de peine à faire disparaître des tuméfactions de ce genre situées même sous la peau. Cependant nous avons, devers nous, plusieurs observations, notamment celle d'une demoiselle de vingt-six ans, qui démontrent que l'impulsion donnée à la nutrition par l'action des eaux de la mer, peut se prolonger longtemps et amener la résolution des tumeurs dont il s'agit, au bout de cinq à six mois. »

OBSERVATION 46. — « Mlle *** (1), provenant de parents d'une constitution faible, et dont la mère avait éprouvé divers symptômes scrophuleux, fut dirigée sur les bains de Dieppe, en 1826. Cette enfant, âgée de sept ans, grandissait difficilement ; elle avait les cheveux blonds, la peau très-blanche, et offrait tous les caractères du tempérament lymphatique au plus haut degré. Presque toutes les glandes du cou étaient dures et gonflées ; mais ce qui avait surtout inspiré de vives inquiétudes aux parents, c'était un commencement de torsion de l'épine, qui existait depuis plusieurs mois. Ce vice de conformation, quoique peu avancé dans ses progrès, rendait pourtant la démarche gauche, embarrassée, et privait la petite malade de la plupart des jeux et exercices familiers à son âge.

» Les bains tièdes et ensuite pris en pleine mer, les douches sur le rachis, et l'eau de mer en boisson, à la dose d'un demi-verre matin et soir, continuée pendant deux mois, eurent des résultats si satisfaisants sur cette jeune personne, qu'on pouvait regarder sa guérison comme achevée au moment de son départ. En effet, les engorgements glanduleux étaient effa-

____

(1) Mourgué (loc. cit., p. 34).

cés ; elle avait repris de la force et de l'agilité , et
l'épine n'offrait plus rien d'inquiétant. Cependant cette
enfant fut ramenée aux bains l'année suivante, et ce
second traitement, pendant lequel elle grandit sensiblement, l'a préservée d'un vice de conformation
qui, abandonné à lui-même , eût probablement dé-
généré en une véritable gibbosité. »

OBSERVATION 47. — Un enfant âgé de quatre ans,
provenant de parents scrophuleux, avait toutes les
glandes du mésentère engorgées et très-volumineu-
ses ; les extrémités inférieures étaient grêles, faibles
et sensiblement arquées de dedans en dehors ; ce qui
l'empêchait de marcher sans être soutenu. L'usage
des bains à la lame et de l'eau de mer à l'intérieur ont
dissipé peu à peu l'engorgement mésentérique, et
ramené les extrémités à leur rectitude naturelle :
MM. les professeurs Dubois , Dupuytren et Marjolin,
consultés à diverses reprises pour ce malade, s'é-
taient accordés à prescrire les bains de mer.

Il nous serait facile d'ajouter divers exemples de
pareilles guérisons que nous avons observées, depuis
quinze ans, à Royan ; nous pourrions parler d'un assez grand nombre de caries plus ou moins profondes,
de nécroses combattues avec succès par les bains et
l'eau de mer à l'intérieur ; nous nous bornerons à
rapporter quelques faits relatifs à des tumeurs blanches et à des destructions étendues de la colonne

vertébrale. Ces faits se trouvent dans le mémoire de M. Mourgué, qui les a empruntés à la pratique et à la clinique du professeur Delpech. Ce sont autant de belles cures, auxquelles nous avons assisté, dans le temps où nous continuions de suivre les cours de ce professeur, et où nous étions déjà admis dans son intimité.

OBSERVATION 48. — « Il existe (1) encore à Cette un jeune tonnelier, grand et maigre, provenant de parents scrophuleux, et que nous avons gardé long-temps à l'hôpital Saint-Éloi avec une tumeur blanche au genou droit. Nous avions tout à craindre pour ce malheureux; lorsqu'il quitta Montpellier pour se rendre à Cette, afin de faire usage de l'eau de la mer, la tuméfaction de l'articulation était encore con-sidérable, les douleurs étaient vives, et le pouls conservait une fréquence inquiétante. Ce ne fut qu'a-vec la plus grande réserve que nous permîmes des bains rares et de peu de durée. Nous ne savions pas encore avec quelle facilité l'action de l'eau de la mer, en augmentant la masse des forces, diminue la somme de l'irritabilité et peut calmer des douleurs dont la vivacité tient essentiellement à une débilité profonde. Encouragé par les premiers succès, je multipliai les bains, permis l'eau en boisson, et je ne tardai pas à me louer de cette différence dans l'administration du

____

(1) Le docteur Mourgué, *Considérations générales sur l'usage des bains de mer*, p. 66.

remède. Le malade en a usé pendant deux saisons de suite, et il est parfaitement guéri ; il est même remarquable qu'il n'y ait point d'ankylose, et que les mouvements soient très-peu gênés. » (Professeur Delpech.)

Observation 49. — « Ayant (1) été appelé à Pézenas, on me montra un enfant de douze ans, souffrant depuis cinq ans d'une tumeur blanche au genou droit, et n'ayant que le développement d'un enfant de quatre à cinq ans : la jambe était fixée dans la flexion par l'action des muscles, mais sans ankylose ; le genou était extrêmement volumineux , et présentait trois ulcérations qui communiquaient avec l'articulation, et d'où découlait un ichor brunâtre très–fétide. Rien ne peut être comparé au degré de dépérissement et de consomption dans lequel le corps avait été jeté par la suppuration, le dévoiement et la fièvre. Je conseillai l'usage des eaux de la mer comme la seule ressource que l'on pût invoquer , mais sans aucune confiance. Je fus très–étonné lorsque, ayant perdu ce malade de vue pendant plus de huit mois, je le retrouvai grandi, bien en chair , parfaitement guéri du genou , dont tous les mouvements étaient interdits par une ankylose osseuse complète. » (*Idem.*)

Observation 50.— « Le fils (2) du directeur de la boulangerie militaire, enfant de six ans , petit, et

____

(1) Le docteur Mourgué, *idem*, p. 67.

(2) *Idem*, p. 68.

provenant de parents évidemment scrophuleux , avait éprouvé une coqueluche très-prolongée. Vers la fin de cette maladie , on s'aperçut qu'il marchait de mauvaise grâce et qu'il tombait fréquemment ; on découvrit en même temps une tuméfaction très-considérable , et qui comprenait toute la fesse et toute la hanche gauche. Lorsque cet enfant nous fut présenté , nous constatâmes , par le rapport des parents, qu'il avait la fièvre lente depuis plus de six mois , que la tumeur de la hanche était fluc-tuante ; elle nous parut contenir une masse de pus , qui ne pouvait pas avoir été formée dans cette même région, car il n'existait aucune trace d'un travail inflammatoire antérieur. Nous examinâmes l'épine , et nous trouvâmes à la région lombaire une saillie remarquable, formée par trois apophyses épineuses. Les signes de la lésion organique connue sous le nom de *maladie vertébrale*, avec formation d'une collection purulente qui avait traversé le bassin , étaient évidents. Il fallut donner issue au pus, par une simple ponction, à travers un point de la peau , menacée d'ulcération prochaine. Le malade fut en-voyé aux bains de mer, et deux cautères furent éta-blis autour de la difformité vertébrale. L'enfant est parfaitement guéri , après avoir fait usage des eaux de la mer pendant trois saisons de suite. Nous n'ignorons pas le rôle important que les cautères ont dû jouer dans le traitement de cette maladie ; mais

on sait aussi quel est le sort constant des malades
qui, dans ce cas, éprouvent un abcès par congestion, que l'on est dans la nécessité d'ouvrir. Celui du
sujet qui nous occupe a été évacué à diverses reprises par des ponctions réitérées, et nous fûmes
agréablement surpris en voyant diminuer peu à peu
la quantité des matières contenues. » (Professeur
Delpech.)

OBSERVATION 51. — « Nous avons (1) encore, dans
l'hôpital Saint-Éloi, un jeune homme de vingt-deux
ans, qui est atteint de la même maladie depuis plus
de quatre ans. Il est d'une très-haute taille, mais
d'une constitution lymphatique et très-faible. Il exerçait la profession de papetier. Les lésions organiques,
qui ont attaqué le corps des vertèbres dorsales, ont
dû être très-étendues. Dans les premiers temps où
nous avons vu le malade, la difformité était médiocre ; elle est devenue extrême, depuis, malgré
tous les secours ; et l'angle que forme la colonne vertébrale, aujourd'hui, ne permet pas de supposer
moins de trois ou quatre vertèbres qui doivent avoir
perdu leur corps en entier. Nous avons vu se déclarer, sous nos yeux, la paraplégie, et successivement
la paralysie de la vessie et du rectum. Une tumeur,
fluctuante dès le principe, s'est montrée et s'est
longtemps maintenue sur le côté droit du point dif-

(1) Le docteur Mourgué, *idem*, p. 70.

forme ; elle s'est ouverte enfin, et a fourni les matières ordinairement contenues dans un abcès par
congestion. Pendant longtemps le malade ne pouvait
faire un seul mouvement des parties supérieures du
corps, sans éprouver les douleurs les plus vives et
une crépitation très-distincte dans le point difforme
de la colonne vertébrale. C'est en cet état que le
malade fut envoyé à Cette, pour employer les eaux
de la mer en bains et en boisson. Malgré les mouvements que l'on n'a pu éviter de communiquer, deux
fois par jour, au point mobile que la maladie avait
établi dans la colonne vertébrale, il nous a causé le plus
grand étonnement, à son retour, deux années après :
car, alors, nous nous sommes aperçu que toute mobilité avait cessé dans le point difforme de la colonne vertébrale. La paraplégie subsiste, et il est
probable que ce malade succombera ; cependant il
résistera longtemps encore, et la marche extrêmement
lente de la maladie mérite d'être remarquée. Mais ce
qui mérite bien plus d'attention, c'est le travail réparateur que la nature a dû faire autour de l'épine, lors
même que la maladie n'a pas cessé de miner insensiblement la constitution. » (Professeur Delpech.)

Voir, à la page 100, une observation semblable de
lésion vertébrale.

Quelques remarques et quelques faits, extraits des
notes de M. Boyer, viennent à l'appui des principes
que nous avons établis sur le sujet dont il s'agit ici :

« Rien de plus commun ; dit ce médecin, que la guérison des engorgements scrophuleux au cou par l'eau de mer, chez les enfants. Cela est plus rare et demande plus de temps à mesure que l'on s'éloigne de l'enfance ; cependant nous avons vu, plusieurs fois, ce moyen réussir assez promptement chez les adultes, entre autres dans les deux cas suivants :

OBSERVATION 52. — « Mme ***, femme d'un négociant de Lyon, grosse et lymphatique, avait eu, dans son enfance, des engorgements au cou, qui, à dix-sept ans, disparurent complètement ; à vingt-huit ans, elle devint mère pour la quatrième fois, eut une grossesse pénible, et allaita son enfant pendant quatorze mois : ce fut alors qu'elle vit survenir une tuméfaction considérable des ganglions du cou, des deux côtés. C'était en 1845. Malgré les soins qu'elle reçut, les tumeurs s'accrurent, deux abcès se formèrent, s'ouvrirent ; l'un d'eux resta fistuleux. Les choses étaient en cet état, en juin 1846, quand la malade consulta M. Boyer. Comme il n'y avait pas de signe d'excitation, Mme *** fut envoyée à Cette, où elle prit des bains et but de l'eau de mer dès le commencement de juillet. Les bains, d'un quart d'heure, d'abord, purent bientôt être portés à vingt-cinq minutes. Après vingt-huit jours, ils furent dou-blés ; l'eau de mer fut prise au début, à la dose d'un demi-verre matin et soir, et l'on arriva, en un mois, à deux verres par jour. Cette médication, parfaite-

ment supportée, améliora l'état général ; l'engorgement du cou diminua ; après cinquante-huit bains,
le trajet fistuleux était fermé, et la malade quitta
Cette. De retour à Lyon , elle fit encore usage, pendant plusieurs mois, d'eau salée, et l'adénite scrophuleuse se dissipa presque entièrement. Elle reparut, mais à un moindre degré, au printemps de 1847 ;
un nouveau séjour à Cette amena une guérison défi-
tive. Mme *** y revint cependant en 1848 ; depuis,
aucun symptôme scrophuleux ne s'est manifesté chez
elle. »

« Une demoiselle de vingt-cinq ans fut guérie, en
deux saisons, de la même manière, d'une affection
semblable. »

Observation 53. — « M. M***, de Nîmes, quarante
ans, éminemment lymphatique, eut aux jambes, surtout à la gauche, des ulcérations scrophuleuses qui
furent traitées sans succès, pendant un an, par divers
moyens internes, par des bains émollients sulfureux,
des pansements méthodiques, etc. Envoyé à Cette ,
en 1830, il y prit des bains et but de l'eau de mer
pendant deux mois. Amélioration notable, qui se
manifesta, de plus en plus, après la saison. Retour
aux bains, en 1831, guérison complète. M. M*** revint à Cette, en 1832 et 1833 ; sa santé n'a pas été
altérée depuis. »

Observation 54.—« Une jeune personne de douze
ans, dont le père était scrophuleux et dont la mère

était morte de phthisie pulmonaire, fut envoyée à Cette, en 1829, par le professeur Delpech. Elle était atteinte de caries scrophuleuses aux os cunéiformes du pied gauche, avec trajets fistuleux; elle avait, de plus, un engorgement des ganglions lymphatiques du cou. Après deux saisons de cinquante bains environ chacune, la tuméfaction du cou était presque entièrement dissipée ; des fragments d'os nécrosés avaient pu être facilement retirés du pied; il ne restait plus qu'un trajet fistuleux, à travers lequel un nouveau fragment d'os se fit jour, en 1831. Pendant ces trois années, elle but de l'eau de mer durant son séjour à Cette. Bien qu'entièrement rétablie, elle continua les bains, en 1832 et en 1833 : à cette époque, elle prit un grand développement physique; elle a joui, depuis, d'une très-belle santé. »

Spina ventosa. — Il est une affection, essentiellement scrophuleuse, qui attaque le plus souvent la diaphyse des os longs, et surtout celle des os des doigts chez les enfants. Nous voulons parler du *spina ventosa*.

Quoiqu'il faille souvent sacrifier, en l'amputant, le membre qui en est atteint, il ne faut cependant en venir à cette extrémité que lorsque, ayant épuisé toutes les ressources thérapeutiques, on s'y trouve contraint par l'apparition des phénomènes colliquatifs.

Nous avons eu, il y a environ quatre ans, un succès inespéré d'une semblable affection, chez le fils d'un de nos paysans, habitant la commune de Bouillac, arrondissement de Bordeaux :

OBSERVATION 55. — Ce jeune homme, à l'âge de dix-huit ans, fut atteint d'un *spina ventosa* qui avait envahi les deux tiers inférieurs du fémur droit ; l'os avait quadruplé de volume dans tout son tiers inférieur ; il diminuait peu à peu, en montant vers le tiers supérieur, qui était sain, comme les articulations coxo-fémorale et fémoro-tibiale de ce côté.

Il resta cinq à six mois au lit sans pouvoir se servir de sa jambe, ni même l'appuyer par terre.

A la suite d'un traitement très-actif par l'iode à l'intérieur, et à l'extérieur en application locale et au bain, la maladie parut devenir stationnaire, la fièvre cessa, les forces revinrent ; le jeune homme put quitter le lit et marcher un peu.

Nous l'envoyâmes à Royan : une trentaine de bains à la lame, l'eau de mer à l'intérieur à la dose environ d'un verre matin et soir, activèrent d'une manière étonnante la résolution de l'engorgement de l'os et de toutes les parties molles.

Six mois après son retour des bains, la cuisse, dans la partie où elle était le plus considérable, n'avait pas quatre centimètres de circonférence de plus que celle du côté opposé ; ce jeune homme avait repris ses travaux de la campagne, et, depuis lors, il n'a pas éprouvé le moindre accident.

Observation 56. — En 1836, nous vîmes à Royan un jeune homme, d'environ quinze ans, qui portait un gonflement indolore de la première phalange du doigt annulaire de la main gauche et des deux premières phalanges du petit doigt, sans altération notable de la peau et des fonctions de la région. Il avait au cou quelques ganglions cervicaux engorgés et quelques cicatrices, stigmates de son tempérament scrophuleux. Six mois auparavant, il avait subi l'amputation du doigt du milieu de la main droite, atteint de la même affection.

Deux saisons de bains et l'usage de l'eau de mer à l'intérieur dissipèrent complètement l'engorgement des doigts, des glandes du cou, et raffermirent complètement la santé de ce jeune homme.

Il prit l'état de marin d'après notre conseil; et nous l'avons vu, depuis, jouissant de la plus brillante santé.

Nous nous rappelons d'avoir observé un certain nombre de cas semblables, dans la clinique et la pratique du professeur Delpech. Il recommandait bien à ses élèves de ne se décider à sacrifier la partie malade, que lorsque, après avoir épuisé toutes les ressources de la thérapeutique médicale, la nature elle-même se montrait impuissante, par le développement des phénomènes colliquatifs (comme nous l'avons dit, p. 296).

« Dans le *spina ventosa* des pieds et des mains,

il ne faut pas se hâter d'en venir à l'opération. Le traitement général dirigé contre la cause connue ou présumée, et une médication générale antiphlogistique locale finissent, à la longue, par dissiper les douleurs ; le mal se termine le plus souvent par la nécrose, quelquefois il finit par la résolution, et le gonflement persiste ou se dissipe (1). »

C'est ce que confirment les trois observations suivantes, dont les deux premières sont prises dans Mourgué, et dont la troisième appartient à M. Boyer :

Observation 57. — « M. M..., âgé de huit ans, ayant les cheveux roux, la peau très-fine, blanche, un tempérament lymphatique très-prononcé, portait, depuis plusieurs années, un gonflement considérable à la première phalange du doigt annulaire de la main droite. Cette affection, décrite dans les auteurs sous le nom de *spina ventosa*, était indolente, sans changement de couleur à la peau, et n'apportait point d'obstacle aux mouvements articulaires ; cependant elle s'était montrée rebelle à divers moyens conseillés par M. Faubert, chirurgien en chef de l'Hôtel-Dieu de Rouen, ce qui détermina cet habile praticien à envoyer le malade aux bains de Dieppe : leur usage continué trois ans de suite, joint à la boisson d'eau de mer, a fini par triompher de la maladie. En 1825, (notre ami) le docteur Miquel, ayant passé quel-

____

(1) *Dictionnaire des Dictionnaires de médecine*, article *spina ventosa*, p. 264.

ques jours à Dieppe , nous le priâmes de voir cet enfant, dont il a consigné la guérison dans son intéressant journal. » (Voyez *Gazette de Santé,* du 5 août 1825.)

OBSERVATION 58. — « Le fils d'un agent de change de Paris , âgé de huit à neuf ans , fut conduit à Dieppe par notre confrère le docteur Henelle , pour y être traité d'une affection absolument semblable à la précédente. Les bains de mer eurent sur ce malade un résultat aussi complet et plus prompt , puisque deux saisons de bains ont suffi pour dissiper la tuméfaction osseuse et ramener la phalange à son volume naturel. Les bains avaient été conseillés par MM. Marjolin et Orfila. »

OBSERVATION 59. — « Un enfant de douze ans, grand et fort pour son âge, mais offrant les caractères du tempérament lymphatique , fut atteint , au commencement de 1828 , d'un gonflement très-considérable du pouce droit et du métacarpien correspondant (*spină ventosa* scrophuleux des enfants). Un traitement très-rationnel, l'iode à l'intérieur et à l'extérieur, n'arrêtèrent point la marche de la maladie; des abcès se formèrent , plusieurs trajets fistuleux s'établirent. En 1829, applications locales d'hydrochlorate de baryte pendant deux mois, diminution de la suppuration , état plus satisfaisant des parties. L'amélioration ne faisant pas ensuite de nouveaux progrès, M. Boyer conseille les bains de Cette, des applications topiques et la boisson d'eau de mer (celle-ci est administrée à la dose de 60 grammes matin et soir, dans un verre de liquide mucilagineux) : changement favorable en peu de temps. Après soixante bains, l'enfant quitte Cette, dans un état d'amélioration remarquable. Il ne reste plus qu'un trajet fistuleux fort réduit, qui se cicatrise deux mois plus tard ; le gonflement de l'os diminue aussi beaucoup.

» En 1830, nouvelle saison : les os diminuent encore beaucoup. En 1831 et 1832, le jeune malade revint à Cette. Avocat aujourd'hui, il n'a plus eu, depuis son traitement par l'eau de mer, aucune maladie se rattachant à l'état scrophuleux. Le pouce droit et le métacarpien sont restés un peu plus gros que les mêmes parties du côté gauche, mais ils n'offrent pas d'autres altérations. »

M. Boyer a employé l'eau de mer avec succès, à l'intérieur et à l'extérieur, dans la première période du carreau. Dans trois cas, il a retiré des avantages marqués des bains salino-gélatineux chauffés, chez les enfants qui présentaient du dévoiement, sans que la fièvre hétique se fût nettement prononcée.

Le même praticien a, plusieurs fois, obtenu de l'eau de mer, dans les tumeurs blanches, les résultats suivants ; elle a puissamment contribué : 1° à amener une guérison complète ; 2° à consolider une guérison avancée ; 3° à dissiper quelques restes de la maladie, tels que l'empâtement, de la raideur et de la faiblesse dans les mouvements, etc.

ART. VII. — *Rachitisme.*

Le rachitisme est une maladie qui attaque principalement les enfants. Ceux qui en sont atteints, sont d'une constitution molle et lymphatique ; ils sont ordinairement maigres et languissants ; ils se fatiguent avec une grande facilité, se montrent fort sujets aux angines, aux catarrhes bronchiques, aux dérangements des voies digestives ; leurs muscles sont peu développés, flasques, leurs articulations volumineuses et lâches, le rachis souvent dévié, les membres plus ou moins incurvés, la poitrine presque toujours déformée, et le ventre plus ou moins volumineux.

« Tous les pathologistes (dit Pravaz, p. 204) ont constaté l'état d'hypertrophie du foie (1) et l'angustie de la poitrine, qui accompagne cette maladie. » — Et comme « toutes les observations physiologiques et pathologiques, d'après le même auteur (p. 210), prouvent une solidarité réciproque entre l'organe hépatique et le poumon, de telle sorte que l'accroissement de volume du premier peut faire présumer une atrophie relative du second », il croit pouvoir ré-

---

(1) Trnka, en admettant le fait de l'accroissement du volume du foie dans le rachitisme, remarque, en même temps, que la texture de cet organe n'a éprouvé aucune altération.

sumer ainsi la série des phénomènes observés dans le rachitisme , suivant leur subordination étiologique (p. 211) :

« 1º Défaut primitif ou arrêt consécutif de développement du poumon, déterminé par des circonstances variées , identiques à celles qui coexistent généralement avec l'apparition du rachitisme ;

» 2º Croissance naturelle et continue des côtes, que ne peut entraver aucune des influences mentionnées précédemment (*hérédité, impureté de l'air, séjour dans des demeures étroites et mal éclairées, etc., etc.*) ;

» 3º Déformation du thorax , qui , pour rester en rapport de contiguité avec le poumon plus ou moins stationnaire dans son accroissement, pendant que lui-même agrandit son contour , doit *géométriquement* prendre une forme dont la section représente une courbe ovale ou rentrante ;

» 4º Hypertrophie du foie, dont le développement est dans un rapport généralement inverse avec celui des poumons ;

» 5º Imperfection de l'hématose , à laquelle le surcroît d'activité des fonctions hépatiques ne peut suffire à donner les qualités qui résultent d'une respiration normale ;

» 6º Production moindre de fibrine et de phosphate calcaire , dont les proportions dans le sang sont relatives à la quantité d'oxigène absorbé ; *atrophie consécutive du système musculaire, et ramollissement du système osseux.* »

Les bons effets que l'on a retirés, de tout temps, des bains froids de l'eau de mer, sous toutes les formes, dans le rachitisme, confirment pleinement l'exactitude de ces propositions.

En conséquence, rien de plus avantageux, dans le traitement de cette affection, que les bains de mer; mais comme, par suite de la faiblesse native des enfants qui en sont atteints, ceux-ci ont peu de réaction, on doit généralement commencer par leur administrer des bains de mer chauffés, à température décroissante, pour arriver par degrés aux bains à la lame avec ou sans affusions. Ces bains, d'une ou deux minutes d'abord, seront portés progressivement de huit à dix minutes au plus, limite que l'on ne devra pas dépasser. On aura le soin de s'arrêter lorsque l'on verra se manifester des phénomènes d'intolérance, caractérisés par de la courbature, de l'inappétence, du dévoiement, de la toux, de la morosité, de l'agitation pendant la nuit. Il ne faut pas oublier que la plupart de ces enfants ont l'esprit vif et pénétrant, qu'ils ont la tête ordinairement volumineuse, et que, par conséquent, ils ont le système nerveux assez développé.

Les douches en arrosoir ou à jet unique sur le rachis, bien ménagées et pratiquées avec de l'eau à 25 à 30° c., seront d'utiles auxiliaires. On y joindra

des exercices gymnastiques, un régime tonique, des
frictions sèches, etc.; mais, par-dessus tout, le séjour
sur les bords de la mer, dans un lieu un peu élevé
pour éviter l'humidité du sable, et respirer, à pleins
poumons, la brise bienfaisante par sa pression et sa
douce fraîcheur.

Qu'on n'oublie pas que M. Pravaz (1) cite de très-
beaux cas de guérison chez des enfants de deux, six
et quatre ans, par le simple bain d'air comprimé.

Ce n'est ordinairement qu'après un certain nombre
de bains à la mer, que la constitution des enfants rachitiques éprouve quelques heureuses modifications.
Les digestions se font mieux, la diarrhée se suspend,
la circulation est plus normale, la nutrition s'active, le
sommeil est plus profond, les muscles acquièrent plus
de volume et surtout plus d'énergie, l'exercice amène
moins de fatigue. On peut diriger ce dernier moyen,
ainsi que l'application des douches et des frictions toniques, de manière à développer les muscles qui doivent
redresser les courbures vicieuses. En combinant ces
effets avec ceux des moyens orthopédiques, on parviendra plus aisément à détruire ces courbures.

Mais, en pareils cas, on ne peut se contenter d'une
seule saison ; il faut deux ou trois et même quatre saisons pour obtenir tout ce que les bains et le séjour sur
le bord de la mer peuvent donner. Les os mous se redressent, puis acquièrent une dureté qui, dans quel-

(1) *Loc. cit.*, chap. IX, p. 212 à 216.

ques points au moins, dépasse leur consistance normale ; les cartilages et les ligaments articulaires prennent plus de densité, plus de consistance ; les saillies osseuses diminuent ; la taille est plus droite, élancée ; toutes les formes sont mieux accusées et plus régulières.

Il est inutile de dire que l'eau de mer à l'intérieur, rationnellement administrée, peut aider beaucoup l'action des moyens précités.

Le rachitisme survient aussi, mais rarement, après la puberté, surtout chez les jeunes filles. Les bains de mer sont, alors, très-utiles pour venir en aide aux traitements orthopédiques, pour en consolider les bons effets, développer les forces, régulariser la menstruation, etc. Ici l'on débutera généralement par le bain froid, que l'on emploiera largement, en l'associant aux exercices gymnastiques, à la natation, aux douches froides, aux frictions, aux médications fortifiantes et à un régime analeptique.

Les déviations du rachis stationnaire peuvent s'aggraver, d'autres se manifester chez des femmes adultes plus ou moins prédisposées aux effets du rachitisme. C'est, ordinairement, à la suite de l'accouchement ou de l'avortement, que se déclarent ces accidents, précédés par des douleurs dans le rachis, qui s'incurve dans sa portion lombaire. C'est, même, à une pareille prédisposition à ce genre de déviations, qu'il faut attribuer les nombreuses fausses couches qui surviennent chez certaines jeunes femmes ; prédisposition que l'on détruit très-efficacement par l'usage des bains de mer. Il faut, dans ces cas, commencer le plus souvent par les bains de mer chauds, qui déterminent quelquefois un peu de douleur et de courbature ; plus tard, on en vient aux bains à la lame très-courts, puis on les fait prendre un peu plus longs ; on les double même, en ayant soin de faire reposer de temps en temps les malades, et de faciliter la réaction. Peu à peu, des changements favorables se montrent dans la constitution, mais les forces ne se relèvent qu'avec une extrême lenteur. On doit associer aux bains tous les secours que nous offrent l'hygiène et la thérapeutique.

Il serait facile de rapporter un assez grand nombre de faits à l'appui de ce qui précède ; nous nous contenterons du suivant, qui prouve combien il est important d'étudier l'idiosyncrasie des sujets :

OBSERVATION 60. — Mme X., épouse d'un médecin d'une des villes du département de la Corrèze, avait conduit à Royan, en 1845, son jeune enfant, âgé de cinq ans, pour lui faire prendre les bains de mer.

Cet enfant était essentiellement rachitique : jambes arquées, articulations volumineuses, sternum et extrémités correspondantes des côtes, disposées en carène, constitution frêle et languissante, faiblesse extrême, teint blafard, ventre volumineux, diarrhée fréquente, etc., etc.

Voulant observer strictement les prescriptions de son mari, Mme X... baignait son enfant à la lame une fois et même souvent deux fois par jour.

Chaque bain était un supplice pour ce pauvre enfant, qui ne cessait de pousser les hauts cris, depuis le moment où il était question d'aller au bain jusqu'à celui où on le sortait de l'eau.

Il avait pris environ dix bains à la lame, lorsque la diarrhée reparut; depuis son arrivée à Royan, il ne dormait presque pas, et il n'avait pas d'appétit.

Appelé par la mère, nous fîmes immédiatement suspendre les bains froids, pour les remplacer par les bains d'eau de mer chauffée, malgré la répugnance que cette dame montrait à suivre nos conseils, à cause des recommandations que lui avait faites son mari.

Après les deux ou trois premiers bains chauds, que le jeune malade prenait avec plaisir, et dans lesquels il restait près de trois quarts d'heure, il y avait déjà une amélioration bien sensible dans tout son état; et, au bout de huit jours, le changement était complet dans le caractère de l'enfant, dans son sommeil, dans ses fonctions nutritives et dans ses forces.

On lui donna vingt bains chauds; et, quelques mois après, M. X..., en nous écrivant au sujet de cet enfant, se félicitait des heureux et beaux résultats produits par les bains de mer sur son fils, qui, nous disait-il, était méconnaissable, tant il s'était fortifié sous tous les rapports, depuis son retour de Royan.

Art. VIII. — *Névroses.*

On a souvent recours, avec succès, aux bains en général, et aux bains de mer en particulier, dans les névroses; mais on n'a pas suffisamment établi, pour ces affections nerveuses, les circonstances où les bains conviennent, la manière de les administrer, et la période de la maladie qui réclame plus spécialement leur emploi.

1° Le bain de mer peut, en mettant en jeu son effet sédatif, combattre la douleur et l'éréthisme nerveux, deux éléments très-communs des névroses.

2° Les propriétés toniques du bain, et celles surtout de l'air maritime, triomphent de la faiblesse qui domine dans certains cas, et qui, dans beaucoup d'autres, s'associant aux deux élémens principaux, les lient sous sa dépendance absolue.

3° Le bain de mer peut appeler au dehors, déplacer un mouvement fluxionnaire, et dissiper une concentration nerveuse vicieusement fixée sur des organes importants.

4° Il est des affections nerveuses qui se lient aux variations de température, à un état rhumatismal : le bain de mer devient alors utile, en combattant ces dispositions, en activant les fonctions de la peau, en rendant l'organisme moins sensible à l'action du froid et de l'humidité. Selon le but que l'on veut atteindre, il faut modifier la température de l'eau, la

durée et le mode de son application, mitiger même,
parfois, sa composition.

Entrons dans quelques détails à ce sujet, et examinons les principales névroses, où se rencontrent,
souvent, plusieurs états maladifs associés, et au milieu desquels il y en a un qui prédomine presque
toujours.

I. *Asthénie nerveuse générale.* — On l'observe
principalement chez des sujets jeunes ; c'est aussi
chez de tels sujets que les bains de mer réussissent
le mieux.

Les enfants qui en sont atteints se font remarquer
par la pâleur de la face, l'injection des paupières, la
dilatation de la pupille, des céphalalgies fréquentes,
un mélange d'excitation et de faiblesse : aussi leur
esprit est-il vif et très-mobile ; leur sommeil, agité ;
ils se livrent à l'exercice, aux jeux de l'enfance avec
une ardeur extrême, mais la fatigue les oblige bientôt à les interrompre ; érections fréquentes, tendance
à l'onanisme, appétit et digestion irréguliers ; la nutrition est languissante, et les sujets restent maigres
et chétifs. Il y a parfois, chez eux, des mouvements
nerveux dans les muscles de la face ou des membres ;
des battements de cœur plus ou moins forts et irréguliers.

Chez les jeunes malades, on doit éviter les effets
excitants des bains de mer. On commencera donc

par employer l'eau douce en bains tièdes, gélatineux, émollients, avec addition d'un peu d'eau de mer, dont on augmentera peu à peu la proportion ; puis on administrera le bain de mer pur, chauffé, et dont on abaissera progressivement la température ; le bain à la lame sera toujours de courte durée, accompagné d'immersions et d'affusions, selon les circonstances. Il devra être suspendu et remplacé par le bain ordinaire (d'eau douce), dès qu'une excitation un peu forte se montrera avec persistance.

Ce traitement rationnel amène généralement, en peu de temps, d'heureuses modifications dans les fonctions nutritives et dans l'état nerveux.

Il faut de la fermeté pour vaincre la répugnance que les bains à la lame inspirent à ces enfants. Il en est quelques-uns qui ne les supportent pas ; il ne faut jamais les violenter, ainsi que nous l'avons dit (notamment p. 94 ci-dessus).

On redoublera de précautions pour ceux qui sont prédisposés à des affections des centres nerveux ; nous citerons, plus loin, l'observation d'un jeune enfant, qui fut victime de ce désir immodéré et peu réfléchi qu'ont la plupart des parents de conduire leurs enfants à la mer, sans l'avis des médecins et souvent même à l'encontre de leurs recommandations.

Chez des adolescents ou des hommes jeunes encore, l'asthénie nerveuse s'exprime par le tremblement des membres, un grand sentiment de faiblesse dans ces parties et dans la région lombaire , de la fatigue pour le plus léger exercice , beaucoup de susceptibilité nerveuse , de l'insomnie , de la tristesse , une céphalalgie habituelle. Il y a de l'inappétence , des digestions pénibles , de la constipation ; le corps est maigre , la peau est pâle et froide , la face peu animée, etc.

Ici les bains à la lame , courts et accompagnés d'affusions , sont ordinairement supportés au début ; on en augmente peu à peu la durée. Leurs effets sont à peu près constants et se montrent avec rapidité.

On n'oubliera pas , dans ces cas , de recommander les promenades et le séjour presque continuel sur les bords de la mer , pour profiter des grands avantages de son atmosphère.

Observation 61. — Un jeune homme des environs d'Orange , département de Vaucluse , d'un tempérament éminemment nerveux , se livra , dans son enfance , à l'onanisme , et , plus tard , à des excès vénériens. Il contracta plusieurs affections syphilitiques , dont il se débarrassa par des traitements mercuriels , prolongés et irréguliers. A vingt-neuf ans , il voit survenir des tremblements dans tous les membres et accompagnés bientôt d'affaiblissement de toutes ces parties. Vers le milieu de juin 1847 , le malade vient consulter M. Boyer. Il a trente ans , et se trouve dans l'état suivant : maigreur extrême , face pâle , paupières gonflées , bleuâtres , re-

gard éteint, grande susceptibilité nerveuse, tristesse
et découragement profonds, peu d'appétit, digestions
mauvaises, sommeil presque nul, agité par des rêves pénibles, taille courbée, tremblement de tous
les membres ; il se traîne avec le secours de béquilles. Rien n'annonce des lésions matérielles des
centres nerveux. — Il est envoyé à Cette, et peut
supporter, dès le début, des bains de mer, froids,
de quelques minutes, avec affusions sur la tête et
sur le rachis. Il réagit assez bien ; en peu de jours
l'état des fonctions digestives s'améliore, le sommeil est plus long et plus calme, un régime analeptique est supporté ; promenades en voiture, plusieurs heures par jour. — Après quinze bains, les
forces et l'espérance renaissent, les mouvements
sont moins pénibles ; au bout de la saison (fin août),
le malade marche en s'appuyant légèrement sur
une canne, les digestions se font très-bien, l'embonpoint revient, la peau a perdu sa sécheresse,
elle se vascularise ; il y a une véritable transformation physique et morale ; la guérison fait encore des
progrès après les bains. Il revient à Cette en 1848 ;
il y passe une seconde saison. Après avoir recouvré
sa santé ordinaire, il se trouve si bien des bains
de mer, qu'il y retourne en 1849 et en 1850.

Le docteur Pomme, qui s'était fait une si grande réputation en traitant par la méthode rafraîchissante les

affections nerveuses, décrites par lui sous le nom de *vapeurs,* faisait un fréquent usage des bains à diverses températures, et administrait, avec une grande hardiesse, le bain froid, les lotions, les fomentations, les applications froides plus ou moins prolongées. Tout en appréciant à leur juste valeur les exagérations dans lesquelles il a pu tomber, on lira, avec fruit, les histoires particulières réunies dans son traité des affections vaporeuses ; la plupart ont été recueillies par ses soins, d'autres lui ont été communiquées. Dans plusieurs cas où l'éréthisme nerveux était porté à un haut degré, les malades sont restés jusqu'à huit et dix heures dans un bain froid ; pour obtenir une réfrigération et une sédation continues, il faisait renouveler l'eau à mesure que la chaleur du corps en élevait la température. (Voy. Pomme, p. 177 entre autres ; puis, 314, *obs. de M. Roux ;* 559, *obs. de M. Mercadier ;* 571, *obs. de M. Pamard,* édit. in-4°, 1782.)

OBSERVATION 62. — Un officier de l'empire fait un voyage long et pénible pendant un hiver très-rigoureux. Bientôt, vive excitation dans tous les membres, suivie, plus tard, de paralysie presque complète. Tous les traitements sont impuissants. Il est forcé de prendre sa retraite. Cet état dure deux ans ; il entend parler de l'établissement des bains froids du docteur Ferro, il s'y rend. Après les quatre premiers bains, un peu de motilité se manifeste dans les bras, et se prononce chaque jour davantage. Au trentième bain, il peut marcher sans bâton ; la guérison fut si complète, qu'il put rentrer en activité et s'acquitter parfaitement de son service. (Ferro, *ouv. cité,* p. 313.)

Tout ceci annonce d'une manière incontestable les propriétés toniques et sédatives du bain froid prolongé : on peut compter encore mieux sur le bain de mer, en le donnant court, d'abord, pour essayer la susceptibilité du sujet, et en prolongeant ensuite sa durée quand le sujet en a pris l'habitude et qu'il le supporte sans peine.

II. *De la paralysie.* — Cette maladie présente de nombreuses différences, relatives à son siége, à son étendue, à sa cause. Pour le prouver, il suffit de nommer les paralysies complètes et incomplètes, l'anesthésie et la paralysie du mouvement, l'hémiplégie (*paralysie de tout un côté du corps*), la paraplégie (*paralysie des extrémités extérieures*), les paralysies très-circonscrites ; celles qui ont pour point de départ l'axe cérébro-spinal, ou seulement les nerfs de la partie affectée ; celles qui se lient à une lésion matérielle, appréciable (*congestion, épanchements, ramollissements inflammatoires ou autres, tubercules, traumatisme,* etc.) ; celles où cette lésion n'existe pas, etc.... On sait que l'onanisme, l'action de certaines substances topiques, l'état rhumatismal peuvent la produire.

Aussi le pronostic et le traitement de cette maladie sont-ils très-variables.

Les bains de mer, par leur action tonique , sédative, décentralisante, peuvent être souvent utiles ; en combattant la paralysie , ils attaquent quelquefois la cause même qui l'a déterminée. On a plus de chance de succès lorsque la maladie est idiopathique , lorsque la lésion matérielle a disparu d'une manière plus ou moins complète , qu'il n'y a plus de phlogose , plus de tendance fluxionnaire.

Le médecin pèsera toutes ces circonstances avec le plus grand soin, pour saisir les indications et les contre-indications du bain de mer, afin de bien établir le mode et les diverses conditions de son emploi ; il s'arrêtera quand il s'apercevra que la fluxion et la phlogose des centres nerveux se reproduit ; il tâchera alors de faire cesser, avec précaution, ces deux états morbides. Moyennant tout cela , les bains de mer peuvent rendre d'éminents services, ainsi que l'expérience l'a démontré.

L'éréthisme nerveux, la faiblesse, la douleur, les concentrations nerveuses, les lésions de la nutrition, sont les éléments dont les bains de mer triomphent le mieux. Quand ces éléments sont les causes uniques de la paralysie, les bains de mer peuvent amener une guérison complète , comme on le voit chez les individus qui ont été paralysés par suite de l'onanisme , d'excès vénériens, de causes morales, etc. *Le succès*

est moins complet quand il y a eu hémorragie céré-
bro-spinale , phlogose , ramollissement , etc. Dans
ces cas mêmes, on peut parvenir à dissiper les douleurs céphaliques ou rachidiennes , les convulsions
qui agitent parfois les membres ; on ramène à un
état plus normal les fonctions digestives ; la nutrition
se fait mieux , les forces se relèvent peu à peu , les
muscles prennent plus de volume et d'activité.

Dans les paraplégies accompagnées de paralysie
de la vessie , de douleurs dans le rachis , les mem-
bres , etc., l'amélioration se fait, d'abord, sentir sur
les voies urinaires ; plus tard, les digestions se font
mieux , les douleurs se calment , les membres se
réchauffent ; puis des secousses tétaniformes , des
crampes s'y manifestent ; enfin quelques mouvements
deviennent possibles.

Le traitement doit commencer souvent par les
bains de mer chauffés, surtout pour les paraplégiques
qui sont très-sensibles à l'action du froid. On en
vient ensuite aux bains froids, dont la durée est portée
successivement à quinze et vingt minutes ; bains que
l'on double même plus tard, et auxquels on finit par
associer des affusions, des douches dirigées sur le rachis et sur les membres.

Il faut éviter avec soin et combattre les congestions céphalo-rachidiennes, qui réclament quelquefois des émissions sanguines.

Si l'on rapproche, de ce que nous venons de dire,

les observations des anciens, de Boerhaave, de Meud, de Schmucker, des auteurs qui ont écrit *ex professo* sur les bains froids d'eau douce et sur les bains de mer, on pourra se faire une idée exacte de l'efficacité de ce dernier moyen dans les paralysies, de son étendue et de ses limites. On s'expliquera de même les bons résultats obtenus par les bains de mer dans diverses névroses de l'intelligence, des organes, des sens, de la phonation, etc.

Dans tous ces cas, on doit beaucoup compter sur l'action de l'air atmosphérique, agissant par ses qualités chimiques, et surtout par sa pression. Pour s'en convaincre, on n'aura qu'à lire les belles observations que contient l'ouvrage précité de M. Pravaz, au chapitre XIII (p. 300), ayant pour titre : *Emploi de l'air comprimé, dans les congestions chroniques de l'encéphale et de la moelle épinière;* chapitre résumé principalement en ces termes, p. 369 :

« La même puissance mécanique (*de l'air condensé*) le rend propre à combattre certaines hypérémies cérébrales ou rachidiennes, qui peuvent donner lieu à des accidents épileptiformes, à des contractures musculaires, à l'impotence des membres inférieurs. »

Maintenant, voici une série d'observations à l'appui de ce que nous venons d'avancer :

Observation 63 . — (1) « Deux jeunes personnes hé-

____
(1) Gaudet, p. 288.

miplégiées d'une jambe, avec un certain degré de tremblement musculaire, obtinrent des avantages marqués d'une première saison de bains de mer, et, chez l'une d'elles, l'affection paralytique céda entiè-rement à l'action des effets secondaires. Toutes deux vinrent compléter et confirmer, l'année suivante, les résultats qu'elles avaient déjà obtenus. »

OBSERVATION 64.—(1) « Un jeune homme de trente ans, d'une santé habituellement bonne, fut amené en voiture et porté à bras jusqu'à la mer. Pendant les premiers jours, et à chaque bain, ses forces augmentèrent. Il put, d'abord, marcher avec deux cannes, puis après avec une seule. Dans la dernière moitié de la saison, il venait sans peine, et plusieurs fois par jour, se promener à l'air de la mer. En quel-ques semaines, il était rendu à ses forces et à son activité normales. Sa guérison se maintenait com-plète, un an après. »

OBSERVATION 65.— (2)« M. P...., anglo-américain de vingt-six ans, naturellement gai, était affecté d'une débilité musculaire des membres inférieurs, sans lé-sion apparente de la moelle, ou, en d'autres termes, d'un affaiblissement dans l'innervation de la moelle, sans cause organique appréciable. Quand il faisait une course un peu longue, il commençait à sentir de la pesanteur aux mollets, différentes sensations de

(1) Gaudet, p. 293.
(2) *Idem*, p. 295.

tension aux muscles des cuisses ; et, arrivé au terme
de sa course, il était obligé de s'asseoir. Il avait les
yeux saillants, les pupilles dilatées ; la lecture était
impossible sans fatigue ; les jambes étaient le siége
de sensations qu'il comparait à celle qu'on éprouve à
la main, quand on l'approche du feu, après l'engourdissement du froid. La main et le poignet droits
avaient éprouvé déjà pour un temps les mêmes sensations.

» M. P.... fut envoyé à Dieppe (1837), où il prit les
bains les plus courts, associés aux affusions. Après
un certain nombre de jours, il n'avait encore rien
gagné, et il commença à joindre aux bains les douches de 32° à 30° c. sur la colonne vertébrale, les lombes et les membres inférieurs.

» Au vingt-troisième bain et à la cinquième douche,
son *habitus* extérieur était modifié : il avait engraissé
et avait meilleure mine, mais ses muscles ne s'é-
taient pas fortifiés ; seulement, il se plaignait de douleurs, inaccoutumées, au sacrum et de picotements
aux cuisses.

» Après trente bains et six douches, il partit avec
un commencement d'amélioration. Peu de temps
après, il nous écrivit qu'il ressentait les effets heureux des bains de mer ; et, à notre retour à Paris,
un mieux notable put être constaté. M. P.... fit,
pendant l'hiver suivant, un voyage en Italie, et revint
guéri. »

Des résultats aussi heureux ont été obtenus par M. Boyer, à l'aide d'un traitement analogue dans le cas suivant :

OBSERVATION 66. — Un négociant, âgé de quarante-huit ans, d'une constitution primitivement forte, mais altérée par une vie très-orageuse, et à la suite de vifs chagrins, fut atteint, en 1848, d'une hémiplégie presque complète du côté gauche. Rien ne portait à croire qu'il y eût eu coup de sang, hémorragie cérébrale, ou quelque altération matérielle des centres nerveux. Les bains de mer froids furent employés avec de grandes précautions, en les associant aux affusions céphalo-rachidiennes et aux pédiluves chauds. Après une saison de quarante-cinq bains, il ne restait que de légères traces de l'hémiplégie. Une seconde saison amena une guérison complète.

OBSERVATION 67. — Le fils de M. L., médecin aux environs de Limoges, était né paralysé de tous ses membres.

A l'âge de cinq ans, il fut porté à Royan, ne pouvant, ni se servir de ses mains, ni se supporter sur ses jambes, ni même avaler avec facilité.

Au bout de deux saisons, après que nous eûmes fait la section des tendons d'Achille pour détruire la contraction des muscles gastrognémiens qui avaient produit deux pieds bots, le jeune malade pouvait

marcher, se servir de ses mains ; la parole et la dé-
glutition lui étaient plus faciles.

Malheureusement on ne continua pas les bains,
et l'amélioration, qui fit des progrès pendant quelque
temps, s'arrêta à l'époque de la puberté.

Son père nous écrivait, dernièrement, que la
marche était pénible, vacillante, et que les forces
musculaires, ainsi que l'intelligence, n'étaient nullement en rapport avec le développement physique.

Voici une observation qui se rapporte à une très-
grande faiblesse dans les extrémités inférieures, et
que le malade a rédigée lui-même :

Observation 68. — « Il y a trois ans que je commençai à éprouver les premiers effets d'une affection nerveuse qui s'aggrava successivement, au point
qu'en juillet 1850, époque à laquelle je me décidai
à aller prendre les bains de mer à Royan, j'en étais
très-péniblement incommodé.

» Voici l'état dans lequel je me trouvais : faiblesse
extrême, surtout dans les reins et dans les jambes ;
je ne pouvais pas marcher sans le secours d'une
canne, et il me semblait, lorsque j'étais dans la rue,
que j'allais faire un faux pas à chaque instant ; j'avais
des crampes très-fortes dans les jambes.

» Mon sommeil était fortement agité, j'avais peu
d'appétit, et mes digestions étaient parfois pénibles.
J'étais assez souvent constipé ; j'étais très-triste et effrayé de mon état de maladie, car je voyais approcher

avec terreur le moment où je ne pourrais plus marcher.

» Dès mon arrivée à Royan, je pris deux bains à la mer, dans lesquels je restai une demi-heure ; au sortir de chaque bain, en rentrant chez moi, j'étais pris d'un mouvement de fièvre qui durait environ une heure. Comme la fièvre venait se joindre à mon état habituel de souffrance, je consultai M. le docteur Pouget, médecin-inspecteur des bains : il me conseilla de cesser les bains froids ; de prendre, pendant quatre à cinq jours, quelques bains d'eau de mer chauffée ; de boire, matin et soir, un verre d'eau de mer, et de rester encore au moins un mois pour pouvoir arriver à reprendre les bains froids. J'avoue que je ne tins pas compte de sa recommandation : je pris encore huit ou dix bains froids, ce qui fit en tout douze dans treize jours de séjour à Royan. J'en partis sans avoir constaté la moindre amélioration dans mon état.

» Cependant il n'en fut pas ainsi au bout de quelque temps. Mes forces devinrent meilleures, je n'éprouvais plus de mouvements nerveux, je marchais avec beaucoup de facilité, je pouvais faire de plus grandes courses qu'avant d'aller à Royan, et cela sans être fatigué ; en somme, j'étais bien mieux, et ce mieux s'est soutenu tout l'hiver, ce qui m'a fait repentir de ne pas être resté plus longtemps à Royan, et de n'avoir point suivi les conseils de M. le docteur

Pouget, car je m'aperçois, maintenant, qu'après les chaleurs, le bien que j'éprouvais a un peu diminué.

» Bonnet, *rue des Remparts, 58, à Bordeaux.* »

Nous terminerons cette série d'observations en rappelant celle de M. de Bréville (voir ci-dessus, p. 237), qui fut guéri d'une paralysie presque générale, et dont les forces se rétablirent tellement bien, qu'après soixante bains pris à la mer, il se promenait dans la ville, la canne sous le bras.

III. *Névralgies.* — Les principes précédents guideront les praticiens dans l'usage des bains de mer chez les sujets atteints de douleurs nerveuses occupant la tête (*céphalées hémicranées*), la face (*névralgies faciales*), les membres, les voies digestives (*gastralgies, entéralgies*), les organes génito-urinaires (*névralgies scrotales, vésicales, utérines*), etc.

Ces affections simulent souvent des inflammations chroniques ou des lésions matérielles, graves, des organes qu'elles occupent; on leur oppose, d'abord, des anti-phlogistiques, des révulsifs, des sétons, des cautères, diverses médications spéciales; elles altèrent plus ou moins les fonctions de ces parties et l'économie entière. Ainsi, dans la gastralgie dyspeptique, l'abdomen est douloureux, tendu; l'appétit, nul ou peu prononcé; les digestions, difficiles; la constipation, opiniâtre; la langue rougit, parfois, et

devient brûlante, ainsi que toute la cavité buccale ;
l'amaigrissement survient et s'accompagne d'une faiblesse si grande, que les malades renoncent à tout
exercice et demeurent couchés une partie de la journée, etc. Quand le mal occupe la tête ou la face,
les sujets éprouvent des douleurs avec élancements
dans ees parties, un sentiment de chaleur, des vertiges, des tintements d'oreilles, des congestions passagères, quelquefois une injection constante des
conjonctives oculaires et palpébrales, de la fatigue
pour la plus légère contention d'esprit, quelques troubles dans les fonctions intellectuelles, dans les organes
des sens, quelques mouvements convulsifs, etc....

Néanmoins, si l'on remarque l'absence de tout
phénomène phlogistique, de tout changement ma-
tériel prononcé, dans les organes malades, la mobilité, l'irrégularité des symptômes qui sont intermit-
tents, ou tout au moins rémittents, etc., on arrivera
bientôt à un diagnostic exact.

Le traitement consistera, d'abord, dans l'emploi des
bains chauffés, puis on administrera des bains froids
très-courts, accompagnés d'immersions, d'affusions
générales et locales, de douches en arrosoir, de
lotions, etc.; on évitera l'impression de l'air froid et
humide qui exaspère ces affections. Les moyens
hygiéniques et le régime ont une grande importance.
Les aliments doivent être toniques, nourrissants ; les
viandes sont de beaucoup préférables aux substances

végétales. On se rappellera que les gastralgiques, en particulier, digèrent difficilement; on aura soin de tenir le ventre libre, de surveiller toutes les sécrétions, d'agir sur l'organe cutané, d'employer, concurremment avec les bains de mer, les sédatifs, les calmants appliqués à l'intérieur, etc.

IV. *Spasmes cloniques, chorée, convulsions.*—Dans ces névroses, on rencontre tout à la fois, dans un grand nombre de cas, surtout chez les jeunes sujets, de l'éréthisme et de la faiblesse; un système nerveux très-excitable exerce une influence vicieuse sur un système moteur, sur un organisme entier frappé d'atonie : alors, les bains de mer, convenablement administrés, produisent les meilleurs effets.

On a remarqué que le bain froid, employé pendant les accès convulsifs, les arrête par une action sédative. On a ajouté que l'eau fraîche, appliquée sur des muscles convulsivement contractés, faisait cesser cet état morbide. On a dit, aussi, que le bain froid, dans l'intervalle des accès, agissait principalement comme tonique. Ces propositions ont quelque chose d'exact, mais elles sont un peu exclusives. Voici une observation très-remarquable à ce sujet :

OBSERVATION 69. — « Des mouvements convulsifs se déclarent chez une petite fille de six ans : chorée, trismes, rire sardonique, spasmes cloniques de toutes les parties, se montrent tour à tour. Les médications de tous genres sont employées. La maladie se suspend, de temps en temps, pendant quelques mois, et revient ensuite avec une nouvelle intensité. A quatorze ans, apparition des règles, accompagnées de convulsions violentes qui se reproduisent tous les mois, et durent chaque fois une semaine : nouveaux traitements excessivement variés, essayés par divers médecins, sans résultat. A dix-huit ans, cet état persiste ; la vue est affaiblie, la face est pâle et tuméfiée : on prescrit enfin un bain froid d'un quart-d'heure. Pendant que la malade est dans l'eau, des contractions se manifestent dans un grand nombre de muscles, mais il n'y a pas de convulsions ; elle se trouve mieux en sortant, et se met au lit pour transpirer. Même traitement, mêmes phénomènes pendant un mois. La période menstruelle amène les convulsions, mais elles sont moins fortes et ne durent que deux jours. Dès le deuxième mois, amélioration générale très-marquée : la gaîté revient ; plus de convulsions, plus de tremblements musculaires. Elle continue les bains tout l'été, sauf dans le temps des règles, qui ne sont accompagnées d'aucun phénomène morbide. La guérison se complète ; depuis trois ans, la santé est parfaite ; les bains froids sont continués chaque année en été. » (Ferro, *loc. cit.*, p. 331.)

OBSERVATION 70. — « Un enfant de douze ans, d'une constitution assez vigoureuse et très-intelligent, fut pris, sans cause connue, de violentes convul-

sions, contre lesquelles échouèrent les saignées , les
purgatifs, les vermifuges et toute la série des anti-
spasmodiques. Les attaques se renouvelaient douze ,
quatorze et jusqu'à vingt fois par jour; à cela se joignit bientôt une hémiplégie assez marquée du côté
gauche. Le père, justement alarmé, consulta les docteurs Marteau et de Beunie. Ceux-ci assistèrent à
deux attaques qui survinrent dans l'espace d'une
heure , et ils reconnurent une épilepsie des plus intenses et des mieux caractérisées.

» On pensa que des études trop assidues avaient
excité, affaibli le cerveau et tout le système nerveux , et qu'il fallait ramener ces parties à leur état
normal, au moyen du bain froid conseillé par Hamil-
ton, Tissot, et en faveur duquel Pomme cite tant
de faits extraordinaires.

» Le 13 juillet 1773, l'enfant prit son premier bain
à l'eau froide ; on ajouta un peu d'eau chaude. Il y
resta plongé jusqu'au cou pendant une heure ; affusions sur la tête de temps en temps ; nouveau bain à
minuit. Onze attaques ce jour-là.

» Deuxième bain froid le 14, sept attaques; deux
autres bains le 15, sept attaques, dont trois faibles ;
deux nouveaux bains le 16, une seule attaque ; à
partir de ce jour, un bain par jour.

» Jusqu'au 28 juillet, plus d'attaques. Il ne restait
plus que quelques mouvements anormaux des yeux;
l'hémiplégie avait beaucoup diminué ; aux premiers

jours du mois d'août, ces lésions mêmes avaient disparu. Les bains ne furent plus administrés que tous les deux jours. La guérison se compléta et se consolida si bien, que le malade recouvra une santé florissante et put continuer ses études avec le plus grand succès. » (De Beunie, obs. p. 587.)

Nous avons vu à Royan, en 1850, un pareil cas chez une jeune fille de seize ans ; mais on n'obtint pas la moindre amélioration par les bains froids d'eau de mer, qui, cependant, avaient paru dans les premiers jours amener un léger amendement. Sans doute que, dans ce cas, il existait quelques lésions graves du cerveau ; ce qui n'avait pas lieu dans l'observation précédente de M. de Beunie.

La chorée est tantôt récente et aiguë, tantôt chronique. Dans la première forme, les mouvements morbides sont intenses et embrassent un grand nombre de muscles ; quelquefois même il n'est point de partie qui en soit exempte ; la tête, les yeux, la langue, les organes vocaux, le tronc, les membres sont agités par des secousses involontaires, irrégulières et bizarres.

Dans la chorée chronique, les contractions musculaires sont moins violentes, moins étendues ; elles se bornent à quelques muscles de la face, du tronc, des membres supérieurs et inférieurs ; mais alors les diverses fonctions s'éloignent davantage de l'état normal, la nutrition est plus altérée ; la constitution entière, plus affaiblie.

Si les sujets sont jeunes, très-excitables ou très-affaiblis, si le mal est à l'état aigu, il faut commencer par quelques bains de mer légèrement chauffés, en venir ensuite à des affusions froides, et arriver, après sept ou huit jours, à de simples immersions; après deux ou trois semaines, on administrera des bains à la lame, qui seront toujours courts, et que l'on pourra bientôt doubler. On se tiendra constamment en garde contre une excitation très-facile à provoquer, et qui se manifeste par de l'irascibilité, de l'insomnie, l'augmentation des mouvements spasmodiques ou le retour de ceux qui avaient disparu. Les saisons, comme les bains, doivent être courtes; il vaut mieux les doubler, les tripler même, en laissant entre chacune dix ou douze jours de repos, que de s'exposer à perdre ce que l'on aura gagné.

Les succès sont surtout remarquables dans la chorée récente, chez les enfants et les personnes jeunes.

Dans la chorée chronique, l'excitation est moindre; on n'a pas besoin de s'astreindre à d'aussi grandes précautions. Les bains de mer produisent, alors, sur l'affection convulsive des effets plus lents et moins prononcés; ils améliorent notablement la nutrition et la constitution entière.

Des exercices bien dirigés, une bonne hygiène, des remèdes toniques, anti-spasmodiques, seront des auxiliaires d'une haute importance pendant et après l'usage des bains de mer, qui devront être souvent continués pendant plusieurs années.

Nous pourrions citer plusieurs observations de chorée, que nous avons vu guérir aux bains de mer de Cette et de Royan ; nous nous contenterons de donner les deux faits suivants, qui nous ont été fournis par M. Boyer :

OBSERVATION 71. — « Un enfant de dix ans, d'une intelligence remarquable, excessivement nerveux, fut guéri, après quarante bains, d'une chorée assez intense avec mouvements convulsifs des divers muscles de la face. Trois autres saisons éteignirent la susceptibilité nerveuse, et donnèrent aux muscles le développement et l'énergie qui leur manquaient.

» Effets analogues sur une fille non menstruée, chétive, atteinte de chorée et d'incontinence d'urine. En deux saisons, les règles s'établirent, la chorée et l'incontinence disparurent. La jeune personne devint grande et forte ; les bains de mer furent continués deux ans encore ; elle jouit aujourd'hui de la plus brillante santé. »

Il est de jeunes enfants chez lesquels plusieurs attaques de convulsions amènent un retard dans l'intelligence, le développement des forces musculaires, bien que la santé reste, d'ailleurs, peu altérée et que les convulsions disparaissent complètement : les bains de mer leur sont très-utiles pour effacer, le plus possible, toutes les traces de ces accidents, et pour ramener les fonctions nerveuses à un état tout à fait normal.

Dans certaines formes des affections convulsives, les bains de mer sont impuissants ; il existe, alors, lésions profondes de l'axe cérébro-spinal.

V. *Hystérie et autres névroses du même genre.* — Ici se rangent une foule de lésions nerveuses de formes excessivement-variées, que l'on observe chez les femmes célibataires, mariées ou veuves, d'âge et de constitutions très-diverses, mais présentant une prédominance et une perversion accidentelle ou originelle du système nerveux. Toutes ces affections ont un lien commun qui doit les faire classer dans une même famille.

Parmi les causes qui les produisent ou les entretiennent, on peut placer une imagination exaltée, des émotions profondes, de longs chagrins, une vie molle et oisive, sédentaire, des grossesses multipliées, des avortements nombreux, des dérangements de la menstruation, des maladies de l'utérus, etc.

Le point de départ des phénomènes qui les caractérisent, se trouve dans les grands centres nerveux (*l'axe cérébro-spinal, les principaux plénus du thorax, de l'abdomen, du bassin*). Partant de ce point, les manifestations nerveuses, qui s'irradient dans tous les sens, s'enchaînent de toutes les maniè-

res, et se font remarquer par une très-grande irrégularité dans l'époque de leur apparition, leur durée,
leurs associations. Ce qu'il y a de plus saillant, c'est
leur mobilité, un défaut complet de relation entre
leur gravité apparente et leur gravité réelle.

Les femmes atteintes de ces affections sont tristes,
abattues, préoccupées de leur santé, toujours disposées à parler de leurs souffrances, dont elles chargent le tableau et qu'elles racontent avec une émo-
tion profonde. Elles ont de la céphalalgie, de la
somnolence, des douleurs dans la poitrine, l'épigastre, les intestins, l'utérus, un sentiment de compression céphalique, thoraxique, des palpitations,
des étouffements, des bouffées de chaleur, des frissons, des spasmes. L'appétit est souvent vif, ou du
moins le besoin de prendre une nourriture substantielle, des viandes faites, des aliments de haut goût,
se fait souvent sentir; mais la digestion n'est pas
toujours facile, et s'accompagne d'un dégagement
de gaz, abondant et donnant lieu à divers symptômes. Il y a de la gastralgie, de l'entéralgie, de la
constipation, de la diarrhée; le caractère est indé-
cis, bizarre, mobile, tantôt timide, tantôt em-
porté; le sommeil, agité; la face est tour à tour
pâle et congestionnée; on remarque, parfois, des tres-
saillements, des mouvements convulsifs; la nutrition
se fait mal, ce qui amène souvent de l'amaigrissement, de la bouffissure; les chairs sont flasques; les

muscles, peu développés, répugnent pour l'exercice, qui amène bientôt de la fatigue ; grande impressionnabilité au froid, à l'humidité, aux variations de la température; convulsions épileptiformes, et accès d'hystérie, parfaitement caractérisés. Enfin, les causes physiques et morales les plus légères exaspèrent tous ces symptômes.

Rien de plus avantageux dans ces affections, ni de mieux indiqué, que les bains de mer. Mais la faiblesse, qui est l'élément prédominant, est presque toujours associée à un éréthisme nerveux, plus ou moins considérable; aussi faudra-t-il agir avec prudence et circonspection dans l'emploi de ces bains : non que l'on ait à redouter de graves accidents, mais il est essentiel d'obtenir quelque amélioration, dès le début de leur administration, pour inspirer de la confiance aux malades qui se découragent aisément, et les engager par-là à poursuivre leur traitement.

On commencera donc le traitement par les bains de mer purs de 32° à 30° c., ou mitigés avec de la gélatine, des décoctions émollientes ; puis on passera progressivement, en étudiant avec soin l'impressionnabilité des sujets, aux bains frais, froids, aux immersions, aux affusions, aux ablutions céphaliques, thoraciques ou abdominales. La durée de ces bains sera toujours très-courte (de quelques minutes seulement); on se contentera souvent de cinq à six immersions : on pourrait suivre le procédé de Mi-

liey. Toutes les fois que la température sera basse ;
le temps, variable, on reviendra aux bains chauffés ;
les malades éviteront l'impression du froid et de l'humidité. Sans toutes ces précautions, on s'expose à
réveiller les douleurs et l'excitabilité ; en suivant, au
contraire, cette pratique rationnelle, on obtient de
beaux résultats, que l'on a très-souvent demandés
en vain aux eaux minérales, parce qu'il faut encore compter beaucoup sur l'action de l'exercice,
sur celle de l'air tonifiant de la mer, et enfin sur les
distractions auxquelles les malades prennent part,
avec d'autant plus de plaisir que leur état s'améliore.

Ainsi employés, les bains de mer rétablissent les
fonctions de la peau, qui devient plus vasculaire,
plus perméable ; ils régularisent et activent la menstruation, donnent du ton à l'organisme, font disparaître les concentrations et l'éréthisme nerveux,
calment les douleurs, les préoccupations morales, et
ramènent peu à peu toutes les fonctions à l'état
normal.

VI. *Hypocondrie.* — Ce que nous venons de dire
s'applique en grande partie à l'hypocondrie, qui se
rapproche beaucoup de l'hystérie ; elle reconnaît pour
cause des ébranlements du système nerveux, tels
que des chagrins prolongés, des études abstraites,
l'abus des plaisirs vénériens, la vie sédentaire, etc.

Les hypocondriaques sont moroses, mélancoliques, poursuivis dans leur solitude par le sentiment exagéré de leurs maux, par l'idée vraie ou fausse de leur impuissance physique ou morale. (1) « Ils ont au commencement l'humeur très-inégale ; ils passent, presque sans motifs, de la crainte à l'espérance, de la gaîté à la tristesse, des emportements à la douceur, des ris aux pleurs ; beaucoup sont timides, pusillanimes, craintifs, ombrageux, irascibles, inquiets, méfiants, difficiles à vivre, tourmentant et fatiguant tout le monde ; ils sont faciles à émouvoir, un rien les contrarie, les agite, leur cause des craintes, des tourments, des terreurs paniques, des accès de désespoir. La plupart présentent un changement très-marqué de leurs affections. Ils éprouvent quelquefois, au cou, des resserrements spasmodiques, des sentiments d'étranglement, la sensation d'un corps étranger qui comprime les conduits aériens, et distend les parties environnantes ; ils sont quelquefois pris de constrictions du thorax, d'oppression, de dyspnée, de suffocation, d'étouffements ; ils ne peuvent supporter des vêtements qui serrent la poitrine... Presque tous, pour ne pas dire tous, éprouvent des palpitations de cœur plus ou moins violentes, quelquefois douloureuses ; chez quelques-uns, le cœur bat avec une telle force, qu'il soulève avec violence la paroi thoracique de la région précor-

____

(1) Georget, *Dictionnaire de Médecine*, 2ᵉ édit., p. 125.

diale; le pouls est très-variable, tantôt fort, tantôt petit, fréquent dans un moment, lent dans l'autre, etc., etc. »

L'appétit, chez les hypocondriaques, est irrégulier, souvent impérieux ; leur estomac digère de préférence les substances fortement animalisées ; ils ont tour à tour du dévoiement et de la constipation ; ils sont tourmentés par des gastralgies, des flatuosités, des éructations ; la vacuité de l'estomac, le froid et l'humidité, les impressions les plus légères amènent des congestions vers la tête, qui, bien que passagères, leur font redouter une attaque d'apoplexie ou provoquent de véritables accès, dont les symptômes variés simulent, à leurs yeux, tous les genres de maladies.

Si l'on combat chez eux les tendances fluxionnaires, l'éréthisme, par des émissions sanguines un peu abondantes, un régime affaiblissant, le mal s'exaspère et prend des apparences alarmantes. Leur sommeil est agité, interrompu par des rêves pénibles.

Ces malades seront préparés aux bains de mer par quelques purgatifs ; dans quelques cas, par une ou deux applications de sangsues à l'anus, des antispasmodiques, des frictions toniques et sédatives sur le rachis ; puis on leur prescrira des bains de mer chauffés gélatineux, et l'on arrivera progressivement aux bains à la lame, en observant les précautions indiquées pour les femmes hystériques. Dans tous ces cas, le traitement moral devra occuper une large place; aussi le médecin doit-il être heureux d'avoir à sa disposition tout ce qui peut modifier l'état de l'esprit des malades.

Nous avons employé avec grand avantage, dans quelques cas de constipation opiniâtre, l'eau de mer à l'intérieur.

Rarement nous avons vu des guérisons complètes de ces sortes d'affections; presque toujours les malades quittent les eaux sans grande amélioration dans leur état, et cela par la difficulté de pouvoir leur faire suivre un traitement exact et long, comme il le faudrait. Pour peu que les hypocondriaques n'aperçoivent pas de changement favorable et rapide, ce qui est sinon impossible, du moins très-rare, ces sortes de malades se découragent et ne veulent plus rien faire.

VII. *Aliénation mentale.* — Cette maladie présente plusieurs éléments, plusieurs états morbides dans lesquels les bains de mer pourraient être indiqués comme sédatifs, dérivatifs, toniques, perturbateurs, etc. Mais, à côté de ces avantages, il ne manque pas d'inconvénients, et même de dangers. Aussi, que de soins minutieux, quelle surveillance ne faut-il pas apporter dans de pareils traitements!... C'est ce qui fait qu'on a souvent négligé les bains de mer, et qu'on les emploie très-rarement, malgré les avantages qu'on en a retirés dans quelques cas.

Nous avons cité, p. 115, une cure très-remarquable d'aliénation mentale, obtenue par les bains de mer. Nous y ajouterons les deux observations suivantes que nous trouvons dans l'*Avis au Baigneur*, par M. le docteur Hameau, p. 23 et 24, et qui prouvent ce que nous avons déjà dit sur les précautions qu'il faut avoir pour employer ce moyen perturbateur :

OBSERVATION 72. — « Le nommé Taffard, de La Teste, tonnelier, âgé de vingt-deux ans, fortement constitué, étant à Bordeaux, fut atteint de folie, sans cause connue.... Ramené dans ses foyers, on lui fit prendre des bains de mer ; mais, au lieu d'être soulagé, sa maladie empira. Il ne fallait plus lui attacher les bras pour en être maître, il fallait lui saisir tout le corps et l'attacher à un poteau..... Prié par ses parents de le saigner, je vis qu'on avait commencé les traitements par où on aurait dû les finir : 1° Je le saignai au pied, et je laissai couler le sang jusqu'à la défaillance ; 2° j'ordonnai la tisane de nymphea ; 3° des bains d'eau tiède et des douches d'eau froide sur la tête, des pilules de camphre et de nitre ; 5° la diète lactée.... Quatre jours après la première saignée, j'en fis pratiquer une seconde presque aussi forte. Peu à peu le malade se calma. Le vingtième jour, la fureur avait complètement cessé, mais la démence continuait.... J'ordonnai qu'on le baignât à la mer, en ayant soin de le plonger précipitamment dans l'eau à plusieurs reprises ; ce

qui fut fait, à jours passés, pendant un mois. Chaque
jour, j'apercevais que sa raison revenait. Enfin,
après une quinzaine de bains, les fonctions mentales
furent complètement rétablies. Cet homme est maintenant père d'une nombreuse famille, et jamais, depuis vingt-huit ans, il n'a donné le moindre signe
qui fît craindre le retour de cette terrible maladie. »

OBSERVATION 73.—« Dupin Tresinier, âgé de vingt-
cinq ans, de la commune du Teich, fut atteint de
folie en décembre 1827. Appelé pour lui donner des
soins, j'employai à peu près les mêmes moyens que
pour Taffard. Seulement, comme il n'était pas aussi
furieux, je le saignai moins. Lorsque j'eus obtenu le
calme que je désirais, je l'envoyai se baigner au bassin. La température atmosphérique fut toujours au-
dessous de zéro, pendant tout le temps qu'on le baigna, et jamais il ne parut avoir un grand froid. Douze
bains suffirent pour le ramener à une parfaite santé.
Maintenant il est marié. »

M. Gaudet cite (p. 276), treize cas d'aliénation
mentale, sur lesquels « quatre ont complètement
guéri à la suite d'une saison prolongée, et ce résultat, dit-il, à notre pleine connaissance, a été sanc-
tionné par le temps. Un cinquième offrait les signes
précurseurs d'un succès non moins entier, quand des
circonstances majeures obligèrent le malade à quitter
précipitamment les bains avant l'achèvement de la
première saison. Les autres faits ont tous été modi-

fiés heureusement, pendant la durée des bains, de manière à nous suggérer le plus favorable pronostic ; mais nous devons à la vérité de déclarer que les renseignements propres à nous éclairer sur l'issue définitive de la maladie, nous ont totalement manqué....

» D'après leur *modus agendi* déjà connu , les bains de mer sont excessivement aptes à combattre l'impressionnabilité nerveuse, qui préexiste au développement de la folie, et persiste à toutes les époques de son cours. C'est, en effet, un résultat qui a été constaté chez la plupart des aliénés pendant la période des effets secondaires. »

Quant à nous, nous n'avons pas eu, à Royan, le même bonheur : sur quatre ou cinq aliénés qui nous y ont été présentés pour prendre les bains de mer, nous n'avons constaté ni guérison, ni même amélioration, après l'emploi de ce moyen.

ART. IX. — *De certaines affections des organes digestifs.*

Les affections dont nous allons parler sont surtout constituées par un état catarrhal , névralgique, atonique du pharynx, de l'œsophage, de l'estomac et des intestins.

I. *Il est des enfants qui, à la suite de maladies diverses, conservent une susceptibilité vicieuse des organes gastriques , caractérisée par un peu de*

sensibilité à l'épigastre, des coliques, de la consti-
pation, de la diarrhée, l'irrégularité de l'appétit.
Quand il n'y a pas de rougeur à la langue, de chaleur à la peau, de réaction fébrile ; quand il n'existe
aucune trace d'excitation phlogistique, et que tout
se réduit à de la faiblesse, à de l'excitation nerveuse,
les bains de mer sont avantageux.

On peut ordinairement les administrer froids au début, pourvu qu'ils soient courts (trois ou quatre minutes) ; on en prolonge peu à peu la durée à mesure
que l'on s'aperçoit que la réaction s'établit bien. Les
coliques et la diarrhée sont, surtout, heureusement
modifiées, ainsi que l'état général, pendant ou après
la première saison. Souvent la constipation s'établit
ou augmente dès les premiers jours ; on la combat
par l'eau de mer seule ou mitigée, donnée en lavements ou en boisson ; s'il survient de l'excitation, il
faut suspendre le traitement, et avoir recours aux
émollients et aux sédatifs.

II. *Chez les adultes, les lésions qui nous occupent*
se montrent sous diverses formes.

1º Chez quelques malades, l'appétit est nul ou irrégulier, quelquefois excessif ; les digestions sont
habituellement pénibles, accompagnées de flatuosités, de pesanteurs, d'éructations, de dyspnées excessives ; les viandes brunes, fortes, sont mieux
supportées que des aliments plus légers ; il y a une

constipation opiniâtre , interrompue par du dévoiement.

2° Dans d'autres cas , la gastralgie domine et se
caractérise par des douleurs, des crampes d'estomac,
permanentes ou se montrant, spécialement, pendant
le travail digestif. La langue est sèche , râpeuse ; la
soif, vive; l'appétit, languissant; l'état nerveux amène
des palpitations, des battements épigastriques, de la
céphalalgie, de la tristesse, la fréquence, l'irrégularité, la petitesse du pouls.

Il n'est pas rare que ces lésions s'associent de diverses manières ; qu'il y ait inappétence pour les aliments, qui paraissent tous sans saveur ; que la langue
soit blanche, sale ; que les digestions soient imparfaites, et les selles, irrégulières et douloureuses.

La nutrition s'altère d'une manière plus ou moins
profonde ; les malades maigrissent, perdent leurs
forces, tombent dans le découragement et, parfois,
dans un véritable marasme.

Quand il y a simple affaiblissement des fonctions
digestives , accompagné de légers phénomènes nerveux , on peut ordinairement commencer par des
bains à la mer, de quelques minutes. Ces bains produisent une impression vive , mais ils provoquent une
réaction prononcée et une expansion avantageuse. On
évitera de les prolonger, pour ne pas provoquer de
la surexcitation. Après quelques bains , l'appétit s'accroît beaucoup ; on se gardera de le satisfaire , jus-

qu'à ce que les forces digestives se soient accrues
dans la même proportion. Après un certain temps,
les fonctions digestives sont rétablies dans leur état
normal ou s'en rapprochent : la constipation est
moindre ; l'état général, surtout, est bien plus satisfaisant. De bonnes prescriptions hygiéniques et thérapeutiques, des affusions, des douches complètent
le traitement, et de nouvelles saisons aux bains de
mer préviennent les récidives.

Les mêmes remarques s'appliquent aux gastralgies sans complication aucune. C'est ici, surtout, qu'il
importe de se tenir dans des limites étroites, pour le
séjour dans la mer ; car la réaction est ordinairement faible, et cependant l'excitation nerveuse survient aisément : des affusions céphaliques, des douches à jet unique sur le rachis et en arrosoir sur
l'épigastre, seront employées avec avantage.

Si la gastralgie est peu marquée, si les douleurs,
les éructations n'existent que pendant le travail digestif, on en triomphe assez rapidement. Quand elle
est intense et permanente, on la voit résister bien
plus longtemps ; plusieurs saisons sont nécessaires
pour obtenir une guérison parfaite ou une très-grande
amélioration. « Nous connaissons plusieurs cas, dit
M. Gaudet, où la gastralgie a disparu sans retour
pendant la durée des bains de mer ; nous en connaissons un plus grand nombre où elle n'a été qu'affaiblie et où elle n'a été enlevée définitivement qu'a-

près une saison entière. A ces résultats, celle-ci avait ajouté une restauration encore plus marquée des forces digestives, ainsi que l'amélioration de la nutrition, des caractères de l'habitus extérieur et de l'état normal. »

On prescrira un traitement analogue pour les malades chez lesquels c'est la susceptibilité intestinale qui domine seulement. Comme la réaction, la décentralisation sont souvent difficiles, on devra commencer par quelques bains chauffés de 30 à 35° c. ; les bains froids seront ensuite supportés, et les malades ne tarderont pas à en reconnaître eux-mêmes les effets salutaires.

Peu à peu la concentration vicieuse qui a lieu sur les organes digestifs se dissipe ; la peau se vascularise, prend de la perméabilité, de la souplesse ; la langue s'humecte ; l'appétit se manifeste, les flatuosités, le dévoiement disparaissent, et la santé revient après une ou deux saisons.

Quand les lésions fonctionnelles profondes s'unissent à une grande débilité générale, les résultats obtenus sont plus lents et beaucoup moins complets.

Dans les affections gastriques dont nous nous occupons en ce moment, Schmuker a mis en usage, avec le plus grand succès, les affusions et les bains froids ordinaires.

Il n'est pas difficile d'expliquer le *modus agendi* des affusions froides, d'une alimentation restaurante dans ces affections morbides. On comprendra tout le parti que l'on pourra tirer, dans les cas de ce genre, de l'eau de mer et des secours hygiéniques et thérapeutiques indiqués en pareille circonstance, au nombre desquels il ne faut pas négliger l'action de l'atmosphère maritime, l'exercice à pied, sur un âne, dans un lieu élevé, en évitant l'humidité du soir et du matin, et même celle du sable, lorsque la mer le laisse à découvert ; ce que prouve péremptoirement l'observation suivante :

Observation 74. — Mme M., jeune dame âgée de vingt-cinq ans, d'une constitution nervoso-lymphatique, épuisée par l'allaitement d'un enfant de dix à onze mois, et par un dérangement complet des organes digestifs, avait été envoyée, en 1850, de Bruxelles à Bordeaux, sa ville natale, pour y changer d'air.

Étant venue à Royan pour passer quelque temps, elle se logea dans une rue attenante à la Grande-Conche, et dans un rez-de-chaussée un peu bas et humide. Elle voulut faire comme tous les baigneurs, aller une fois au moins par jour se baigner à la lame.

Dès le troisième jour, au lieu de se rétablir, elle s'aperçut qu'elle avait moins de forces ; elle toussait un peu ; bientôt la diarrhée arriva, et se transforma en dyssenterie.

Nous fûmes appelé pour la soigner : par la diète, un régime approprié et repos le plus absolu, la dyssenterie disparut ; mais la malade était si faible , qu'elle ne pouvait sortir sans éprouver presque des évanouissements. Enfin elle reprit un peu de forces, et nous nous aperçûmes que, lorsqu'elle sortait sur la Grande-Conche pour se promener sur le sable, et qu'elle y éprouvait la moindre humidité, elle était plus souffrante.

Nous la fîmes changer de logement ; elle alla habiter, sur le haut de Royan, une maison exposée au sud-ouest : ses promenades sur ce lieu élevé n'eurent pas l'inconvénient de celles qu'elle faisait précédemment sur la Grande-Conche.

Cinq à six jours s'étaient à peine écoulés que l'état de la jeune malade était complètement changé ; ses forces étaient revenues, avec l'appétit et le sommeil ; elle pouvait faire de très-longues promenades , et même veiller.

Lorsque, après un mois de séjour, elle quitta Royan, elle se portait mieux, disait-elle, qu'elle ne l'avait fait depuis plus de trois ans, et cela malgré les accidents maladifs qui s'étaient aggravés les premiers jours de son arrivée à Royan.

Depuis lors, sa santé s'est bien maintenue ; cette jeune dame est devenue enceinte, et nous avons appris avec plaisir que sa grossesse ne la fatiguait pas autant que les précédentes.

Art. X. — *Maladies des voies respiratoires.*

Nous avons établi précédemment que les bains de mer et le séjour sur les côtes maritimes sont très-utiles aux enfants faibles, lymphatiques, nerveux, et disposés aux affections catarrhales de la pituitaire, de la luette, des tonsilles, du larynx, des trompes d'Eustache ; qu'ils triomphent même de ces maladies, et font disparaître le gonflement de la muqueuse et les rétrécissements qui en sont la suite. Après une saison, la constitution de ces sujets est heureusement modifiée, les fluxions locales sont notablement diminuées ; en continuant ce traitement avec persévérance pendant plusieurs années, on voit disparaître entièrement toutes les traces de ces états morbides (enchiffrènement, enrouement, demi-surdité), et l'on efface la susceptibilité de l'organisme à les contracter.

I. — Les sujets qui forment cette catégorie sont très-souvent atteints de catarrhes bronchiques, qui se montrent, tantôt à la suite d'un brusque changement dans la température, tantôt après la coqueluche ou des fièvres éruptives, ou qui se lient à des angines avec gonflement des amygdales.

Ces catarrhes s'accompagnent d'une toux peu marquée dans la journée et pendant la nuit, mais très-fréquente le matin , et d'une expectoration sur-abondante. L'auscultation , la percussion démontrent que les poumons sont parfaitement sains ; on entend seulement du râle muqueux à grosses bulles dans les gros tuyaux bronchiques.

Chez les enfants qui se trouvent dans ces conditions , on doit essayer les bains de mer avec les précautions suivantes : ·

1º Des bains de 30 à 35º c., de dix à quinze minutes , seront administrés d'abord ; puis on arrivera progressivement à de simples immersions ou à des bains froids très-courts (une à deux minutes) ; on enveloppera aussitôt les enfants ; on les essuiera, en les frottant, avec une couverture de laine ; on fera prendre un pédiluve chaud ; on excitera la réaction par des moyens convenablement choisis ; peu à peu, à mesure que la toux diminuera , la durée des bains sera prolongée de quelques minutes.

2º Les bains froids seront donnés, autant que possible, aux époques, aux jours et aux heures les plus chauds de la saison (en juillet, de onze heures du matin à deux ou trois heures de l'après-midi).

3º Ces bains ne seront jamais doubles, tant qu'il restera de la toux.

4º Dès qu'un abaissement de la température ou toute autre circonstance l'exigera, on les suspendra, ou l'on reviendra aux bains chauds.

5º On évitera, avec le plus grand soin, l'exposition

à l'air froid et humide qui se fait sentir, soir et matin, sur les côtes maritimes.

6° On n'accordera qu'une saison de vingt à vingt-cinq bains.

7° On sera moins rigoureux pour les jeunes garçons de douze à quinze ans, qui peuvent se livrer à la natation sans se départir des précautions que réclament la toux et la susceptibilité des bronches.

Les règles précédentes se rapprochent beaucoup de celles indiquées par M. Gaudet, dont la pratique, fondée sur une longue expérience, ressemble sur ce point et sur plusieurs autres à celle à laquelle nous avons été conduit par des observations multipliées.

Voici maintenant les résultats que nous avons généralement obtenus : amélioration très-marquée, en peu de temps, dans toute la constitution, dans les fonctions circulatoires, digestives; diminution fréquente et très-prononcée de la toux et des sécrétions muqueuses, après quelques bains ; parfois disparition complète et diminution de la toux, après sept, huit ou dix bains; plus souvent, ce dernier résultat n'est atteint que vers la fin de la saison, ou même après qu'elle est terminée.

Dans certains cas, la toux disparaît et puis revient à plusieurs reprises : il faut, alors, suivant les circonstances, ou continuer les bains sans interruption, ou les suspendre pour quelques jours, ou les cesser définitivement, pour y revenir les années suivantes.

Les sujets dont nous parlons se trouvent ordinairement très-bien de l'usage des bains de mer, continués pendant plusieurs années, et surtout de l'exercice au grand air et pendant le milieu de la journée.

II. — Les considérations précédentes s'appliquent, avec quelques modifications, aux adolescents, aux adultes, à tous ceux, en un mot, dont l'âge n'est pas trop avancé.

Nous avons déjà exposé les bons effets des bains de mer dans le coryza. « Une dame amaigrie et fort affaiblie par un état chronique de la muqueuse nasogutturale, accompagné de sécrétion abondante, partit, après une saison, engraissée et fortifiée : le soulagement qu'elle obtint, devint une guérison presque complète pendant la période des effets secondaires. » (Gaudet, p. 301.)

Les affections laryngo-bronchiques, qui reconnaissent pour cause l'atonie de la muqueuse ou une congestion passive, une grande susceptibilité nerveuse, un état spasmodique, le peu d'activité du système cutané et de l'organisme entier qui résiste mal aux variations atmosphériques, sont heureusement modifiées par les bains de mer.

Ainsi, des toux catarrhales ou nerveuses, avec ou sans expectoration, accompagnées même quelquefois d'un peu de crachement de sang, de l'oppression de l'asthme offrant les mêmes caractères, ont pu être guéries ou notablement diminuées par les bains de mer, l'air des côtes maritimes , etc.

Voici quelques faits qui montrent ce que l'on peut attendre des bains de mer, ou même de l'eau froide seule, dans certains cas : « Un jeune homme blond, pâle, dont le père était mort phthisique, avait depuis longtemps une toux sèche qu'il négligeait ; après un violent exercice, il cracha du sang. Plein d'effroi, il réclama mes soins. Après un long examen, je m'assurai que le pouls n'était pas plein, qu'il n'y avait chez lui que faiblesse et irritabilité. Il voulait, d'après la pratique ordinaire, se traiter par les saignées, comme on avait fait pour son père; je l'en dissuadai, je lui conseillai des bains de rivière, des lotions fréquentes avec de l'eau fraîche, un peu de vin. Ces moyens, continués pendant quelque temps, lui rendirent des forces et la santé ; la toux et le crachement de sang cessèrent , et n'ont pas reparu. » (Ferro, *De l'emploi du bain froid*, Vienne, 1790 , p. 285.)

Leuthner, consulté par une dame qui crachait du sang et avait une véritable fièvre hectique, reconnut qu'un état hystérique était la cause de tous ces accidents : il prescrivit les bains froids, et guérit sa malade.

Chaussier vit deux personnes atteintes de crachement de sang, avec de fortes pulsations abdominales : il pensa qu'il s'agissait d'une affection spasmodique, qui fut combattue par des douches et des bains froids; il obtint un succès complet. (Lombard, *Sur la propriété de l'eau froide.*)

Cœlius Aurélianus et plusieurs autres auteurs ont vanté l'eau froide dans l'asthme ; Victorin Magerne citait des cas dans lesquels une oppression avec douleur nerveuse du thorax n'a cédé qu'à ce moyen, employé en bains, en douches, en lotions. Un malade de Hahn avait de fréquents crachements de sang, accompagnés de crampes de poitrine ; plus tard, survint une paralysie de la langue et une amaurose d'un seul côté : les bains froids amenèrent une guérison complète.

Il nous serait facile de réunir ici un grand nombre d'observations du même genre, mais nous nous en dispenserons ; car nous ne les avons point citées comme devant servir de guide au praticien ; elles laissent beaucoup trop à désirer sous le rapport du diagnostic, des indications, de la thérapeutique. On peut seulement en conclure que, si l'on a réussi en prescrivant le bain froid et les douches d'une manière peu méthodique, on doit retirer les plus grands avantages de l'eau de mer employée avec précaution, sous des formes et à des températures variées, d'après les règles que l'on connaît bien aujourd'hui, et en l'appliquant aux états morbides dans lesquels l'expérience en a démontré l'utilité.

Le premier soin qu'il faut avoir, c'est de bien constater l'état des organes pulmonaires par l'auscultation et la percussion, pour s'assurer s'il n'y a pas de tubercules dans les poumons, pas de congestions actives, pas de phlogose. S'il n'y a que de l'atonie, du catarrhe bronchique, de l'éréthisme nerveux, l'on devra essayer les bains de mer, en surveillant beaucoup les sujets, en suivant, en un mot, les règles que nous avons déjà posées.

Ce qui doit nous servir de guide, c'est cette pensée, qu'il faut obtenir l'effet sédatif, tonique ; qu'il faut surtout détruire la susceptibilité catarrhale, éviter la congestion pulmonaire, produire une réaction prompte et vive.

« Une toux de quinze mois céda chez un adulte, du moment où l'effet réactif des bains de mer fut porté à ses dernières limites, au moyen d'une vaste éruption pustulente, qui se renouvela à plusieurs reprises pendant la première partie d'une saison. » (Gaudet.) Il serait utile, dans certains cas, de provoquer des éruptions de ce genre.

« Une bronchorée atonique existant chez une femme jeune encore, fut très-heureusement modifiée par les bains de mer. Quelques-uns des baigneurs, débarrassés de leur toux par des bains de mer, y sont revenus à l'occasion de sa réapparition, et le succès de la première année s'est répété chez eux. Un homme affaibli, de moyen âge, sujet à une oppression sternale particulière, et à une toux sèche, rarement humectée par l'expectoration, vint, plusieurs années de suite, sur les bords de la mer, passer une partie de l'été à se baigner ; les bains le fortifiaient toujours et faisaient cesser sa toux. Il lui arrivait souvent d'entrer dans l'eau, oppressé, et d'en sortir, la respiration libre. Qui ne connaît de ces personnes qui toussent chaque année, aux mêmes époques, aux premières humidités de l'automne ou dans le courant des hivers? Les effets qu'elles obtiennent d'une saison sont souvent très-marqués, et se manifestent surtout pendant l'hiver qui suit les bains de mer. Elles passent souvent la mauvaise saison sans s'enrhumer ou s'enrhument moins qu'à l'ordinaire. » (Gaudet.)

Pour confirmer ces propositions, nous pourrions citer de nombreuses observations fournies par des médecins, ou français ou étrangers, par la pratique de M. Boyer et la nôtre ; celle que donne M. Gaudet (p. 300) sera suffisante :

OBSERVATION 75. — « Une jeune personne de dix-huit ans, de grande taille et de poitrine étroite, soumise à des causes morales, continuellement agissantes, ayant perdu un frère de la phthisie tuberculeuse, toussait depuis deux mois. Cette toux, de nature spasmodique, qui laissait les organes de la poitrine dans un état d'intégrité parfaite, avait un timbre guttural, faisait éprouver une grande fatigue à la poitrine, augmentait surtout vers le soir, et avait amené un amaigrissement sensible. Beaucoup de calmants avaient été employés contre elle. Les bains de mer furent donnés très-courts, et surveillés avec soin. Sous leur influence, on vit presque instantanément la toux diminuer, puis entièrement disparaître. A la fin de la saison, la figure avait refleuri ; l'appétit, qui était nul, était revenu, en même temps qu'un degré satisfaisant d'embonpoint et de force générale. »

Art. XI. — De la phthisie.

Les bains de mer, et surtout l'habitation de la plage, par suite de l'action de l'atmosphère maritime sur les organes respiratoires, sont très-souvent utiles dans la phthisie :

1° Pour la prévenir ;

2° Pour l'arrêter ou en ralentir la marche quand elle débute, et même, parfois, quand elle est plus ou moins avancée ;

3° Pour consolider sa guérison, lorsqu'on a eu le bonheur de l'obtenir, et pour en prévenir, autant que possible, la récidive.

Obligé de nous restreindre dans le cadre de notre travail, nous ne ferons pas une longue dissertation scientifique sur la terrible maladie qui nous occupe ici ; nous présenterons seulement quelques réflexions avant et après diverses observations cliniques, se rapportant à chacune des trois circonstances dans lesquelles l'emploi de l'eau et de l'air de la mer, contre cette affection, peut réussir, comme nous venons de le dire.

D'abord, voici un fait malheureusement vrai : les résultats que l'on obtient dans ces cas sont conformes à ceux que donnent, ordinairement, les Eaux-Bonnes, et qui ont été résumés, ainsi qu'il suit, par le docteur Constantin James (1) : « Ces eaux (Eaux-Bonnes) pourront être utiles dans le premier degré de la phthisie, quelquefois aussi dans le second ; elles seront fatales dans le troisième ; et ce que je dis de la phthisie pulmonaire s'applique également à la phthisie laryngée, qui n'en est presque toujours qu'une complication. »

I. Maintenant, si l'on se reporte au chapitre précédent, où nous avons examiné l'eau et l'air de la mer aux points de vue de l'hygiène et de la prophylaxie, on sera convaincu de cette vérité, que ce sont des agents d'une efficacité d'autant plus sûre, qu'ils auront été employés dès les premiers symptômes d'une prédisposition à la phthisie pulmonaire. Nous n'avons donc pas besoin de répéter que, de tout temps, les voyages sur mer, etc., etc., ont été conseillés pour combattre la fatale prédisposition héréditaire à cette affection. Car, si, comme nous le verrons, ils peuvent quelquefois la guérir et prévenir les récidives, à plus forte raison pourront-ils la prévenir employés à temps et dans des conditions convenables.

(1) P. 49 du *Guide pratique aux principales eaux minérales de France*, etc.... Paris, 1851.

II. Quant aux heureux effets à espérer de l'eau et de l'air de la mer pour arrêter la même maladie, ou en ralentir les progrès à son début, et même parfois à un certain degré d'avancement, ils sont démontrés par une foule d'observations, notamment par les suivantes, comme par les deux que nous avons insérées ci-dessus, p. 55 à 60 : la première, sur un sujet atteint d'une bronchite aiguë, dégénérée en véritable phthisie laryngée ; et la seconde, sur un cas de phthisie tuberculeuse au premier degré. En effet, dans l'observation de la p. 55, la bronchite, au lieu de se dissiper comme les précédentes, s'était enracinée, aggravée, malgré les traitements les plus énergiques (saignées répétées, applications de sangsues, tisanes de toutes sortes, etc.) ; elle avait été accompagnée de quelques crachats de sang, d'une toux incessante, d'une maigreur extrême, d'inappétence, d'une débilitation complète, le tout pendant plus de six mois. Une exposition aux bains de mer pendant un mois (du 24 juillet au 24 août) a suffi pour éteindre la toux, faire cesser les crachats, rendre l'appétit, les forces, le sommeil, etc. Ceci est à remarquer : la personne, qui constate ces effets sur elle-même, ajoute que si, à une époque quelconque de l'année, elle sent sa poitrine un peu fatiguée, ainsi que sa voix, elle retourne sur les bords de la mer, et reprend, au bout de quelques jours, une santé *confortable*.

Dans l'observation de M. G., p. 56, nul doute qu'on n'eût affaire à une phthisie à son premier degré. Car une première consultation avait fait soupçonner l'existence de tubercules mésentériques, et, quelque temps après, l'auscultation avait donné à M. le docteur Cazenave la *presque certitude de tubercules à l'état miliaire au sommet des deux poumons;* il y eut même des crachements de sang avec aggravation de tous les symptômes. Le malade souffrait depuis très-longtemps. Un mois et quelques jours d'habitation et de promenades sur les bords de la mer, *sans emploi de bains,* ont suffi pour la guérison complète de ce malade, qui devait être dirigé sur Cauterets et qui s'etait rendu à Royan, malgré les craintes manifestées par ses médecins sur la vivacité de l'air de la mer.

M. L... de B... a eu l'obligeance de nous fournir l'observation suivante, qui concerne sa fille, et qu'il a rédigée lui-même :

OBSERVATION 76. — « Parmi les cures dues aux aspirations de l'air salin et à l'usage des bains d'eau de mer, nous citons, comme une des plus remarquables, celle dont nous donnons les détails ci-dessous :

» Des fatigues morales et physiques avaient affecté la santé de Mme ***, d'une manière très-fâcheuse. Cette jeune dame, après de longues veilles auprès de deux petites filles bien-aimées, vit son petit garçon atteint inopinément du croup, au milieu de l'été ; et, quels que fussent les soins qui lui furent prodigués, elle le perdit dans moins de trente-six heures.

» De semblables chagrins ne trouvent point d'atténuation dans le cœur d'une mère.

» Mme ***, dont l'organisation est d'une grande sensibilité nerveuse, fut bientôt atteinte d'une très-grave ophtalmie ; on dut, pour la combattre, user d'un traitement assez énergique.

» A cette indisposition locale se joignit immédiatement une violente toux d'irritation, suivie de crachement de sang. L'effet des veilles et de la douleur avait amené une pâleur et une maigreur extrêmes. Les traitements employés n'arrêtèrent ni les progrès de l'ophtalmie, ni le dépérissement général. Le docteur A..., médecin de la malade, se décida à l'envoyer à Royan, en la recommandant aux soins du docteur Pouget. Cette détermination fut prise dans les derniers jours du mois d'août 1850, et déjà les soirées commençaient à devenir fraîches. Malgré cet inconvénient, on conseilla, en premier lieu, de fréquentes promenades sur les bords de la mer. Pendant les premiers jours de cet exercice, en évitant, toutefois, de sortir de trop bonne heure le matin et trop tard le soir, il y eut dans la matinée quelques crachats striés ; mais ils cessèrent bientôt. L'œil malade guérissait miraculeusement, les forces et l'appétit renaissaient ; tout le système physique, en un mot, se reconstituait comme par enchantement, sous l'influence de l'air pur et vivifiant des plages de Royan ; au bout de peu de jours, cette influence s'était si heureusement fait sentir sur la circulation capillaire, que la peau, qui d'abord avait été pâle et flasque, avait repris une teinte vitale du plus favorable augure.

» Dès-lors, la malade en question put sortir le soir sans crainte.

» Au bout de quinze jours, on permit quelques bains chauds d'eau de mer. La saison étant fort avancée, elle ne put en prendre que dix ; et , après un mois de séjour, Mme *** rentra à Bordeaux , sinon complètement rétablie, au moins dans un état d'amélioration tel, qu'il touchait à la santé normale.

» Depuis, malgré l'automne et l'hiver, mauvaises saisons pour le rétablissement des forces vitales , le mieux obtenu s'est soutenu et amélioré. L'appétit a toujours été bon ; le sommeil, tranquille ; la toux a disparu, l'œil malade a repris son éclat ordinaire, sans aucune recrudescence. Toute autre méthode thérapeutique en aurait-elle pu faire autant ?

» Mme ***, qui avait amené avec elle ses enfants affaiblis par des maladies, a obtenu pour eux les mêmes avantages par les mêmes moyens.

» Assurément, il n'y a pas de miracle dans cette histoire ; et cependant on peut y voir que l'air marin et la composition minérale de l'eau de mer sont deux puissants moyens curatifs , lorsqu'ils sont employés avec discernement. »

Observation 77. — En 1831, M. Delpech fut consulté pour une demoiselle de vingt-deux ans, Mlle E. F..., dont la mère et une sœur avaient succombé à la phthisie pulmonaire ; elle-même en était atteinte. Sujette, dès son enfance, à des rhumes fréquents, elle avait commencé, deux ans avant la consultation, à cracher du sang et à éprouver des oppressions. L'auscultation faisait reconnaître un peu de pectoriloquie au sommet du poumon gauche ; autour de la petite caverne qui existait dans ce point, la respiration ne s'entendait pas dans une assez grande étendue, et la percussion donnait un son tout à fait mat. Il y avait de temps en temps un peu de pus dans les crachats. Les forces étaient, d'ailleurs, assez bien conservées ; il n'y avait pas de fièvre, pas de dérangement dans les fonctions digestives. Un cautère fut placé sur la poitrine, un autre au bras gauche, et la malade fut envoyée à Cette, où elle prit les bains de mer en juillet et août, avec de grandes précautions. La toux diminua beaucoup, ainsi que l'expectoration. Après une saison de trente-cinq bains, on put reconnaître que la pectoriloquie et la matité occupaient une moindre étendue. Cette amélioration se soutint jusqu'au mois de novembre ; les accidents se reproduisirent, à cette époque, sous l'influence du climat de Lyon que la malade habitait.

Quand elle revint à Montpellier, en juin 1832, la phthisie avait fait quelques progrès.

Mlle Eugénie F.... passa une deuxième saison à Cette, où M. Boyer la vit plusieurs fois. La phthisie fut enrayée de nouveau ; quarante-cinq bains furent pris, et la malade resta sur les bords de la mer jusqu'en novembre, époque où elle fut envoyée à Nice.

Elle passa l'hiver dans cette dernière ville ; lorsqu'elle revint à Montpellier (en 1833), M. Boyer put reconnaître que la caverne s'était agrandie, et que la matité occupait le tiers supérieur du poumon ; la purulence des crachats avait augmenté ; on remarquait, le soir, un petit mouvement fébrile assez prononcé : on appliqua de nouveaux cautères. Mlle Eugénie retourna à Nice, où elle mourut en février 1834.

La jeune sœur de Mlle F..., Mlle Amélie, âgée de seize ans, en 1834, s'enrhumait et toussait souvent ; tout annonçait qu'elle serait frappée de phthisie comme sa mère et ses sœurs, auxquelles elle ressemblait beaucoup, et chez lesquelles cette dernière affection avait préludé de la même manière ; mais, quatre ou cinq ans à l'avance, M. Delpech lui conseilla les bains de mer : elle les prit en 1834. M. Boyer insista plus tard sur le même conseil ; il pensa que l'on pourrait compter spécialement sur ce moyen, qui avait l'avantage de combattre à la fois la disposition tuberculeuse et les catarrhes qui devaient appeler sur les poumons le travail de tuberculisation.

Mlle Amélie se trouva mieux après la saison de 1831, passée à Cette ; elle en prit une seconde en 1832, et sa constitution fut très-heureusement modifiée. Elle continua ainsi à prendre, chaque année, les bains de mer jusqu'en 1837. Elle jouissait alors d'une excellente santé et s'enrhumait peu , quoiqu'elle continuât à habiter Lyon ; puis elle s'est mariée. M. Boyer l'a revue en 1842 ; elle était mère de deux beaux enfants, et rien n'annonçait que la phthisie dût se développer. M. Boyer l'a vue encore à la fin de 1850 ; elle avait trente-cinq ans, et sa bonne santé ne s'était point démentie.

Ainsi, chez Mlle Eugénie , la phthisie , déjà avancée, puisqu'il y avait une caverne , fut arrêtée pendant quelque temps par les bains de mer. Chez sa sœur (Mlle Amélie) , elle fut prévenue par le même moyen. Si Mlle Eugénie eût été traitée par les bains de mer à l'âge de seize ans, elle eût été très-probablement sauvée.

Observation 78. — M. Boyer vit, en 1828, un forgeron des environs de Béziers , âgé de vingt-six ans , qui fut guéri, par les cautères et les bains de mer, d'une phthisie avec caverne.

Il est vrai que la maladie n'était point héréditaire, que les parents du malade étaient fortement constitués, que l'excavation tuberculeuse était petite, et que le poumon était perméable à l'air dans le reste de son étendue. En 1830, le malade reprit son état de forgeron, malgré l'avis de M. Boyer, et la maladie ne s'était point reproduite, en 1848; mais la mort survint, alors, à la suite d'une fièvre typhoïde.

M. Delpech, qui pensait que les bains de mer pouvaient, quelquefois, être utiles même dans la phthisie confirmée, nous citait le fait suivant :

OBSERVATION 79. — « Un enfant de treize ans, né de parents chétifs, ayant un frère et une sœur scrophuleux, présentait, depuis plus de deux ans, au pied droit, une carie du calcanéum, une nécrose, avec ulcération, de deux phalanges du gros orteil.

» Il avait, depuis plus longtemps encore, de la toux, de l'oppression, des douleurs à la poitrine, de la fièvre hectique ; il y eut du sang, puis du pus, dans ses crachats. Obsédé par ses parents, je l'envoyai aux bains de mer, quoique je n'en pusse rien espérer.

» Les premiers dix bains diminuèrent la toux, l'expectoration, la fièvre. La boisson de l'eau de mer fut permise, et améliora encore l'état du sujet.

» A la fin de la saison, le malade avait repris de l'appétit, des forces ; il était beaucoup moins maigre ; la fièvre était plus faible, plus obscure ; la toux et l'expectoration avaient beaucoup diminué ; les nécroses avaient été éliminées ; les ulcérations étaient cicatrisées. Ceci se maintint pendant cinq mois ; quand l'hiver devint rigoureux, la phthisie reprit son intensité, et l'enfant mourut au printemps.

» Dans ce fait , ajoutait M. Delpech , l'eau de mer a pu guérir les lésions scrophuleuses des membres , et enrayer, pendant quelques mois, une phthisie tuberculeuse et des plus avancées. Ne faut-il pas en conclure qu'elle pourrait amener des résultats plus satisfaisants, en l'administrant dans une autre période et dans de meilleures conditions ? etc. »

OBSERVATION 80. — Un de nos plus proches parents , d'un tempérament lymphatique, après avoir subi, à l'âge de quatorze ans, une forte croissance, qui l'avait énormément affaibli , commença à tousser par intervalles. Peu à peu la toux s'accompagna de crachats et d'un peu de fièvre ; les crachats furent , de temps en temps, teints de sang, et prirent un mauvais caractère ; enfin M. Delpech constata une caverne assez prononcée au sommet du poumon droit, et de la matité du côté gauche.

Ce jeune homme, qui était allé plusieurs fois à Cette prendre les bains de mer, voulut y retourner en 1848 , et fut très-contrarié de ce que M. Delpech l'engageait à s'en abstenir, cette année , à raison du fâcheux état où il le trouvait.

Cependant M. Delpech craignit les suites de l'abattement moral dans lequel ce jeune homme était plongé, et, pour les prévenir , il lui permit le voyage de Cette, et même les bains, en lui recommandant les plus grandes précautions.

Heureusement la saison était belle ; et lorsque nous le voyons, huit jours après son arrivée à Cette, nous sommes agréablement surpris d'apprendre qu'il n'a plus de fièvre, qu'il tousse beaucoup moins, et que ses crachats ont considérablement diminué ! Après une dizaine de bains froids, il avait recouvré l'appétit et le sommeil.

Il reste deux mois à Cette, il prend environ cinquante bains, et il retourne à Montpellier dans un état de santé inespéré. Il peut reprendre ses occupations, il fait ses études de droit à Montpellier et à Paris, et il succombe, à l'âge de vingt-huit ans, aux suites d'une affection abdominale.

Maintenant, si nous mettons à côté de ces dernières observations celles qui se trouvent dans l'ouvrage de M. Pravaz, où l'on voit que de véritables phthisies confirmées, et même quelques-unes assez avancées, ont pu guérir par le bain d'air comprimé, ne peut-on pas en conclure que l'action de l'air atmosphérique, plus dense au niveau de la mer que partout ailleurs, a eu une grande part dans les diverses guérisons mentionnées plus haut ? L'observation suivante en est une nouvelle preuve :

Observation 84. — Le fils de M. L. était au collége de La Sauve, près de Bordeaux, lorsque, à la suite d'une fluxion de poitrine, il crache le sang.

Il fut retiré de la pension, et son état empira. Dans une consultation où se trouvaient réunis MM. les docteurs Cazenave, Gintrac et Bancal, on constata l'existence de tubercules ramollis; plusieurs cautères furent appliqués sur la poitrine.

Lorsqu'on vit un léger amendement, on conseilla un voyage sur mer. Ce jeune homme, âgé de treize ans, fut embarqué. Il n'était pas depuis un mois en mer, qu'il ne toussait plus ; il travailla à bord comme *pilotin*, et, à son retour, il était complètement rétabli.

Il a continué l'état de marin ; il a maintenant vingt ans environ, et c'est un superbe garçon.

Ce que nous tenons à faire admettre, comme nous en sommes convaincu, c'est que, dans les trois observations ci-dessus, mentionnées p. 358 à 361, les guérisons ont été dues à l'action de l'atmosphère maritime.

Notre opinion à cet égard se concilie très-bien avec ce qui a été dit par M. Fleury, professeur agrégé à la faculté de médecine de Paris, dans la troisième leçon de son cours d'hygiène (1).

En effet, un paragraphe de cette leçon, au titre : *Augmentation de la pression atmosphérique,* contient le précepte suivant : « Malgré la possibilité de l'acclimatement et de l'innocuité d'une diminution lente et graduée de la pression atmosphérique, il faut

____

(1) *Gazette des Hôpitaux* du 3 juin 1851, p. 256.

néanmoins interdire les voyages aérostatiques, *l'as-cension des montagnes et le séjour dans des lieux très-élevés à des sujets qui ont une maladie des organes respiratoires, ou du cœur, ou qui y sont prédis-posés;* à ceux chez lesquels on a à craindre que l'accélération du pouls, de la respiration et les troubles de l'hématose n'amènent des accidents fâcheux.

» L'habitation dans les vallées convient, au contraire, dans ces circonstances, etc.... »

Nous ajouterons que, dans les mêmes circonstances, on peut conseiller, avec autant et même avec plus d'avantage, l'habitation sur les côtes maritimes favorablement disposées; mais ce doit être seulement dans la belle saison, alors qu'il n'y a point de ces vents froids et humides, âpres et desséchants, comme ceux dont nous avons parlé ci-dessus, p. 95, 204, 206, et dans la note de la p. 212 : car le bien que certains malades auraient éprouvé de l'usage des eaux minérales, pourrait être complètement détruit par l'influence de ces vents, du mauvais temps ou des injures de l'air.

La considération de cette dernière influence sert à expliquer pourquoi, sur les côtes maritimes, les populations indigènes ne sont pas exemptes d'une foule d'affections que les étrangers viennent y combattre sur eux-mêmes; mais, en se rendant compte de ce fait, on doit également ne pas oublier que l'assuétude produit la tolérance de l'organisme pour les intem-

péries des climats et des saisons.—Puisque cette tolérance permet de vivre dans des conditions atmosphériques très-différentes, soit sur des points très-élevés
du globe, où l'air raréfié est tantôt froid et tantôt
très-chaud, soit dans des régions où le froid est très-
intense, il faut bien admettre que le corps vivant est
susceptible de devenir, pour ainsi dire, inattaquable
par l'état du milieu qui l'environne et auquel il s'ha-
bitue plus ou moins facilement, selon que les changements sont plus ou moins considérables, etc.

Si l'on se rappelle ce que nous disions, p. 62, au
sujet des affections catarrhales, qui sont très-rares
chez les navigateurs ; si encore l'on se rappelle qu'on
ne voit, presque jamais, aucun symptôme de scrophules chez les enfants élevés sur les bords de la
mer, et qui se baignent pendant tout l'été ; qu'il en
est de même chez les femmes qui vont à la pêche ou
qui s'occupent journellement à ramasser des coquillages sur les roches alternativement couvertes et découvertes par les marées ; si, d'autre part, on exa-
mine les jeunes personnes qui habitent les localités
maritimes sans faire aucun usage des bains de mer,
et qui, pendant les deux tiers de l'année, restent
exposées aux variations et aux intempéries du climat,
on ne sera pas étonné de trouver, chez elles, un système nerveux éminemment sensible, et susceptible
d'être surexcité par l'action *tonifiante* et stimulante
des bains de mer : c'est pourquoi, le plus souvent,

elles préfèrent instinctivement les bains d'eau douce, et se trouvent bien mieux, pour leur santé, de passer quelque temps dans une localité de l'intérieur des terres.

On ne s'étonnera pas, non plus, de nous voir fréquemment obligé d'interdire le séjour de Royan à des personnes atteintes de phthisie plus ou moins avancée, qui y sont venues avec l'espoir de se guérir par l'eau et l'air de la mer, etc., et l'on sait que, malheureusement, des précautions du même genre sont nécessaires dans l'emploi rationnel des eaux minérales.

III. *Si les eaux de la mer, comme ces dernières, n'ont, dans la plupart des cas, aucune puissance contre la phthisie avancée,* dont alors elles ne font que hâter la terminaison fatale, *il n'en est pas de même lorsqu'il s'agit de consolider une guérison déjà obtenue,* soit spontanément, soit par les Eaux-Bonnes ou autres.

Nous remarquons, dans l'ouvrage, déjà cité, de M. le docteur Constantin James (1), la confirmation de notre proposition exprimée ci-dessus, p. 211, sur l'eau et l'air de la mer à employer, comme mé-

(1) Lorsque nous avons eu connaissance de cet ouvrage fort intéressant, nous avions livré à l'impression les 300 premières pages de notre travail; nous avons vu avec plaisir que les informations de M. Constantin James et les nôtres s'accordaient très-bien en ce qui concerne l'emploi des bains de mer, après le traitement par les Eaux-Bonnes.

dication secondaire ou de convalescence, dans les maladies de poitrine , dont la guérison a été commencée ou obtenue par les Eaux-Bonnes :

« Si l'on se rend, dit M. Constantin James , p. 52, aux Eaux-Bonnes, de toutes les parties de la France et même de l'étranger, c'est que , chaque année , il s'y opère de bien admirables cures. *Celles-ci seraient plus nombreuses encore, peut-être même n'aurait-on pas de victimes à déplorer, si trop souvent on ne réclamait le bénéfice des eaux que quand il est trop tard.* Que le médecin, que les malades le sachent bien , *c'est spécialement comme médication préventive que les Eaux-Bonnes jouissent d'une efficacité incontestable.* Il ne faut donc pas attendre, pour y avoir recours, que le tubercule ait déjà imprimé aux organes sa fatale empreinte. Souvent, au contraire, il suffira, pour qu'on les conseille , que les craintes soient éveillées par quelque symptôme avant-coureur, ou même qu'il existe le soupçon d'une prédisposition héréditaire.

» M. Daralde , le médecin-inspecteur, dont les malades se disputent avec tant d'empressement les trop courts instants et les excellents conseils, *prescrit fréquemment les bains de mer comme complément de la cure.* Ces bains sont , dans beaucoup de cas , fort utiles par la dérivation qu'ils produisent vers la peau, dont ils activent et fortifient les fonctions. Les bains de Biaritz sont ceux qu'on préfère , à cause de leur proximité des Eaux-Bonnes et de l'heureuse disposition de la plage. »

Et à la p. 502 de son livre, M. Constantin James, revenant sur ce sujet, s'exprime ainsi :

« Les bains de mer conviennent-ils aux phthisiques? Nous avons déjà vu qu'un grand nombre de malades vont compléter à Biaritz la cure qu'ils ont commencée aux Eaux-Bonnes , et qu'en général ils s'en trouvent bien. Cependant *il faut se défier de la brise, toujours un peu fraîche, qui règne sur les bords de la mer. Pour les personnes dont la poitrine est facile à irriter, c'est un air trop sec, trop vif, et le séjour des vallées et des bois serait souvent préférable.* »

Nous admettons cette proposition avec les réserves qu'elle comporte, et qui, sans doute, sont venues à l'esprit de l'auteur. Ainsi, tout le monde sait que, parfois, les brises de terre et de mer peuvent apporter un *air trop frais,* c'est-à-dire trop froid et trop humide, et que, dans d'autres instants, l'air entraîné par ces brises aura trop de sécheresse, trop de vivacité, c'est-à-dire qu'il sera *trop peu chargé de vapeur aqueuse,* et capable de s'ingérer *avec trop de vitesse, par de trop fortes secousses, dans l'organe respiratoire.* Nous avons parlé de ces inconvénients (p. 70 à 77, p. 88 à 97, 180, 204 à 206, et 211) (1). D'ailleurs, la note de la p. 212 suffit à expliquer pourquoi le

---

(1) Mais nous y avons opposé les avantages de cette innocuité que présente l'atmosphère maritime (p. 180 à 200), et qui, dans certaines limites, s'applique même aux affections pulmonaires.

docteur Daralde peut, avec raison, recommander aux convalescents des Eaux-Bonnes la plage de Biarritz et d'autres plages aussi bien exposées, sur la Méditerranée et sur le golfe de Gascogne, tandis qu'il se garderait, probablement, de leur conseiller les bains et même le simple séjour sur les côtes septentrionales, où les *poitrines faciles à irriter* ne pourraient supporter les intempéries atmosphériques.

De là, on juge combien les valétudinaires, les malades et les médecins sont intéressés à la distinction qui doit être faite entre les thermes maritimes du Nord, de l'Ouest et du Sud; aussi croyons-nous utile d'apporter quelques restrictions à l'article (p. 503) où M. le docteur Constantin James dit « *que c'est au malade à choisir la plage qui est le plus à sa convenance, et que, sous ce rapport, il n'y a aucun inconvénient à se laisser un peu guider par la mode;* il ajoute que « les habitants de Paris se rendent, de préférence, sur les côtes de la Normandie, où le chemin de fer les porte en quelques heures, et où ils trouvent réuni tout ce qui constitue l'agrément des bains, les distractions du séjour et le confortable d'une excellente hygiène. » Ce dernier fait n'a pas besoin de commentaire; les habitants de Bordeaux donnent un exemple du même genre en allant, chacun à sa guise, soit au bassin d'Arcachon, par le chemin de fer, soit à Royan, par les bateaux à vapeur. Une telle manière d'agir ne saurait, médicalement, être permise qu'aux personnes qui vont à la mer pour y trouver certaines distractions, et en utiliser les bains comme simple moyen hygiénique; mais, pour les malades, et surtout pour les phthisiques, on s'exposerait à de graves accidents, si, dans la désignation des thermes maritimes, on ne tenait pas compte du climat et de toutes les circonstances locales.

La question de climatologie, par rapport aux bains de mer, n'a été traitée nulle part, que nous sachions. Nous le regrettons d'autant plus vivement, qu'à nos yeux elle a de l'importance; même nous craignons qu'elle ne puisse être, de longtemps, résolue, parce que, d'une part, les malades suivent la mode ou la vogue, ou tiennent trop aux avantages de la proximité, et que, d'autre part, les médecins ne se préoccupent pas toujours assez de l'action du climat, pour aider la cure par les eaux.

OBSERVATION 82. — En 1850, nous avons vu, à Royan, une jeune veuve des environs de Toulouse, avec ses deux filles, qui étaient scrophuleuses et d'un tempérament très-nerveux. Elle y séjourna plus d'un mois, parce que ses enfants s'y trouvaient très-bien. Elle nous dit qu'elle était allée de même, avec ses filles, au port de la Nouvelle, sur la Méditerranée, pendant trois années consécutives, mais que, chaque fois, elle n'avait pu y rester plus de vingt jours, attendu que ses enfants y perdaient l'appétit, le sommeil, et devenaient si excitées, que la fièvre ne tardait pas à les atteindre ; tandis qu'à Royan, le climat leur était si favorable, que, plus elles y prolongeaient leur séjour, plus leur santé s'améliorait et se fortifiait. Elle se demandait, même, si elle ne ferait pas bien de s'y établir pour quelques années; et comme elle nous consulta à ce sujet, nous lui conseillâmes de venir seulement y passer deux ou trois mois par an, pour mettre le système nerveux de ses enfants en état de mieux supporter le climat du midi.

Enfin, si l'on parcourt les diverses observations rapportées dans le présent travail, on verra que les guérisons les plus remarquables obtenues à Royan concernent des personnes venues de villes assez éloignées, Poitiers, Tours, Tulle, Limoges, etc., et que celles des bains de la Méditerranée se sont réalisées sur des habitants de Lyon, etc.

Ces faits, dont nous ne saurions déduire aucune conclusion rigoureuse, méritent cependant l'attention des praticiens, puisqu'ils concordent avec les principes établis par des auteurs d'une grande autorité. « Les maladies chroniques qui sont formées dans une contrée, peuvent trouver leur gérison dans un autre pays, et elles se dissipent en s'éloignant de l'air, des lieux, et de toutes les causes extérieures, qui les ont fait naître. » (Voir p. 589, *Doctrine générale des maladies chroniques,* par Ch.-L. Dumas. Paris, 1812.)

« L'homme qui s'expatrie soumet son corps à une grande mutation organique. Or; ce fait nous prouve que *la médecine pratique peut tirer un grand parti d'un changement de latitude*. L'expérience est d'accord sur ce point avec le raisonnement. Sydenham a vu les voyages dans les pays chauds guérir des maladies qui avaient résisté à tous les moyens. On a fait beaucoup d'observations analogues, et les vertus curatives d'un climat nouveau sont assez célèbres.

» Lorsqu'on sépare, de l'action de la latitude que l'on occupe, ce qui tient à la position du pays, à la saison, aux qualités hygrométriques de l'air, on reconnaît bientôt qu'il ne peut y avoir que deux sortes de climats. En effet, la zône que l'on habite a fait prendre au système vivant une constitution organique particulière ; alors l'action du climat paraît nulle. Mais change-t-on de latitude? soit qu'on aille du côté du Midi, soit qu'on pénètre vers le Nord, on rencontre une cause active, qui provoque des effets organiques remarquables : or, c'est cette puissance nouvelle qui peut servir dans le traitement des maladies, c'est d'elle que dérivent les propriétés médicinales du climat. » (Voir, p. 302, t. 1, *Traité d'hygiène appliquée à la thérapeutique*, par J.-B.-G. Barbier. Paris, 1841.)

Les faits et les principes ci-dessus nous portent à croire que certaines personnes du Nord, dans des circonstances données, se trouveraient bien mieux des bains de mer de la Méditerranée que de ceux de leurs localités avoisinantes; tandis que des malades des contrées méridionales pourraient obtenir des guérisons plus faciles, plus promptes et plus sûres dans les thermes maritimes du Nord et de l'Ouest. Au reste, *quoique l'importance du choix de la localité maritime n'ait été formulée dans aucun ouvrage*, beaucoup de malades, d'après les conseils de leurs médecins, partent déjà, tous les ans, de Paris et des départements du Nord, pour prendre les bains de mer à Biaritz, à Royan, etc., choisis à cause de leur position géographique et de leurs conditions climatériques.

Les deux observations suivantes prouveront qu'en 1846 et en 1850 nous remarquions à Royan la *médication secondaire ou de convalescence*, que M. Daralde emploie dans la phthisie; et c'est une particularité dont nous n'avons été informé que depuis peu de jours, au moment même où nous écrivions la page 211 ci-dessus :

Observation 83. — Mme veuve D***, habitant les environs de Tulle (Corrèze), conduisit à Royan, pour y prendre les bains de mer, pendant les années 1837 et 1838, sa demoiselle, âgée de dix-sept ans, d'un tempérament éminemment lymphatique, mal menstruée, et née d'un père mort phthisique. On craignait pour sa poitrine; elle était fort sujette à s'enrhumer. Ces deux saisons de bains, dont nous avions été chargé de diriger l'administration, la fortifièrent beaucoup, et détruisirent sa disposition aux bronchites.

Cette demoiselle fut mariée à l'âge de vingt-un ans ; elle eut deux enfants qu'elle ne nourrit pas.

Dans l'hiver de 1844, elle fut atteinte d'une forte phlegmasie des bronches, qui, malgré les plus grands soins, ne put se dissiper complètement ; il y eut quelques crachats sanguinolents, et, de temps en temps, même, un peu de fièvre. Cette jeune dame maigrit beaucoup ; on l'envoya aux Pyrénées, en juillet 1845, prendre les Eaux-Bonnes ; l'usage de ces eaux améliora sensiblement son état, qui pourtant, dans l'hiver 1845 à 1846, donna, parfois, quelques inquiétudes. Pendant l'été de 1846, nouveau voyage aux Eaux-Bonnes, où elle resta tout le mois de juillet.

En revenant des Pyrénées, elle passa par Royan, où se trouvaient son fils aîné et sa mère qui lui faisait prendre les bains.

A peine était-elle à Royan, depuis quatre jours, qu'elle nous dit éprouver un sentiment de force et de bien-être inaccoutumés.

Elle faisait, journellement, des promenades de trois à quatre heures, tantôt à pied, tantôt à cheval, sur la côte ; nous lui permîmes quelques bains d'eau de mer chauffée. — Dès le troisième, elle se trouvait si bien, le temps était si beau et si favorable, qu'elle put essayer de se mettre à la mer. Cet essai lui ayant réussi, elle prit dix à douze bains froids de sept à huit minutes, et elle quitta Royan, vers les derniers jours du mois d'août, dans un état de santé parfaite.

En 1847, elle revient avec son fils à Royan. Elle nous dit que, de tout l'hiver, elle n'a pas eu un seul instant d'indisposition; qu'elle n'a pas toussé une seule fois; enfin nous la trouvons très-fraîche et très-bien portante.

OBSERVATION 84. — Mme X..., des environs de Poitiers, âgée de vingt-neuf ans, mère de plusieurs enfants, ayant perdu son père phthisique, éprouva, en 1848, un léger crachement de sang, précédé d'une toux assez violente et tenace; pour se débarrasser de cette toux, elle se rendit aux Pyrénées, prit les Eaux-Bonnes, et en ressentit le plus grand bien.

Elle passa parfaitement l'hiver suivant; mais il n'en fut pas ainsi l'année d'après : elle toussa beaucoup et cracha même un peu de sang.

Une maladie d'un de ses enfants l'ayant empêchée de retourner aux Pyrénées, elle vint, vers le milieu du mois d'août 1850, à Royan, décidée à prendre les bains de mer froids.

Elle réclama nos conseils, et voici l'état dans lequel nous la trouvâmes : maigreur assez prononcée, toux fréquente, crachats mucoso-purulents, parfois striés, un peu de fièvre le soir, peu d'appétit, menstruation régulière.

L'auscultation nous fit constater une tuberculisation assez prononcée au sommet du poumon droit; point de caverne.

Nous lui défendîmes toute espèce de bains ; nous l'engageâmes à se loger dans le haut de Royan , à se tenir tantôt assise, et tantôt à se promener, cinq à six heures par jour , sur les falaises des conches de Fonsillon et de Pontaillac, en continuant son régime lacté et l'eau de goudron mêlée avec le lait.

Dès le second jour, l'appétit se prononça, au point qu'il fallut modifier le régime, permettre les viandes grillées et quelques huîtres ; le sommeil était meilleur ; la respiration, plus libre ; la malade put faire d'assez longues promenades.

Au bout de dix à douze jours, elle ne toussait, ni ne crachait plus ; elle était, presque toute la journée, hors de chez elle, et, le soir, elle venait passer quelques heures au Casino. Nous lui permîmes des bains chauds d'eau de mer; elle en prit dix pendant son séjour à Royan ; et lorsqu'elle quitta cette ville , après y être restée un mois, elle était parfaitement bien : bon teint, appétit excellent, bonnes digestions , sommeil parfait, plus de toux , etc. Nous eûmes de ses nouvelles vers la fin de novembre, et le mieux s'était soutenu.

Art. XII. — *De l'influence des bains de mer sur le développement de la puberté, et sur quelques maladies des femmes.*

I. Les enfants faibles, lymphatiques, scrophuleux, qui prennent les bains de mer pendant plusieurs années, acquièrent, sous leur influence, une constitution plus robuste, un développement plus grand et plus rapide, et présentent souvent, avant l'époque ordinaire, les phénomènes qui caractérisent la puberté.

Ainsi, l'apparition précoce des règles s'observe fréquemment chez les jeunes filles qui se trouvent dans ces conditions.

II. Lorsque la menstruation est retardée par suite d'atonie générale ou locale, les bains de mer en facilitent l'apparition. Les jeunes personnes chez lesquelles ce retard reconnaît une pareille cause, sont maigres, pâles, chétives; elles réagissent mal: aussi leurs premiers bains seront chauffés, et remplacés, plus tard, par de simples immersions, puis par des bains froids très-courts; après vingt-cinq bains, on s'arrêtera pendant huit ou dix jours, pour en donner vingt-cinq autres s'il n'y a pas trop de fatigue.

Ce traitement, aidé d'une bonne hygiène, ne tarde pas, ordinairement, à amener un *molimen* prononcé vers l'intérieur; puis, dans quelques cas, un écoulement menstruel peu abondant; plus souvent, le *molimen* existe seul, régulièrement, chaque mois, pendant quelque temps, et les règles ne se manifestent qu'un peu plus tard; enfin, plus rarement, la menstruation ne s'établit d'une manière définitive qu'après deux saisons de bains.

III. Si la faiblesse produit seulement une menstruation incomplète ou trop peu abondante, les bains de mer sont également indiqués. Ils triomphent alors de divers phénomènes nerveux et fluxionnaires qui se lient à l'état anormal de cette fonction.

OBSERVATION 85. — « Une demoiselle de seize ans, lymphatique, maigre, à poitrine étroite, non réglée, avait des palpitations et des étouffements très-pénibles. Envoyée à Cette, par M. Boyer, en 1848, elle eut, un mois, un léger écoulement menstruel de quelques heures seulement et précédé d'un *molimen* très-marqué. Grand amendement dans l'état de la poitrine. Le même phénomène se reproduisit, les mois suivants, avec assez de régularité ; l'écoulement sanguin devint plus abondant. Une deuxième saison, prise en 1849, amena une menstruation tout à fait normale ; les palpitations et l'oppression disparurent complètement ; l'ensemble de la constitution fut très-heureusement modifié. En 1848, cinquante bains furent pris en deux mois et demi ; après les premiers vingt-cinq bains, il y eut un repos de dix jours ; aux bains froids on avait associé des pédiluves chauds. En 1849, la réaction s'établissant mieux, cinquante bains froids, assez longs, purent être pris presque sans interruption. »

OBSERVATION 86. — « En 1848, une autre personne de dix-huit ans, faible et très-nerveuse, dont les règles étaient irrégulières et peu abondantes, et qui offrait une légère chorée, fut soumise, par le même praticien, à un traitement analogue. Une pre-

mière saison rendit la menstruation plus normale
pour la régularité et la quantité de sang qui s'écou-
lait chaque fois ; la chorée disparut ensuite peu à
peu. Une deuxième saison, en 1849, compléta et
consolida la guérison. » (Voir l'observ. 36, p. 262.)

IV. Les bains de mer sont généralement fort
utiles dans l'*aménorrhée* des femmes adultes, lorsque
cette affection dépend de causes accidentelles, comme
une impression morale, le refroidissement, un accouchement pénible, etc.... Si la malade est parvenue
à l'âge critique, ces bains peuvent diminuer des phénomènes nerveux ou fluxionnaires qu'il n'est pas rare
d'observer dans de telles circonstances.

Les autres maladies des organes génito-urinaires,
que l'on combat avec avantage par les bains de mer,
sont les suivantes :

1° *Des règles surabondantes,* très-rapprochées,
souvent irrégulières, douloureuses, de véritables
métrorrhagies survenant chez des personnes d'âges
variés, et dépendant d'un état atonique : le sang est
alors séreux, peu plastique, peu chargé de globules ;

2° *La dysménorrhée* simple, ou accompagnée de
leucorrhée, de symptômes hystériques, de modifications morales pénibles, de gastralgie, de douleurs
utérines, de fluxions vers différents organes, d'oppression, de palpitations nerveuses, etc.;

3° *La leucorrhée* et les dérangements fonctionnels qu'elle entraîne fréquemment à sa suite. Dans cette affection, la muqueuse est ordinairement lâche ; l'orifice utérin, dilaté ; le museau de tanche, volumineux ; il existe, parfois, un peu de phlogose et de sensibilité dans ces parties.

On peut débuter, presque toujours, par des bains froids, mais courts ; tantôt ils amènent une diminution progressive et continue de l'écoulement, tantôt celui-ci augmente d'abord, puis il devient moindre et finit par disparaître. Les douches autour du bassin, les injections vaginales d'eau de mer, mitigée ou associée à des substances émollientes, seront utiles, quand il n'existera aucune trace de phlogose. (Voir, pour certaines précautions à prendre, p. 134.)

Le docteur Lefrançois prescrit l'eau de mer en boisson, à la dose d'un demi-litre, aux dentellières, qui, restant assises et courbées plus de seize heures par jour, sont presque toutes affectées de leucorrhée, accompagnée d'une constipation opiniâtre. Les observations de ce genre d'affection sont trop nombreuses pour que nous en rapportions des exemples.

4° *Les changements dans la position de l'utérus* (abaissements, antéversions, rétroversions), sans altération de cet organe, ou avec relâchement de la muqueuse, mollesse de ses lèvres légèrement tuméfiées, etc.

Les bains de mer relèvent le ton de la matrice et

de ses annexes, dissipent les accidents qui sont la
suite de leur atonie, et amènent d'heureuses modifications dans la constitution entière. Il n'est pas rare
qu'en entrant dans l'eau, et pendant leur séjour dans
ce liquide, les malades éprouvent une sensation qui
leur annonce que la matrice remonte dans le bassin.

Aux bains de mer on associe ordinairement des
lavements, des injections vaginales d'eau froide,
des bains de siége par immersion avec de l'eau de
mer, etc.

Les femmes atteintes de ces affections devront se
coucher de bonne heure, se lever tard, garder chaque jour, pendant un temps plus ou moins long, le
décubitus horizontal; elles ne doivent user qu'avec
une grande circonspection de l'aptitude à se tenir
debout et à marcher sans fatigue, que leur donne ce
traitement. On prendra garde à l'irritation qui peut
se développer dans la cavité vulvo-utérine; on l'atta-
quera dès son début, etc.

OBSERVATION 87. — Mme D***, des environs d'An-
goulême, âgée de trente-quatre ans, vint à Royan,
en 1850, pour prendre les bains de mer. Depuis
cinq à six ans, elle avait un tel état de faiblesse dans
les ligaments suspensoirs de la matrice, qu'elle était
presque toujours obligée de prendre la position hori-
zontale, pour peu qu'elle marchât pendant quelques
minutes, etc. Après le dixième bain à la mer, elle
pouvait faire de longues promenades, et l'améliora-

tion fit de tels progrès, qu'elle n'a pas eu besoin de se servir, depuis qu'elle est partie de Royan, d'une ceinture hypogastrique que nous lui avions fait faire à Bordeaux.

On combat encore par les bains de mer :

5° *Les névralgies de la matrice,* qu'il ne faut pas confondre avec des lésions organiques : un examen attentif des symptômes, leur marche, l'exploration des parties, ne permettront pas d'erreur à ce sujet ;

6° *Quelques altérations du tissu de l'utérus,* caractérisées par une sorte d'engorgement œdémateux du col, s'étendant plus ou moins loin sur le corps et sur l'organe, ou par une tuméfaction des mêmes parties avec stase sanguine, excoriations, etc. Le traitement de ces lésions par l'eau de mer exige une main exercée.

7° *L'affaiblissement des fonctions génératrices, et les pertes séminales,* chez des hommes jeunes encore.

Art. XIII.— *De l'emploi de l'eau de mer dans quelques maladies chroniques et autres.*

Les maladies dont il s'agit ici sont principalement :

1° *Certains rhumatismes,* et surtout certaines dispositions rhumatismales liées à une grande impressionnabilité de l'organisme pour les variations de température. (V. Gaudet, obs. 11 et 12.)

2° *Quelques engorgements viscéraux* succédant à

des fièvres intermittentes prolongées. Russel employait, surtout alors, l'eau de mer à l'intérieur ; il était plus timide pour les bains de mer. On a vu, néanmoins, réussir parfaitement ce dernier moyen, spécialement chez des femmes. (Voir p. 43.)

3° *Un grand nombre de maladies chroniques de la peau.* Hippocrate, Celse, Aretée, conseillaient déjà, dans ces affections, les bains froids d'eau simple ou d'eau de mer ; Russel prescrivait d'abord un traitement antiherpétique, ou bien il associait l'usage interne et externe d'eau de mer froide.

Alibert, Batteman, William, en ont reconnu les bons effets dans plusieurs dermatoses.

« Dans l'éléphantiasis des Grecs, dit William, il faut prendre d'abord quelques bains chauds pour faire tomber les incrustations squammeuses ; on passe ensuite aux bains de mer, qui font beaucoup de bien.

» Pour s'opposer à la reproduction fréquente de cette maladie au printemps et en hiver, il est bon de revenir aux bains pendant plusieurs étés successifs. J'ai obtenu ainsi plusieurs guérisons radicales. »

Les médecins allemands vantent beaucoup les bains de mer dans diverses affections cutanées, dans lesquelles M. Gaudet en a retiré de grands avantages.

De ce qui précède, de ce que nous avons observé, nous pouvons conclure que l'eau de mer, employée à l'intérieur et à l'extérieur, sous diverses formes, en se conformant aux préceptes que nous avons indiqués, peut rendre de grands services dans les maladies cutanées, soit seule, soit unie aux moyens hygiéniques et thérapeutiques dont l'expérience a prouvé l'efficacité. L'eau de mer modifie l'état général aussi bien que l'état local, et c'est ce changement, imprimé à l'organisme entier, qui joue le plus grand rôle dans la guérison radicale des dermatoses.

4° *Le goître.* Nous connaissons plusieurs faits qui démontrent l'utilité de l'eau de mer dans certains engorgements de la glande thyroïde. Chez plusieurs malades on avait employé plus ou moins longtemps l'iode et ses diverses préparations sans en retirer de bons résultats, tandis que l'eau de mer a réussi.

OBSERVATION 88. — Mme E***, mère de plusieurs enfants, d'un tempérament lymphatique, à l'âge de vingt-huit ans, nous consulta pour un engorgement assez considérable de la glande thyroïde, principalement du côté gauche, et qui, depuis quelque temps, disait-elle, avait fait des progrès très-sensibles. Nous employâmes, pendant l'hiver, des frictions iodurées sur la partie, et l'iode à l'intérieur, en teinture et en sirop, dont nous étions obligé de suspendre l'usage de temps en temps, à cause de la susceptibilité irritative des organes gastriques. Ce traitement avait été continué, pendant près de six mois, sans que l'engorgement eût paru le moins du monde diminué, lorsque nous engageâmes la malade à aller à Royan, où elle passa deux mois : elle prit environ cinquante bains, et de l'eau de mer à l'intérieur ; c'était en 1842, et tout vestige de l'engorgement thyroïde avait disparu dans l'hiver suivant. Mme E*** avait engraissé, et sa santé s'était améliorée d'une manière remarquable.

M. Boquis, médecin à Saint-Tropès, recueillit les deux cas suivants, il y a plus de trente ans :

« Mme Labrie, dit ce médecin, me consulta pour une tumeur dure et indolente qui occupait la glande thyroïde et descendait jusqu'au sternum ; elle s'était accrue lentement ; les fondants et les résolutifs de tous genres furent employés sans succès, à l'intérieur et en topiques, pendant plus d'un an : je proposai alors l'eau de mer. Mme Labrie en but pendant quarante jours, et ce seul moyen, joint à un sachet d'hydrochlorate d'ammoniaque, en forme de collier, porté nuit et jour, amena une guérison prompte et complète.

» Même résultat chez le fils de M. Raibau, âgé de six ans : la tumeur avait moins de volume ; l'eau de mer en boisson et le sachet précité en triomphèrent dans un mois. »

5° Enfin, quelques affections chirurgicales, qui laissent, après elles, de la faiblesse, des infiltrations, des engorgements atoniques, des épanchements séreux, etc., sont heureusement modifiées par l'action de l'eau de mer employée à l'extérieur, et même, parfois, à l'intérieur.

QUATRIÈME PARTIE.

DES CONTRE-INDICATIONS,
DE L'INTERVENTION MÉDICALE
ET
DES EFFETS SECONDAIRES OU ULTÉRIEURS,
DANS LA MÉDICATION PAR L'EAU DE MER.

CHAPITRE PREMIER.

Des contre-indications des bains de mer.

Nous avons fait connaître les circonstances principales dans lesquelles on peut employer les bains de
mer avec avantage ; mais ce moyen thérapeutique
ne constitue pas une panacée, comme nous l'avons
déjà dit, et son usage présente aussi des contre-indications. Quoique nous les ayons presque toutes men-

tionnées dans le cours de cet ouvrage, nous allons les rappeler et les résumer en peu de mots :

On interdira les bains de mer, d'une manière absolue, quand il existe :

1° Des anévrismes internes ou externes ;

2° Des lésions organiques prononcées, ou de mauvaise nature, dans les organes pulmonaires, abdominaux, pelviens, etc.;

3° Des fièvres aiguës, franches, ou avec un mode spécial, tel que le rhumatisme, la goutte ;

4° Une hémorragie active de quelque organe que ce soit.

Une pléthore marquée, de la disposition aux apoplexies, aux congestions actives vers le cerveau, les yeux, la moelle épinière, la poitrine, etc., sont également des contre-indications à l'emploi de l'eau de mer à l'intérieur et à l'extérieur. Cependant on peut parfois y avoir recours, mais avec la plus grande circonspection, et en ne perdant jamais de vue les personnes qui en font usage.

Les mêmes restrictions se rapportent aux femmes enceintes, aux nourrices, aux vieillards, aux enfants très-jeunes, aux sujets très-faibles, très-nerveux, à ceux qui, par leur idiosyncrasie, ne peuvent supporter les bains de mer, ou ne parviennent point à maîtriser la crainte qu'ils en éprouvent ; aux personnes, enfin, atteintes de catarrhe ou de rhumatisme chroniques qui sont exaspérés par le froid.

On devra se contenter alors, le plus souvent, des bains de mer chauffés, plus ou moins mitigés, des promenades sur le bord de la mer, si des motifs particuliers ont fait ordonner la médication par l'eau de mer. Dans le cas contraire, il vaut mieux renvoyer les malades, et c'est ce qui nous arrive fréquemment, comme nous l'avons dit, notamment p. 371, au sujet de la phthisie plus ou moins avancée.

Observation 89. — En 1850, Mme F..., des environs de Niort, se trouvant aux approches de son âge critique, et gravement incommodée par des phénomènes qui partaient du centre circulatoire et se manifestaient par de vives oppressions, des palpitations, etc., était venue prendre les bains de mer à Royan.

Cette dame, s'étant logée dans une maison d'où elle pouvait facilement se mettre à la mer, commença l'usage des bains sans avoir consulté aucun médecin. Dès le troisième bain, son état maladif empira à tel point, qu'ayant été appelé auprès d'elle, nous dûmes lui pratiquer une saignée et la faire partir, sur-le-champ, pour son pays, après avoir constaté une hypertrophie anévrismatique du cœur.

CHAPITRE II.

De l'intervention médicale dans l'emploi de l'eau de mer.

———

A toutes les époques, les médecins qui se sont occupés le plus spécialement des bains de mer se sont
élevés contre l'usage généralement répandu de les
prendre sans règles, sans précautions, sans se laisser
diriger par les hommes de l'art. Ainsi, Buchan disait
à ses contemporains : « Les personnes qui se rendent
» sur les côtes n'ont que trop l'habitude de se jeter
» indistinctement dans l'eau ; on doit faire son pos-
» sible pour empêcher ces abus. » Quinze ans plus
tard, Clarke écrivait : « Dans un pays où les bains
» de mer sont employés indistinctement et sans pren-
» dre conseil, il importe de faire connaître au public
» la série des circonstances graves qui proviennent
» naturellement de cette pratique inconsidérée et
» imprudente. »

Ces abus subsistent encore de nos jours, et M. le
docteur Patissier, s'appuyant sur des observations
particulières, et sur celles de plusieurs médecins-in-
specteurs, en a signalé les dangers dans son rapport

fait à l'Académie de médecine, le 14 août 1841 (1).
Cependant, il suffit de réfléchir, tant soit peu, sur ce
sujet, et de lire les traités les plus élémentaires
écrits sur cette matière, pour reconnaître l'exactitude
de cette proposition : *Les conseils d'un médecin sont
utiles à ceux qui prennent les bains de mer dans un
but purement hygiénique, pour conserver ou fortifier
leur santé; ils sont indispensables aux personnes qui*

(1) « Les médecins ne se dissimulent pas que les bienfaits, que l'humanité peut attendre des bains de mer froids, seraient beaucoup plus nombreux, et que ces bains cesseraient d'avoir des inconvénients, s'ils
étaient soumis davantage à l'intervention médicale. En effet, il y a, sous
ce rapport, une différence essentielle entre les établissements d'eaux
minérales et ceux des thermes maritimes. Dans les premiers, le médecin
dirige seul le traitement; la plupart des malades se font inscrire sur le
registre d'observations avant de prendre les eaux ou les bains, dont le
médecin fixe seul l'heure ou la durée, en déterminant, pour les eaux, la
quantité que chaque malade doit en boire ; enfin, dans l'intérêt de leur
santé, il veille à tout ce qui tient à l'amélioration des établissements. Dans
les thermes maritimes, au contraire, les personnes les plus délicates, les
plus faibles, les valétudinaires, les malades, à quelques exceptions près,
prennent les bains à la mer sans règles, sans précautions, *imbus de ce
préjugé, que les bains de mer ne sauraient nuire, et que, plus on reste
de temps dans l'eau, plus on en retire d'avantages.* MM. Boulanger, inspecteur à Calais, Rouxel, médecin-inspecteur à Boulogne, citent des
observations particulières qui montrent à combien de graves accidents
s'exposent les malades, qui sont assez imprudents pour prendre les bains
de mer froids, sans se placer sous la direction d'un médecin..... Votre
commission ne pouvait garder le silence sans manquer à ses devoirs, etc.
En conséquence, elle a invité, à plusieurs reprises, M. le Secrétaire perpétuel à écrire à M. le Ministre du commerce pour appeler sa sollicitude
sur ce point d'hygiène et de salubrité publique. » (*Extrait dudit rapport
de M. Patissier.*)

en font usage pour guérir une maladie. Dans ce but, on doit se pénétrer, surtout, des considérations suivantes :

1° Les effets des bains de mer ne sont pas simples, mais complexes ; l'eau de mer se montre tour à tour excitante ou sédative, tonique, dérivative, révulsive, purgative, altérante ; elle décentralise les mouvements fluxionnaires, les spasmes ; diminue ou augmente le volume des parties, selon qu'elle provoque l'absorption ou qu'elle accroît le travail nutritif ; elle active une foule de fonctions, les régularise, les modifie de manières très-diverses, et souvent opposées.

2° Ces changements, que l'eau de mer imprime à l'organisme, varient selon qu'on la donne à l'intérieur ou à l'extérieur, en boisson, en lavements, en injections, en bains généraux ou locaux, en immersions, en affusions, douches ; suivant sa dose, la durée de son application, sa température ; selon qu'elle est pure ou mêlée à d'autres substances.

3° Les indications qu'il faut remplir sont subordonnées à l'âge du malade, au sexe, au tempérament, aux idiosyncrasies mêmes, à la nature de l'affection, son siége, ses périodes, ses éléments, ses complications ; aux circonstances atmosphériques (température, hygrométrie, élasticité), etc. On devra donc pouvoir modifier souvent le traitement, non seulement pour chaque malade, mais aussi pour le même

malade examiné dans des moments différents : ainsi,
l'on s'est bien trouvé d'adopter telles règles, tel traitement pendant un mois, pendant une saison ; en
certains cas on aurait tort de les adopter, encore,
pendant la saison ou les mois suivants.

4° Le régime des baigneurs, comme nous l'avons
prouvé, a la plus grande importance relativement
aux résultats qu'on veut obtenir. Il en est de même de
certaines médications que l'on associe à l'eau de mer.

5° Si les indications ne sont pas remplies à propos,
non seulement l'état du malade n'est pas modifié
d'une manière avantageuse, mais son mal s'aggrave,
et des accidents très-fâcheux, la mort même, peuvent
être la suite de cette médication imprudente. Ainsi,
excitez quand il faudrait calmer, amenez des congestions intérieures quand il faudrait appeler le travail
morbide au dehors, et vous provoquerez des phlegmasies, des fluxions internes, dont vous ne pourrez
pas toujours vous rendre maître. L'eau de mer est
un remède très-puissant ; c'est donc un instrument
parfois très-dangereux quand il est manié par des
mains inhabiles ; les malades ne doivent jamais l'oublier. Bientôt nous en donnerons des preuves.

6° Le médecin seul peut déterminer les indications
qu'il faut remplir, le moment où il faut le faire, la
manière dont l'eau de mer doit être administrée, etc.
Dans certains cas, il faut que l'on voie souvent le
malade.

M. Gaudet divise les baigneurs auxquels il a donné des soins à Dieppe , dans une période de dix ans , en trois catégories, relativement aux bains de mer :

« 1° Chez le plus grand nombre , dit-il , les dérangements de la santé ont guéri complètement ou se sont amendés plus ou moins ;

» 2° Un certain nombre n'ont retiré aucun soulagement ;

» 3° Quelques-uns n'ont ressenti que des effets nuisibles.

» Généralement les individus composant les deux dernières catégories n'avaient pas eu recours à un homme de l'art, dans l'emploi des bains de mer. Ceux qui ont souffert de cet emploi lui ont souvent attribué ce qui était le fait de l'application peu judicieuse de ce moyen. Sans parler de certains , dont nous ne nous établissons point le juge , tous se sont dirigés d'après une opinion fausse, laquelle consiste à croire que l'eau de mer est aussi innocente que l'eau commune , et qu'on peut suivre dans son usage les inspirations aveugles de son instinct , ou les calculs erronés de son jugement ; au lieu de cela, il se trouvait que leur susceptibilité particulière et la nature de leurs maladies exigeaient, souvent, qu'ils fussent suivis, et que les règles de leur conduite leur fussent dictées avec le soin qu'on apporte à doser un médicament énergique et à en étudier les effets. »

Tout ce que nous venons de dire pourrait être confirmé par un grand nombre de faits. Nous nous bornerons à en rappeler quelques-uns , pris dans ceux que nons avons déjà cités, et nous en ajouterons seulement deux ou trois nouveaux.

Ainsi, deux dames leuccorrhéiques s'exposent trop longtemps à une forte lame : elles en sont gravement indisposées ; elles sont obligées de resler trois jours au lit. (Ci-dessus, p. 99.)

Mme F..., très-affaiblie par des pertes utérines , prend , en arrivant, deux bains d'eau de mer froide : la métrorrhagie reparaît. Après quelques jours de repos , Mme F.., prend des bains chauds, et elle se rétablit très-bien. (Obs. 28, p. 244.)

Mme M. (obs. 74, p. 346) voit la diarrhée survenir et se transformer en dyssenterie à la suite des trois bains froids pris d'une manière inconsidérée.

Le même accident se manifesta, en 1850 , chez un enfant de M. D. B., qui se trouvait dans des conditions semblables.

Observation 90. — Mlle J..., âgée de seize ans, assez bien menstruée, venait depuis cinq à six ans, à Royan, prendre les bains, sur l'ordonnance de M. Velpeau, comme complément d'un traitement anti-scrophuleux , en vue bien certainement de prévenir des accidents du côté de la poitrine.

Arrivée le 2 août 1850 à Royan par le bateau à vapeur, elle va se jeter à la mer immédiatement après, et, comme elle savait nager, elle resta environ une heure à l'eau.

Le 3, deuxième bain, aussi long, à six heures du matin ; et comme la marée était convenable, Mlle J., malgré les observations de sa mère, va prendre un troisième bain à quatre heures du soir.

Au sortir du bain, elle dîne, mais elle n'a pas appétit. Elle ne parle pas d'une forte fatigue qu'elle éprouve.

Le soir, elle était assise dans une des salles du Casino, lorsqu'elle fut prise d'un violent crachement de sang.

Ramenée chez elle, il suffit de quelques révulsifs, du repos de la nuit, pour arrêter l'hémophthisie.

Après quelques jours de soins et de repos, Mlle J. va à la mer, mais avec précaution ; elle passe une saison entière à Royan, et en part très-bien portante.

Nul doute que cet accident, qui pouvait avoir les conséquences les plus fâcheuses, ne fût dû aux trois bains froids d'une heure, que la jeune malade avait pris dans les premières vingt-quatre heures de son arrivée.

M. Rouxel, médecin-inspecteur des bains de mer de Boulogne, cite l'observation suivante :

Observation 91. — « Une demoiselle de Lille, d'une constitution délicate, affaiblie par une gastro-entérite qu'elle avait eue à huit ans, vint à Boulogne dans le mois d'août 1839. Elle prit chaque jour un bain à la lame pendant vingt-cinq à trente minutes ; en sortant de la mer, elle était pâle, tremblante, et ne pouvait se réchauffer pendant une partie de la journée. Après avoir continué ces bains pendant quatorze jours, il se déclara une congestion cérébrale avec vomissements, diarrhée, altération de la face, yeux caves, pouls presque insensible ; les extrémités et tout le corps étaient froids. La congestion cérébrale céda à un traitement énergique, mais on ne put parvenir à rappeler la chaleur dans les membres ; le pouls était à peine perceptible. Cette jeune malade s'éteignit le sixième jour de l'invasion de la maladie. »

Nous avons eu, nous-même, à déplorer un pareil malheur dans la saison de 1850, et cependant le sujet de cette observation (92, ci-dessous), nous avait été recommandé par un confrère : pendant les premiers jours, nous avions obtenu les plus heureux résultats des bains d'eau de mer chauffés ; et le désir des parents d'en obtenir de plus grands, fut évidemment la cause des accidents mortels qu'amena l'usage imprudent des bains froids.

OBSERVATION 92. — M. le docteur Dassier, médecin en chef de l'Hôtel-Dieu et professeur à l'école de médecine de Toulouse, en nous adressant à Royan, le 15 juillet 1849, le jeune L***, âgé de cinq ans et demi, pour y prendre les bains de mer, nous écrivait ce qui suit :

« Cet enfant a essuyé des maladies assez fortes,
siégeant dans le tube intestinal ; pour le plus petit
écart de régime, il a des indigestions, des diarrhées
avec force dégagements de gaz ; il est éminemment
nerveux, pour me servir de l'expression vulgaire ; il
a souvent des mouvements de chaleur et de fièvre
que rien ne me semble justifier.

» C'est contre cette mobilité nerveuse (car je n'ai
reconnu en lui aucune véritable lésion organique),
que je voudrais essayer l'action de l'eau de mer, d'a_
bord dans une baignoire, et ensuite comme vous le
jugerez convenable. »

Le jeune L*** avait malheureusement hérité d'un
tempérament éminemment nerveux de sa mère, qui,
dans tous ses accouchements, avait été pendant trois
ou quatre jours en proie aux plus violentes attaques
d'éclampsie.

Nous ne fîmes pas faute d'observer exactement
les recommandations de notre confrère ; elles se
trouvaient, trop bien, conformes à nos idées.

Après un repos de vingt-quatre heures, nous fîmes prendre chaque jour, au jeune malade, un bain
d'eau de mer chauffée, dans lequel il restait de vingt-
cinq à trente minutes ; et cela, accompagné de longues promenades sur les bords de la mer.

L'effet de cette médication se manifesta presque
immédiatement sur les appareils digestifs : l'enfant
avait plus d'appétit, il digérait parfaitement ; son

sommeil était très-calme, son teint commençait à devenir meilleur. *Jamais*, nous disaient les parents, *cet enfant n'avait été aussi bien.*

Pressé par les parents, et vu l'amélioration obtenue au bout de sept à huit jours, nous avions permis les bains froids. Le jeune enfant ne les prenait pas sans difficulté. Cependant, la réaction était prompte et bonne, et, pendant les premiers jours, il se trouvait si bien, que nous cessâmes nos visites journalières.

Après le huitième bain froid, l'enfant ne voulut pas dîner, il s'endormit ; il y eut dans la nuit un peu d'agitation, de la fièvre, et un peu de diarrhée. Malgré ces symptômes, on donna le lendemain (à notre insu) un autre bain froid, et ce ne fut que le surlendemain que nous fûmes appelé.

La fièvre était forte, léger ballonnement du ventre, et assoupissement profond. Notre confrère, M. le docteur Dassier, qui se trouvait de passage à Royan, reconnut chez l'enfant un des états maladifs où il l'avait observé plusieurs fois à Toulouse.

Malgré les médications les plus rationnelles et les plus actives, le jeune malade succomba, au bout de quinze jours, à une gastro-céphalite, bien certainement occasionnée par la surexcitation due à l'usage trop prolongé des bains froids d'eau de mer.

« Le docteur Vogel, dit M. Gaudet, p. 365, placé souvent en présence de pareils faits, ajoute

aux conseils qu'il donne aux baigneurs, cette maxime vraie en thérapeutique : « Les remèdes les plus effi-
» caces nuisent d'autant plus, quand ils sont em-
» ployés mal à propos, qu'ils sont plus salutaires
» quand on s'en sert opportunément. »

» Ce qui précède, continue M. Gaudet, peut se résoudre en disant que l'intervention médicale est indispensablement nécessaire dans l'emploi des bains de mer. »

Nous ajouterons qu'elle est nécessaire aux malades et aux valétudinaires, et même aux personnes bien portantes, qui souvent, en voulant se distraire et s'amuser, se rendent malades, par leur témérité ou par leur inexpérience des effets de ces bains.

« Il ne suffit pas, dit M. le docteur Ed. Auber, p. 45 et 46, de savoir que les bains de mer convien-nent dans telle ou telle affection, et qu'ils sont contre-indiqués dans telle ou telle autre; il faut, de plus, en savoir diriger l'usage, c'est-à-dire, préciser médi-calement les circonstances dans lesquelles on doit les prendre, les laisser, les reprendre, les interrompre encore, et les recommencer en raison des conditions individuelles, des conditions de temps et des différen-tes périodes contre lesquelles on les emploie, etc. »

CHAPITRE III.

Effets hygiéniques et thérapeutiques secondaires ou ultérieurs des bains de mer.

Il est un grand nombre d'agents thérapeutiques ou médicateurs dont les effets se produisent longtemps après qu'on en a cessé l'usage, parce que l'impulsion qu'ils ont communiquée à tout l'organisme et à ses diverses parties se continue et va même en s'accroissant pendant de longues périodes ; sans cela, les matériaux introduits par ces agents ne pourraient s'élaborer d'une manière de plus en plus complète. C'est un fait que l'on a observé, surtout pour les médications employées dans les maladies chroniques, pour celles qui doivent modifier profondément l'économie entière, faire disparaître une diathèse, un mode morbide invétéré, une lésion matérielle, un état vicieux des solides et des liquides. Ainsi les eaux minérales, en général, et l'eau de mer en particulier (1), ont

(1) Pour les personnes qui peuvent l'ignorer ou l'avoir oublié, nous rappellerons que l'eau de mer est elle-même une eau minérale, et que sa composition ressemble à celles qui, ordinairement, sont classées sous le titre d'*eaux salines* ou d'*eaux muriatiques*, parce qu'elles contiennent

leurs effets *secondaires,* que nous nommons aussi *ulté-rieurs,* et qui surviennent plus ou moins de temps après les effets ou phénomènes primitifs et consécutifs. La plupart des malades, qui ne connaissent point ces effets ultérieurs, se tourmentent souvent de n'avoir aucun résultat bien marqué après un certain nombre de bains ; le découragement les prédispose, ou à négliger cette médication, ou à en forcer la dose (si cela peut se dire), ou même à y renoncer prématuré-ment.

Les médecins, comme les personnes qui ont l'habitude de la mer, savent par expérience qu'il ne faut point trop se presser de porter son jugement sur les résultats, et que, dans mille circonstances, l'amélioration générale, ou locale, la plus forte se prononce vers la fin de la saison, ou même dans l'intervalle d'une saison à l'autre (1), et quelquefois encore plus tard.

une grande quantité de sels neutres, spécialement du chlorure de sodium. Telles sont, en Bohême, les eaux de Pullna, Seidschutz, Sedlitz et Bilin ; celles de Kreutznach dans la Prusse-Rhénane ; celles de Kissigen en Bavière, de Niederbronn en France (département du Bas-Rhin), et de tant d'autres qui renferment, dans des proportions variables, les mêmes principes minéralisateurs, et qui, en général, supportent très-bien le transport sans éprouver une altération notable. Or, toutes ces eaux ont leurs effets primitifs, consécutifs et secondaires ou ultérieurs.

(1) Ici se présente une nouvelle occasion de faire voir l'analogie qui existe entre les bains de mer et les eaux minérales de l'intérieur des terres :

« Souvent les malades, au moment où ils quittent les eaux, sont

Parmi les divers états morbides où il faut beaucoup compter sur les effets ultérieurs des bains de mer, nous citerons ceux qui nous paraissent les plus remarquables sous ce rapport :

1° S'agit-il de la *faiblesse générale ?* le malade ressent bientôt l'impression tonifiante des bains ; mais un certain temps est nécessaire pour que les forces recouvrent toute leur énergie, que les diverses fonctions reprennent de l'activité. C'est rarement en peu de jours que la nutrition , se faisant bien , fournira des matériaux parfaitement élaborés en assez grande quantité pour réparer les pertes, et redonner une nouvelle vigueur. Le repos qui suit une saison contribue aussi, parfois, à rendre des forces, faisant cesser la fatigue physique et l'excitation quotidienne que produisent les bains.

2° Une *perversion profonde de l'innervation* , *accompagnée de désordres variés* , comme on le

encore sous l'influence de l'action minérale , et il faut un certain temps pour que l'équilibre et l'harmonie se rétablissent dans le jeu des organes. Ainsi , de ce qu'on n'aura pas recouvré la santé par l'action immédiate des eaux, on n'en devra pas toujours conclure que celles-ci ont été impuissantes. Avant de savoir à quoi s'en tenir sur les résultats du traitement, il faut attendre que l'excitation soit calmée.

» Cette action consécutive des eaux , qu'on invoque aussi quelquefois, j'en conviens, pour dissimuler des insuccès , exige , de la part du médecin , beaucoup de soins , de ménagements , et , pour un certain temps , elle exclut, comme intempestive , l'intervention de tous médicaments énergiques. » (P. 21 du *Guide pratique* , etc., ouvrage, déjà cité , de M. le docteur Constantin James.)

voit dans l'hystérie , l'hypocondrie , la paralysie , etc.

3° *L'habitude des mouvements fluxionnaires ,
des congestions sur certaines parties , d'un travail plastique qui tend à en changer la texture
intime.*

4° La *réunion de plusieurs modes morbides.* Ainsi,
les dérangements des voies digestives, que l'on traite
avec succès par les bains de mer, ne sont ordinairement guéris d'une manière radicale, chez les enfants et même chez les adultes , qu'après la saison
ou après plusieurs saisons, bien que les premiers
bains produisent d'excellents effets. *On peut en
dire autant pour les maladies des organes génitaux chez les hommes , et des lésions utérines chez
les femmes.*

« On voit chaque année , dit le docteur Gaudet
(p. 392), quelques femmes atteintes de ces maladies,
après un usage trop souvent abusif des bains , partir
désespérées de ce qu'elles appellent l'insuccès de leur
voyage, et se plaignant même de l'augmentation de
leurs souffrances. Un ou deux mois après, elles ont
lieu d'être étonnées des fruits qu'elles commencent à
recueillir ; elles s'aperçoivent, de jour en jour, qu'elles
peuvent marcher, que leurs douleurs diminuent, et
que leurs actes fonctionnels s'améliorent dans les
mêmes proportions. »

5° *Les dermatoses anciennes et opiniâtres , les*

engorgements viscéraux, demandent aussi un traitement prolongé ;

6° *La chlorose portée à un haut degré.* Ici , il y a tout à la fois altération du sang , lésion de l'innervation , de la nutrition , etc., et ce n'est pas tout de suite que les forces se rétabliront, que le sang pourra recouvrer les globules , la plasticité , la vitalité qu'il a perdus ; il faut du temps pour que la nutrition , l'innervation rentrent dans leur état normal , etc.

7° *Les scrophules.* Les jeunes sujets atteints de ces affections sont rapidement modifiés dans leur état général ou local , même pour ce qui concerne des lésions organiques du système osseux ; mais une action prolongée de l'eau de mer , sous toutes les formes , est indispensable pour consolider la guérison , prévenir les récidives , effacer ce cachet scrophuleux empreint dans tout l'organisme , et qui se transmet par voie d'hérédité. Aussi , et très-souvent, des symptômes scrophuleux disparaissent–ils après les bains de mer , en même temps que la santé se fortifie de plus en plus , en automne et en hiver ; mais le mal se reproduit au printemps , et il en est de même pendant plusieurs années. Comme la guérison complète exige que l'on parvienne à transformer l'économie *dynamiquement et organiquement ,* on ne saurait trop insister sur l'usage des bains de mer pendant plusieurs saisons. Nous avons vu beaucoup d'enfants scrophuleux prendre , chaque année , les bains de mer, durant huit ou neuf ans, en commençant à l'âge de sept ans (1).

Cette continuité de la médication, commencée de bonne heure et suffisamment prolongée, est une règle à suivre chez tous les enfants faibles, lymphatiques, etc., dont il est nécessaire de transformer la constitution.

Les bains de mer, par leurs effets ultérieurs, ont mis bien des personnes dans les conditions de santé les plus favorables, que n'avait pu leur donner aucune autre médication.

(1) « Combien de bains de mer faut-il prendre pour éprouver leur effet thérapeutique ou médical ? — Il n'y a point de règle abolue à cet égard; c'est toujours et encore la grande affaire de la nature individuelle, de la constitution et du tempérament. Cependant, il est à peu près reconnu qu'au bout de vingt-cinq ou trente bains, l'économie animale a positivement éprouvé une modification réelle; mais cette modification n'est pas toujours, pour cela, apparente ou saisissable, et il arrive même très-souvent qu'elle ne le devient qu'un mois ou deux après la cessation complète des bains, etc.... Si, maintenant, au lieu d'aller aux bains de mer pour y rétablir complètement sa santé profondément éprouvée ou ébranlée par des maladies qui ont disparu, on s'y rend pour y chercher une guérison radicale (*à une maladie chronique et rebelle*), etc....., les choses seront bien différentes, et cela se conçoit parfaitement. En effet, ce ne sera pas au bout d'une saison, ou de deux, ou de trois, qu'on obtiendra un résultat aussi difficile; mais ce sera seulement au bout de quelques années passées aux eaux, et sous la direction constante et éclairée d'un médecin familier avec les grands effets de la mer et de sa nature médicatrice. Et encore, dans ce cas, faut-il être doué d'une persévérance opiniâtre et d'une volonté à toute épreuve, etc. » (P. 59, 60 et 61, *Guide du baigneur à la mer*, ouvrage, déjà cité, de M. le docteur Édouard Auber, Paris, 1851.)

Dans quelques cas, les effets primitifs des bains de mer sont nuls ou sans importance ; les effets secondaires se manifestent seuls, et ils sont très-prononcés. Nous avons pu vérifier, dans plus d'une occasion, les remarques suivantes de M. Gaudet, p. 392 :

« Des baigneurs avaient vu la saison se passer sans apporter d'amélioration ou de modification sensible dans les états morbides qu'ils étaient venus combattre, et désespéraient du succès qu'on était en droit de leur promettre. Ce n'était que plus tard, après des semaines et même des mois, qu'ils commençaient à entrer en possession du bénéfice secondaire, sur lequel ils ne comptaient plus : « De sceptiques qu'ils étaient, dit le docteur Mühry, ils reviennent fidèlement, l'année suivante, rapporter aux bains de mer leur tribut de reconnaissance. »

Après la saison des bains de mer, et même pendant tout l'intervalle d'une saison à l'autre, on peut, avec avantage, continuer, chez certains sujets, les effets toniques de ces bains, en leur faisant prendre des bains aromatiques, salino-alcalins, etc., plus ou moins froids, plus ou moins prolongés, les immersions, etc.; le tout, selon les divers états maladifs.

Les bains salino-alcalins, dont la température peut varier de 36° c. jusqu'à 25° c., doivent contenir, pour une grande personne, trois kilogrammes de sel marin et cinq cents grammes de savon que l'on fait dissoudre d'avance.

On diminuera la dose du chlorure de sodium et du savon en raison du jeune âge des sujets, mais on se souviendra qu'un bain d'enfant exige au moins un kilogramme de sel marin et deux cent cinquante grammes de savon; on pourra même y ajouter, quelquefois, un peu de gélatine.

La durée de ces bains subsidiaires devra toujours être en raison inverse de la température, et déterminée d'après l'idiosyncrasie des sujets.

Il est bien entendu que, pour aider l'action des mêmes bains, on emploiera les frictions, l'exercice, la gymnastique pour les enfants, un bon régime, et parfois certaines médications; et l'on concevra facilement que la direction et les soins éclairés d'un médecin sont indispensables dans de pareilles circonstances.

FIN.